国防科技图书出版基金

光计算技术基础

Fundamental of Optical Computing Technology

李修建　贾辉　杨俊波　刘菊　杨建坤　编著

国防工业出版社

·北京·

图书在版编目(CIP)数据

光计算技术基础/李修建等编著. —北京:国防工业出版社,2013.8
ISBN 978-7-118-08960-8

Ⅰ.①光… Ⅱ.①李… Ⅲ.①光学计算 Ⅳ.①TN201

中国版本图书馆 CIP 数据核字(2013)第 185214 号

※

国防工业出版社出版发行

(北京市海淀区紫竹院南路23号 邮政编码100048)
国防工业出版社印刷厂印刷
新华书店经售
*
开本 710×1000 1/16 印张 15¾ 字数 348 千字
2013 年 8 月第 1 版第 1 次印刷 印数 1—2500 册 定价 60.00 元

(本书如有印装错误,我社负责调换)

国防书店:(010)88540777   发行邮购:(010)88540776
发行传真:(010)88540755   发行业务:(010)88540717

致 读 者

本书由国防科技图书出版基金资助出版。

国防科技图书出版工作是国防科技事业的一个重要方面。优秀的国防科技图书既是国防科技成果的一部分,又是国防科技水平的重要标志。为了促进国防科技和武器装备建设事业的发展,加强社会主义物质文明和精神文明建设,培养优秀科技人才,确保国防科技优秀图书的出版,原国防科工委于1988年初决定每年拨出专款,设立国防科技图书出版基金,成立评审委员会,扶持、审定出版国防科技优秀图书。

国防科技图书出版基金资助的对象是:

1. 在国防科学技术领域中,学术水平高,内容有创见,在学科上居领先地位的基础科学理论图书;在工程技术理论方面有突破的应用科学专著。

2. 学术思想新颖,内容具体、实用,对国防科技和武器装备发展具有较大推动作用的专著;密切结合国防现代化和武器装备现代化需要的高新技术内容的专著。

3. 有重要发展前景和有重大开拓使用价值,密切结合国防现代化和武器装备现代化需要的新工艺、新材料内容的专著。

4. 填补目前我国科技领域空白并具有军事应用前景的薄弱学科和边缘学科的科技图书。

国防科技图书出版基金评审委员会在总装备部的领导下开展工作,负责掌握出版基金的使用方向,评审受理的图书选题,决定资助的图书选题和资助金额,以及决定中断或取消资助等。经评审给予资助的图书,由总装备部国防工业出版社列选出版。

国防科技事业已经取得了举世瞩目的成就。国防科技图书承担着记载和弘扬这些成就,积累和传播科技知识的使命。在改革开放的新形势下,原国防科工委率先设立出版基金,扶持出版科技图书,这是一项具有深远意义的创举。此举势必促使国防科技图书的出版随着国防科技事业的发展更加兴旺。

设立出版基金是一件新生事物,是对出版工作的一项改革。因而,评审工作需要不断地摸索、认真地总结和及时地改进,这样,才能使有限的基金发挥出巨大的效能。评审工作更需要国防科技和武器装备建设战线广大科技工作者、专家、教授,以及社会各界朋友的热情支持。

让我们携起手来,为祖国昌盛、科技腾飞、出版繁荣而共同奋斗!

国防科技图书出版基金

评审委员会

Ⅴ

前　言

计算和计算技术,推动着人类文明程度的进化。人类文明的标志之一,就是能够进行复杂的计算。而计算工具的使用和发展是推动计算技术进步的一个重要因素。

电子计算机的出现,是人类计算技术发展的里程碑,使人们摆脱了计算过程中繁琐的体力和脑力劳动,计算变得更加规范化和程序化。依赖于电子技术的电子计算机随着电子技术的发展突飞猛进,已经取得了辉煌的成就。

但由于电子计算瓶颈的限制,其发展过程受到越来越多的限制。如何以有效而创新的手段推进计算机性能的持续提高,是当前超级计算机发展面临的瓶颈问题。尤其是如何以多技术融合解决超级计算机发展面临的瓶颈问题,是摆在全球所有信息处理、高性能计算等研究领域的一项重要挑战。

随着光学技术以及其他领域技术相互融合,新型光学及光电器件日益成熟。这些技术的融合,在计算领域出现了光明的应用前景。随着新型器件的快速发展,在光开关、光互连、光存储等相关技术的突破,极大地推动了信息技术及其应用领域的拓展。超快光学开关技术,使得超短时间内光学信息的传输和控制成为可能,控制时间大大缩小。光互连技术在超级巨型计算机等高性能计算领域的成功应用,将单计算系统的计算速度推上了每秒亿亿次的高峰,并将在不远的将来登上每秒百亿亿次的性能高峰。光学存储的大容量发展,使得海量数据的处理和存储变为可能。相关技术的突飞猛进,引起我们无限的遐想,光学技术的融入,能够如此迅捷地提高超级计算机的性能。真正的光计算机,在解决超高速、超大容量信息处理等方面,其计算性能应足以使我们瞠目结舌。因此,光学技术在计算机中的大量应用将是不可避免的趋势,并有朝一日将取代电子技术的地位。发展并行光计算技术被认为是能够解决目前超级计算机性能继续提高所面临瓶颈问题的最佳途径。

既然光学处理有其高速度、大容量的先天优势,将光学及相关技术引入到计算技术是自然而然的事情。光计算技术及光计算机的概念,就是来源于上述光学技术和器件的快速发展。借鉴电子计算中的成功经验,光计算机从体系结构上,仍然需要由处理器、存储器和控制器等部分构成。只要这些部件能够协调工作,配合相应的信息编码、软件算法、I/O 接口、以及其他辅助部件,光计算机的发展就可以成为可能。

但是从事物发展的客观规律看,光计算机的出现并非能够一蹴而就。就如电子计算机的真正出现,是在经历了电子技术和电子器件中的晶体管、集成电路等快速发展以后,才出现飞跃性的进展。因此,光计算机的实现,不仅需要有典型功能器件的出现,更需要光计算机组成的其他部分,如光学处理器、光学存储器、光学路由交换器等的成功对接。而且,这些子系统的实现还需要激光器、探测器、转换器、存储器,以及各种光栅和透镜在原理、方法、技术、材料、器件集成上的发展,还需要在数据编码理论和方法、光信息的新型表达方式、光计算机体系结构等多方面有所突破。

当前,有关光器件正处在一个发展的快速阶段,借助于光学集成工艺和制造技术,多种功能的光计算器件不断涌现,其性能也正逐步提高,光电结合的混合系统,也正在多种类型的信息处理系统中得以应用,正在发挥越来越重要的作用。这些进展,正在为今后纯光计算机技术发展提供基础和支撑。

光计算多年以来都有广泛的研究,其研究领域包括结构理论、器件原理与制备、功能器件的结构与实现等方面。就目前进展而言,体系结构理论上尚未取得突破。器件原理与制备方面虽然是一个相对研究热点,但从原理和制备方法上还不具备系统性。功能器件的结构与实现等方面,虽然在某些具体应用上有较为成功的方案,但距离通用光计算还有较大的差距。

本书针对上述问题,根据光计算发展的硬件构成,主要总结前人在硬件结构上的研究工作经验,结合光学信息技术、光电子器件技术、新型光学材料及器件技术的发展,从原理、结构、应用等方面,从光计算系统可能硬件构成的角度出发,对各种硬件的基础知识进行分析、介绍和引入,为相应领域的研究打下基础,并培养读者兴趣,为不久的将来光计算系统的构建做好准备。

光计算机的研究范畴是如此之广泛而新颖,且光计算机的真正可行的形式和运行方式也至今仍在广泛研究中,想要在一本书内全部加以描述是不太现实的。本书试图从物理学、光学工程和计算机科学多学科融合的角度,对一些迄今为止与光计算机的实现可能有较大相关性的,并在未来有可能在光计算机中会获得应用的硬件和功能材料的原理和技术基础进行描述,体系上涵盖了光学运算单元、光交换及光互连、光学存储、光学缓存及同步的硬件构成等较完整的光计算研究领域,并对一些新兴的理论和技术进行论述,展望未来光计算技术的发展。

本书从光计算的物理实现角度进行体系和结构设计,体系上涵盖了光学运算单元、光交换及光互连、光学存储、光学缓存及同步的硬件构成等较完整的光计算研究领域。本书内容不仅包含了传统的光学元件和系统分析,还包含了半导体光电子器件理论及技术,以及已经被证明将是光计算机核心构成的光互连系统和三维光学存储与调制元件,并加入了更具有前沿性的光学缓存及同步器件等新型光信息传输与处理技术及器件。

本书既具有一定的理论深度,同时又紧贴光计算发展前沿;既站在光计算的全局高度,又具有具体技术的可操作性;不仅对现有的光计算技术进行分析叙述,还对光计算研究发展对各种硬件技术的需求,以及各种光计算硬件技术的发展趋势进行分析叙述。因此,本书在体系及结构上更紧贴光计算研究范畴及研究进展,内容的覆盖面更加完整和合理。

本书内容主要包括：

第1章，光计算技术概述：主要对计算发展史进行回顾，描述光计算的定义和内涵，并简单描述模拟光计算和数字光计算的基础，以及光计算机体系结构的可能模型。

第2章，半导体多量子阱光电子逻辑器件：主要对半导体多量子阱的基本结构、原理和特性，半导体自电光效应及垂直表面调制器原理，自电光效应器件SEEDs的工作原理，SEEDs的特性及应用方法，SEEDs与电路的集成方法等进行描述，并对量子点等新型理论和技术进行了展望。

第3章，光计算中的微型光源：主要对垂直表面发射光电子器件的概念及内涵，LD模式垂直表面发射光器件的结构及原理，VCSELs激光器的原理、设计及性能分析，垂直表面发生光电子器件的应用等进行描述，并进行了展望。

第4章，微光学与衍射光学元件：主要对微透镜阵列及衍射光学元件的概念及内涵、结构及特性、分类及原理、设计及制备技术进行介绍，并对光学元件的性能及其分析方法进行描述，对微透镜阵列和二元光学元件的设计及应用进行了描述。

第5章，光学存储器件：主要对光学存储材料及器件的进展，双光子相互作用的原理，采用双光子相互作用实现3D光学信息存储的方法，光折变效应及其光学存储应用，光学存储器件的发展趋势分析等进行分析。

第6章，并行光互连：主要内容包括并行光互连与光交换的概念，并行光互连与光交换的发展及应用，典型光互连模型的原理及光学实现，光学交叉原理，衍射光学元件在并行光互连中的应用，自由空间光互连的设计与实现，并行光互连发展趋势分析等。

第7章，光缓存与全光同步技术前沿：主要内容包括光缓存概念及内涵，基于慢光原理的光缓存与同步原理和技术介绍，并展望该领域未来发展趋势。

本书的编撰是基于作者多年讲授"光计算硬件基础"、"信息光学"和"光子学基础"课程所掌握的资料，以及作者这些年进行光计算理论和技术研究所积累的材料和研究成果。其中结合本单位近年来部分科学研究经验与研究成果，采用了国内外近年来的书籍文献资料和部分内容，书中一些内容甚至直接引用了国内外相关文献资料中的部分章节。本书的成稿融合了多位教师和研究生多年的辛勤劳动，在此表示真诚的感谢，同时对于书中所引用内容的国内外研究单位同行致以崇高的敬意和深深的感谢。

本书作为抛砖之作，且由于编者知识水平和能力所限，其中的不足和错误在所难免，期待读者和同行不吝批评指正，以促进相关研究的交流和发展。

编者

2013 年 5 月

目　录

Contents

第1章 光计算技术概述

1.1 计算发展史及发展趋势

要了解和把握光计算技术及其相关硬件的发展现状、发展趋势和未来,有必要对历史长河中的计算发展史有所了解。

迄今为止,按照时间顺序划分,计算发展经历了原始计算时代、手工计算时代、机械计算时代、机电计算时代和电子计算时代。

1.1.1 原始计算时代

大约300万年前,原始社会的人类以在绳子上打结的方式来记数,逐渐建立起数的概念。随着数的概念逐步抽象,实现了"象"和"数"之间的互相转换,开始出现了数的计算。计算需要借助一定的工具来进行,除了结绳,还有人的双手十指计算,石块、木块计算等,如图1.1所示。其中,人类最初的计算工具就是人类的双手十指,用掰指头的方法算数,并沿用至今,该计数方法也被认为是目前人们最熟悉的十进制的主要来源之一。但是,这些实现计算的方法只局限于对数量的运算和统计,没有真正意义上的专门计算工具。

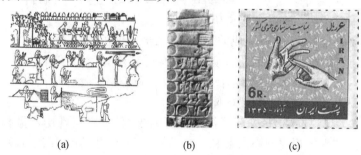

(a)　　　　　　　　　(b)　　　　　　　　　(c)

图1.1　原始计算形式

(a) 公元前3000年古埃及结绳计数记载;(b) 公元前2000年美索不达米亚人泥板计数记载;

(c) 伊朗邮票中的手指计数记载。

1.1.2 手工计算时代

真正意义上的专门计算工具出现在手工计算时代,可实现更复杂计算的计算,满足文明进步对计算日益提高的要求。

2000 多年前的春秋战国时代,中国发明的算筹算盘是世界上最早的计算工具(图 1.2),且算盘一直沿用至今。算盘被认为是最早的数字计算机,而珠算口诀则是最早的体系化的算法。其中,算筹、算盘和计算尺具有代表性,分别如图 1.2(a)~(c)所示。

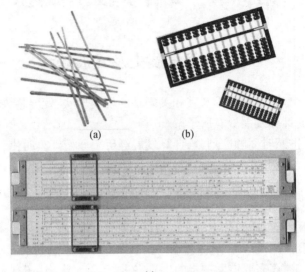

(a)   (b)

(c)

图 1.2　手工计算代表形式
(a) 算筹;(b) 算盘;(c) 游标计算尺。

算筹采用的是十进位制的记数方法,我国古代著名的数学家祖冲之借助算筹精确计算出圆周率的值介于 3.1415926 和 3.1415927 之间;中国古代的天文学家也运用算筹,总结出了精密的天文历法。

算盘是从中国算筹发展而成的,大约在二千年前由中国人发明,并沿用至今。汉末三国时期的徐岳撰写的《数术记遗》中有说:"珠算,控带四时,经纬三才",是对珠算最早的文字记载。它结合十进制计数法和一整套计算口诀,被认为是最早的数字计算机,其算法也是最早的体系化算法。

17 世纪计算尺的出现,开创了模拟计算的先河,可以实现比算盘和算筹更为复杂的计算,如平方根、指数、对数和三角函数。至 20 世纪 60 年代,计算尺经过不断发展创新,在工程技术领域的应用达到了顶峰,并在 70 年代逐渐被袖珍电子计算器所取代,但如图 1.3 所示的圆计算尺仍然在航空领域得到应用。

手工计算时代的最大特点是,可以借助于计算工具实现较为复杂的计算,而这些计算工具的主要特点是较为简单且易于实现,在日常工作和生活中发挥了重大作用,并且算盘和计算尺一直沿用到了今天。

1.1.3　机械和机电计算时代

手工计算时代的计算工具简单且易于实现,但是不能满足自然科学和工程技

图 1.3　圆计算尺

术的发展需要,尤其是中世纪的文艺复兴大大促进了自然科学和工程技术的发展,对真正意义上的能够替代人们手工计算的机器越发需要。正是文艺复兴时期人们长期被神权压抑的创造力得到空前释放,产生了第一台能帮助人进行计算的机器,计算方式进化到了"机器"的形式,进入机械和机电计算时代。

虽然在达·芬奇的手稿中记载了机械式计算工具的设计方案,但第一台真正意义上的机械式计算机由法国数学家、物理学家和思想家帕斯卡于 1642 年发明。如图 1.4(a)所示为帕斯卡及其所发明的加法机。帕斯卡还认为,可以用机械模拟人的思维活动,这在现在看来有一定的狭隘性,但为其后计算机的发展确定了基本的目标。

1671 年德国人莱布尼兹(Gottfried Leibniz)系统地提出了二进制运算法则,并设计实现了乘法机,这是第一台可以运行完整四则运算的计算机,最终答案最大可达到 16 位,如图 1.4(b)所示。随后的 200 多年,虽然自动化程度逐步提高,但是计算机技术的发展比较缓慢,不具备完整的存储功能。直到 1822 年,英国人巴贝奇(Charles Babbage,1792 – 1871)设计了差分机和分析机(图 1.4(c)),并于 1832 年实现了一个差分机的成品,最初可以进行 6 位数的运算,后来发展到 40 位,全部尺寸接近一栋房屋。差分机在只读存储器(即穿孔卡片)中存储程序和数据,基本实现了控制中心(CPU)和存储程序的设想,而且程序可以根据条件进行跳转,能在几秒内作出一般的加法运算,几分钟内作出乘除法运算,结果以穿孔的形式输出。

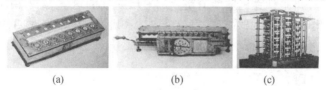

(a)　　　　　　　　(b)　　　　　　　　(c)

图 1.4　帕斯卡及其加法机
(a)帕斯卡设计的加法机;(b)莱布尼兹设计的乘法机;(c)巴贝奇设计的差分机。

虽然差分机完全基于机械实现运算,但是设计理论超前,其中采用寄存器来存储数据,体现了早期程序设计思想的萌芽,有目前电子计算机的雏形,一些结构设计和设计理念被后人所采用。其中,巴贝奇分析机采用了三个具有现代意义的装置:①保存数据的寄存器(齿轮式装置);②从寄存器取出数据进行运算的装置,并且机器的乘法以累次加法来实现;③控制操作顺序、选择所需处理的数据以及输出结果的装置。

1848 年,英国数学家布尔创立了系统的二进制代数学,为现代二进制计算机发展铺平了道路。这也表明,计算机的发展不是独立的,需要以数学、物理学等其他基础学科的发展为基础。

在纯机械式计算机发展的同时,电动机械技术也得到了飞速发展,为机械计算机中一些机械动作采用电动的方式实现提供了可能,为机电式计算机的设计实现奠定了基础。如图 1.5 所示为美国人赫尔曼·霍勒斯于 1888 年发明的制表机,该设计借鉴了巴贝奇的发明,采用电气控制技术(继电器)取代纯机械装置,实现了计算机发展中的第一次质变,性能也实现了飞跃。

图 1.5　赫尔曼·霍勒斯和他发明的制表机

在 20 世纪上半叶,机电计算机发展到了顶峰,美国的艾肯和德国的朱斯为机电式计算机的发展作出了贡献。1944 年,在 IBM 的协助下,艾肯完成了其设计的机电计算机"Mark I",能够解线性方程等复杂的运算,并在美国的曼哈顿计划中发挥了作用。

机电式计算机是计算机发展道路上的一次必要的科学尝试,由于工作中仍有机械动作,因此运算速度仍然较慢。在机电计算机发展的巅峰时期,电子计算机的相关技术也已经在发展中,蕴育着更大的计算机技术变革。

1.1.4　电子计算时代

目前还处于电子计算统治的时代。电子计算时代从真空电子二极管的发明开始,晶体管及集成电路的发展则将电子计算时代带入其飞速发展时期。

1904 年,英国人弗莱明发明真空电子二极管,但仅有二极管对于完整计算机的构建是不够的。1906 年,美国人德弗雷斯特发明了电子三极管,如图 1.6 所示。

并在研究中发现,三极管可以通过级联使放大倍数大增,这使得三极管的实用价值大大提高,从而促成了无线电通信技术的迅速发展,这也是电子计算机的基础。

在电子管发明后将近40年,直到1943年,英国科学家利用电子管为主要元件研制成功第一台可编程计算机——"巨人"计算机,专门用于破译德军密码,初步显示出电子计算机的强大性能。

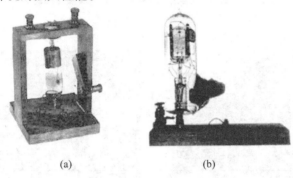

(a)　　　　　　　　　(b)

图1.6　第一个电子管实验原型

(a) 第一个真空电子二极管原型;(b) 第一个电子三极管原型。

接着,在1946年2月14日,IBM公司的"ENIAC"问世了,它是世界上第一台完全意义上的电子管计算机,如图1.7所示。其运算速度比当时最好的机电式计算机快1000倍,主要用于弹道计算和氢弹的研制,显示出电子计算机的巨大潜力。

图1.7　世界上第一台电子管计算机"ENIAC"

由于真空电子管计算机体积大、能耗高、稳定性差、价格贵等因素,大大制约了其普及应用。晶体管的出现并被应用于计算机,电子计算机的发展才真正实现腾飞。1947年,贝尔实验室的威廉·布拉德福德·肖克利(William B. Shockley)、约翰·巴丁(John Bardeen)和沃特·豪泽·布拉顿(Walter H. Brattain)发明了晶体管,如图1.8所示。

具有里程碑意义的当属1954年贝尔实验室利用800只晶体管实现的世界上第一台晶体管计算机"TRADIC"(图1.9),为更高性能电子计算机的研制奠定了基础。我国首台晶体管计算机441-B整机在10年后得以实现。

1958年9月12日,罗伯特·诺伊斯(Robert Noyce,Intel公司的创始人之一)和美国德州仪器公司的杰克·基尔比(Jack Kilby,因此获2000年诺贝尔物理学

图 1.8　首个晶体管实验原型、封装器件及其发明者

图 1.9　世界上第一台晶体管计算机"TRADIC"

奖)分别发明了基于硅和锗的集成电路,并由此实现了集成电路处理器。1964 年,
IBM 公司研制成功世界上第一台采用集成电路的小型计算机——IBM 360,如图
1.10 所示,这是集成电路技术推动计算机技术飞跃发展的开始。

图 1.10　集成电路芯片及 IBM – 360 小型机

　　之后,随着光刻技术等半导体工艺技术的进步,超大规模集成电路和微处理器
技术稳步快速发展,基本符合摩尔定律预言,纯电子的计算机技术也进入其巅峰发
展时期,各种个人计算机、工业计算机和巨型机、小型机不断涌现。和之前各个计
算时代的更迭一样,在电子计算机技术的巅峰发展时期,也蕴育着下一代更高性能
计算机技术的发展。

1.1.5　超级并行计算机现状及其发展

　　在现代,处于计算机时代的最前沿、能够充分体现计算技术发展现状和趋势

的,是超级并行计算机。同时,超级计算机的发展已经超越了计算机技术的范畴,反映了一个国家的科技综合实力。

TOP500[1]是一个为高性能计算机提供统计的组织,其统计的数据在全球范围内具有权威性。2012 年 11 月 TOP500 排名榜首的超级计算机为美国 CRAY 公司为美国 Oak Ridge National Laboratory(橡树岭国家实验室)研制的 Titan Cray XK7(图 1.11),最高实际计算速度达到 1.759 亿亿次,采用了 56 万个计算核,拥有 710TB 的内存。按照 CRAY 公司的计划,该公司在 2013 年 6 月份将提供性能达到 10 亿亿次以上的 XC30 超级并行计算机。

图 1.11　Titan Cray XK7 超级并行计算机
(a) Titan Cray XK7 概貌;(b) GPU 模块;(c) 机箱背部光互连线缆。

采用多技术多架构的结合是超级并行计算机的发展趋势。采用光互连技术来解决超级并行计算机中的大量数据交换需求是普遍共识,除了普遍采用如图 1.11 (c)所示的光纤互连,CRAY 公司还发展了如图 1.12 所示的互连芯片和机柜间互连光学架构应用于 XC30 超级并行计算机中,以达到大幅提高系统数据交换能力的目的。

如图 1.13 所示为 TOP500 超级并行计算机性能发展趋势图,近 20 年来计算性能呈直线上升趋势,而且最高性能常出现跳跃性提高的现象。而融合入更多的光学技术以提高各部分的性能将是大势所趋。

1.1.6　未来计算机技术发展展望

纵观计算发展史,尤其是超级并行计算机的飞速发展历程,无论是处理器/单元还是数据传输交换单元,核心问题是如何实现信号的快速传递。尤其在超级并行计算机中,随着计算性能提高的要求,要求采用越来越多的运算核,需要管理越来越大的内存容量。如图 1.14 ~图 1.16 所示分别为近年 TOP500 超级计算机排名首位计算机的性能发展和主要配置发展趋势。采用更多的运算核和更大的内存,同时也意味着需要提供更强的数据快速交换能力,如何解决数据交换问题将是超级并行计算机进一步发展的关键。

目前的电子计算机,包括超级并行计算机,其处理器几乎都是普林斯顿体系结构,而基本总线结构也几乎都为如图 1.17 所示的串行结构。这种结构给电子计算机未来的继续发展带来如下不利因素:

7

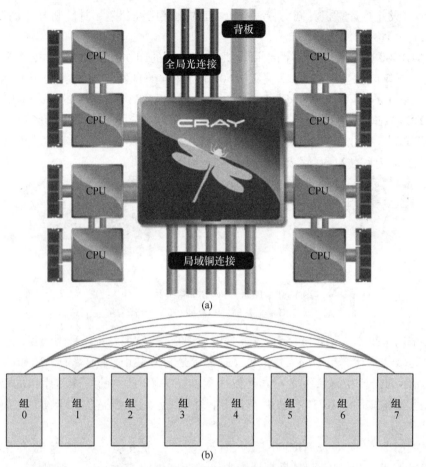

(a)

(b)

图 1.12 XC30 超级并行计算机中的互连网络[2]

(a) CRAY Cascade Aries 互连芯片架构；(b) XC30 的机柜间光互连结构示意图。

（1）串行结构给处理器、存储器及其他部分之间的数据通信带来困难,提高传输成本;

（2）海量数据存储及有限寻址/控制(线)的冲突,或者称为"存储墙"难题;

（3）采用并行处理器时,并行计算速度与处理器数量具有非线性关系 $S \sim \log_2 n$(S 为单处理器最短用时与并行处理最短用时之比,n 为处理器数量),导致并行成本高。

同时,电子电路的一些固有特性也给电子计算机技术的发展带来困难,主要表现在电子线路的时间常数的限制上。由于时间常数的限制,使得目前处理器内外铜线传输的速度局限在 10Gb/s 以下徘徊,这也是在超级并行计算机中普遍采用光学互连作为骨干数据连接方式的原因之一。

加上能耗等因素的限制,成为了电子计算机继续发展面临的瓶颈问题。结合光学技术在超级计算机的数据交换系统中的成功应用,未来高性能计算机技术的

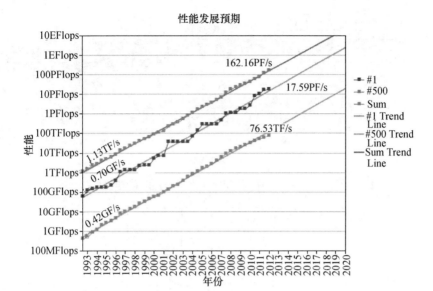

图 1.13　TOP500 超级并行计算机性能发展趋势[1]

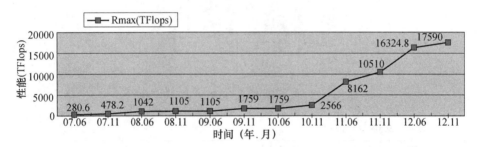

图 1.14　近年超级计算机 TOP500 排名榜首运算速度发展[1]

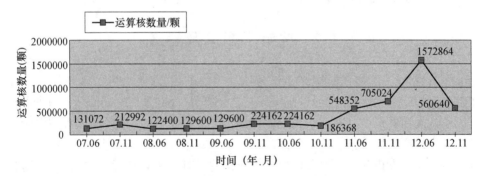

图 1.15　近年超级计算机 TOP500 排名榜首运算核数量发展[1]

发展,将需要具备如下特征,而光学计算技术的发展和应用将是不可避免的趋势。

（1）高度并行性；

（2）超大容量存储能力；

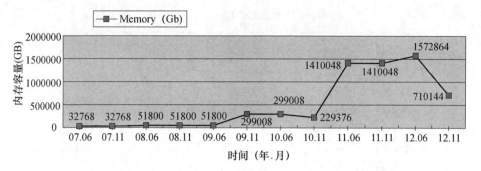

图 1.16　近年超级计算机 TOP500 排名榜首内存容量发展[1]

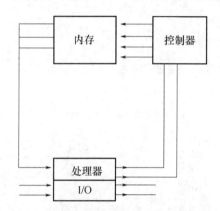

图 1.17　电子计算机采用的串行总线结构[3]

（3）高速度运算能力；

（4）硬件和性能的可实时自重构；

（5）系统的大规模可扩展性。

1.2　光计算概念及涵义

顾名思义,光计算就是以光子作为信息传输的载体(代替电子或电流),基于光学单元构建的光学系统,通过必要的光学操作,从而实现信息的处理或数据的运算操作。光计算机就是能够实现光计算操作的光学系统,从而区别现有的电子计算机。光计算机可分为模拟光计算机、模拟—数字光计算机和全数字光计算机,还可分为全光计算机和光电混合计算机。由于全光计算器件在技术上尚不成熟,目前还没有公认的全光数字计算机体系结构。目前光计算技术发展主要还在关键器件的技术研究和体系结构的构思上。

普遍认为光计算具有二维并行处理、高速度、大容量、空间传输和抗电磁干扰等优点,而光计算机除了具备以上优点,还将具备大规模可扩展和可实时自重构的特点。

1.2.1　光学基本数字运算操作

作为玻色子的光子和作为费米子的电子在基本属性上存在差异,因此光学运算操作的基本实现方式将与电子运算存在很大差别。一些光学过程可以实现基本的运算操作,从而有能力作为光计算机的运算核心。如图 1.18 所示,通过合理的光学结构,可实现"与"、"或"等基本的运算功能。在此基础上,通过合理的光学设计,还能实现"与"、"非"等其他逻辑运算操作[4,15,16,18]。

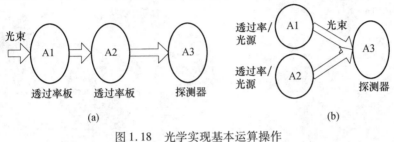

图 1.18　光学实现基本运算操作

(a) AND("与"运算);(b) OR("或"运算)。

1.2.2　光计算机系统结构基本模型

按照计算技术的发展规律,光计算机不可避免地将在电子计算机的基础上得以产生,因此最初也将具有电子计算机的痕迹。因此,普遍认为主要有两种类型的光计算机系统结构,其中一种如图 1.19(a)所示,采用目前成熟的电子计算机系统结构模型,将其中的电子处理单元更换为光学处理单元,具有明显的处理器、总线和存储器等结构,以光处理器(或并行光开关阵列)为核心,负责运算功能,并通过并行光互连网络来连接;另一种如图 1.19(b)所示,在电子计算机系统结构的基础上进行了大幅度的改动,不再具有明显的处理器、总线和存储器边界,以并行光互

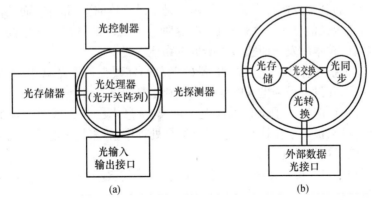

图 1.19　两种典型的光计算机系统结构示意图

(a) 以光处理器为核心的结构;(b) 以并行光互连网络为主体的结构。

连网络为主体,主要的运算功能由互连网络来完成,数据存储单元内含于互连网络中。

由于光学传输的特点,除了可以在光学线路(如光纤、光波导等)中传输,也能在自由空间中传输,因此光计算机的形式也将更多样化和更具可塑性。如图 1.20 所示,光计算操作可以通过在自由空间的光学元件组合来实现,也能通过集成的光学模块来实现[14]。

(a)

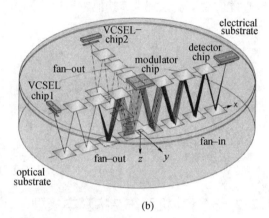
(b)

图 1.20　光计算实现的典型方式[17]

(a) 自由空间光学元件实现;(b) 集成光学模块实现。

1.3　光学计算处理基础

1.3.1　全息光栅

1948 年,英国物理学家伽伯为了提高电子显微镜的分辨能力,发明了一种利用干涉和衍射的三维成像技术,这种技术不是记录物体的平面影像,而是记录物体上各个点的完全光信息——振幅和位相,这种技术后来被称作为全息技术。1971 年,伽伯也因该技术的发明而获得了诺贝尔物理学奖。

但是,这种技术存在一个很大的"缺陷",就是需要强相干光源,因此在激光问世之前,该技术并没有得到世人的认可。直到激光问世之后,该技术的重要性就显现出来了,并很快应用到了全息干涉上。今天,全息术已经渗透到了各个领域当中,甚至全息可以被数字化控制。在光学数据处理中,越来越多的数字化全息图和全息元器件已经被广泛使用。

全息图和全息元件与传统的元器件相比,有着得天独厚的特点。对于全息图来说有以下特点[5,13]:

(1)具有可分割性。因为全息照片上的每一点都有可能接收到物体上各点来的散射光,因此也就记录了来自物体各个点的物光波信息,通过全息图的每一小块均能再现完整的物体图像。

（2）同一张全息干板上可重叠拍摄多个全息图。对于不同的物体，采用不同角度的参考光进行拍摄，则相应的物体的再现像就出现在不同的衍射方向上，每一个再现像可做到不受其他再现像的干扰而显示出来。

事实上，全息术不仅应用于成像，还广泛应用于信息光学处理的其他领域，甚至在激光通信中得到了非常重要的应用，目前的光纤通信就离不开全息光学元件。同时，全息术也可应用于激光存储及激光防伪，并有可能在未来的光计算中得到广泛应用。全息术同时也派生了一门重要的光学学科——二元光学。

全息术的应用包括全息元件和全息存储。普通光学元件通常是用透明的光学玻璃、晶体或有机玻璃等制成，它的作用是基于光的直线传播、光的反射和折射等几何光学定律，其功能是可以成像、准直、分光等。而全息光学元件是采用全息照相方法（包括计算全息法）制作的，可以完成准直、聚焦、成像、分束、光束偏转和光束扫描等功能的元件。在完成上述功能时，它不是基于光的反射和折射规律（属于几何光学范畴），而是基于光的干涉和衍射（属于物理光学范畴），所以全息光学元件又称为衍射元件。

常用的全息光学元件包括全息透镜、全息光栅和全息空间滤波器等，而全息存储也具有多种形式，这里主要介绍全息光栅的制作方法和原理。

透镜和光栅为光学实验中最常用的光学元件，其质量的好坏直接决定实验结果的精度。对于光栅来讲，很多情况下都使用刻划光栅，但由于制作上的工艺等因素限制，很难随心所欲地制作满足任意要求的各种特制光栅。但根据光学干涉的特点，如果在全息介质上记录下两个光波的干涉条纹，则就可以将记录有这种条纹的介质作为光栅使用。这种光栅由于是用类似于全息方法得到，因此称为全息光栅。与刻划光栅相比，全息光栅具有许多特点，由于不存在固有的周期误差，因而不存在罗兰鬼线，生产周期短，杂散光少，光谱的适用范围比刻划光栅宽，在较低级次下可以获得很高的分辨率等。全息光栅在光学信息处理中还可作为空间滤波器使用。

全息光栅可通过如图1.21所示的马赫—策恩德尔（Mach—Zehnder）干涉仪来制作，如果两束光达到光屏P时严格平行，则在光屏上呈现均匀一片的光斑，看不到干涉条纹。若两束光在水平方向存在某一会聚角度，则在光屏P上将出现等厚干涉条纹，且条纹的间距相同，其密度随两束光的会聚角度变化。当条纹很密时可用读数显微镜，在光屏P上观察。如果在光屏处换上全息干板H，记录下双光束干涉所产生的干涉条纹，经显影、定影和干燥处理后，便得到一块全息光栅。

根据光的干涉原理，干涉条纹的间距由下式确定：

$$d = \frac{\lambda}{\sin\theta_1 + \sin\theta_2} \qquad (1-1)$$

式中，θ_1、θ_2分别为两束光与光屏法线的夹角；λ为光波长。在θ_1、θ_2都很小，并且

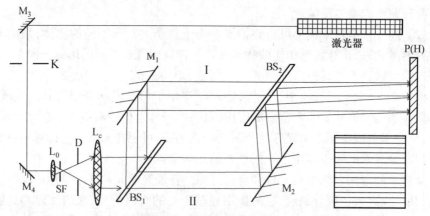

图 1.21 马赫—策恩德尔干涉仪

K—光电开关；$M_1 \sim M_4$—反射镜；L_0—扩束镜；Lc—准直透镜；

SF—针孔滤波器；BS_1、BS_2—分束镜；P—输出面。

两角度分别位于光屏法线的两边时，上式可简化为

$$d \approx \frac{\lambda}{\theta_1 + \theta_2} = \frac{\lambda}{\theta} \tag{1-2}$$

式中，$\theta = \theta_1 + \theta_2$ 为两光束夹角。这样，由于干涉条纹距离就是所制作的全息光栅的光栅常数，因此只要能够有效控制光线的夹角，就可以在一定范围内得到任意光栅常数的全息光栅。

全息光栅由于具有精度高等优点，在空间滤波、图像运算等多个领域得到应用，同时也是光互连单元的基础元件之一。

1.3.2　光学傅里叶变换

1. 平面波空间频率

平面波可表示为

$$u(x,y,z) = A\exp\left[-\mathrm{j}2\pi\left(\frac{x}{\lambda}\cos\alpha + \frac{y}{\lambda}\cos\beta + \frac{z}{\lambda}\cos\gamma \right) \right] \tag{1-3}$$

令 $f_x = \dfrac{\cos\alpha}{\lambda}, f_y = \dfrac{\cos\beta}{\lambda}, f_z = \dfrac{\cos\gamma}{\lambda}$，分别称为在 x、y、z 方向上的空间频率，上式可改写为

$$u(x,y,z) = A\exp\left[-\mathrm{j}2\pi(f_x x + f_y y + f_z z) \right] \tag{1-4}$$

2. 空间频率的物理意义

（1）空间频率代表在不同方向上的单位距离内光波的振荡次数；

（2）空间频率代表平面波的出波方向；

（3）三个方向的空间频率满足 $f_x^2 + f_y^2 + f_z^2 = 1/\lambda^2$，非完全独立，因此对式

14

$(1-4)$进行重写,并令常数 $A = A\exp(-jkz\sqrt{1 - \cos^2\alpha - \cos^2\beta})$,即考虑确定 z 位置的复振幅分布,则有

$$u(x,y,z) = A\exp[-j2\pi(f_x x + f_y y)] \quad\quad (1-5)$$

3. 空间频率的合成

任意波动函数可以由不同空间频率的波动合成,即

$$F(f_x, f_y) = \iint f(x,y)\exp[-j2\pi(f_x x + f_y y)]\mathrm{d}x\mathrm{d}y \quad\quad (1-6)$$

此为波动函数的傅里叶变换。

从分解的角度看,光波通过傅里叶变换后,被分解为不同空间频率(对应传播方向)的分量。

4. 透镜的傅里叶变换性质

根据波动光学原理[6,12],会聚透镜能够实现二维傅里叶变换,因而成为光学信息处理中的重要元件。

如果将透明函数物体至于透镜前,物体(物平面)与透镜的距离为 z_1,成像平面与透镜的距离为焦距 f,对于如图 1.22 和图 1.23 所示的光路配置,设物体的光波场函数为 $U_0(\xi,\eta)$,在忽略光瞳影响的情况下,像平面上获得的光场分布 $U_i(x,y)$ 分别有

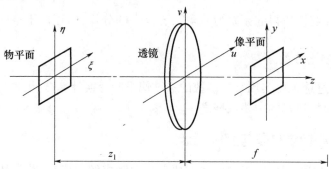

图 1.22　透镜的光学傅里叶变换光路条件一

(1) $z_1 \neq 0, f$ 时:

$$U_i(x,y) = \frac{\mathrm{j}}{\lambda f}\exp\left[\mathrm{j}\frac{\pi}{\lambda f}\left(1 - \frac{z_1}{f}\right)(x^2 + y^2)\right]\int_{-\infty}^{\infty}\int U_0(\xi,\eta)\exp\left[-\frac{2\pi}{\lambda f}(\xi x + \eta y)\right]\mathrm{d}\xi\mathrm{d}\eta$$

$$= \frac{\mathrm{j}}{\lambda f}\exp\left[\mathrm{j}\frac{\pi}{\lambda f}\left(1 - \frac{z_1}{f}\right)(x^2 + y^2)\right]\mathbb{F}\{U_0(\xi,\eta)\}_{f_x = \frac{x}{\lambda f}, f_y = \frac{y}{\lambda f}} \quad\quad (1-7)$$

(2) $z_1 = 0$ 时:

15

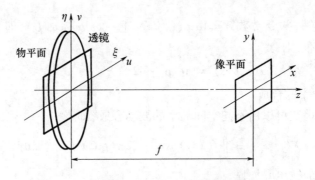

图 1.23　透镜的光学傅里叶变换光路条件二

$$U_i(x,y) = \frac{j}{\lambda f}\exp\Big[j\frac{\pi}{\lambda f}(x^2 + y^2)\Big]\mathbb{F}\{U_0(\xi,\eta)\}_{f_x=\frac{x}{\lambda f},f_y=\frac{y}{\lambda f}} \qquad (1-8)$$

(3) $z_1 = f$ 时：

$$U_i(x,y) = \frac{j}{\lambda f}\mathbb{F}\{U_0(\xi,\eta)\}_{f_x=\frac{x}{\lambda f},f_y=\frac{y}{\lambda f}} \qquad (1-9)$$

可见,在 $z_1 = f$ 时, $U_i(x,y)$ 式中的相位弯曲项消失,获得置于透镜前焦面上物体复振幅函数的准确傅里叶变换。透镜的后焦面因此也称为傅里叶变换平面或频谱面。在此平面上每一点 (x,y) 处光的复振幅大小正比于物平面上光场的复振幅分布作傅里叶变换所得的频率为 $f_x = \frac{x}{\lambda f}$, $f_y = \frac{y}{\lambda f}$ 的分量,即正比于空间频率为 $f_x = \frac{x}{\lambda f}$, $f_y = \frac{y}{\lambda f}$ 的频谱分量。

因此,通过透镜可实现某一函数的二维傅里叶变换计算,这也是光学过程被引入实现并行模拟运算的主要依据之一。

1.3.3　阿贝成像原理与空间滤波

1873 年,德国人阿贝(E. Abbe)在研究显微镜成像规律时,首先从波动光学的观点提出的一种成像理论,即阿贝成像原理[5]。阿贝成像原理在傅里叶光学早期发展史上占据重要地位,并成为信息光学及其应用发展的基础。

根据阿贝成像原理,在相干的平行光照明下,透镜成像可分为两步:第一步是平行光透过物体后产生的衍射光,经透镜后在其后焦面上形成衍射图样,这可理解为光被物体衍射后,在透镜的后焦面(即频谱面)上分解形成各种频率的空间频谱,这是衍射所引起的"分频"作用,实际是物体所包含的空间信息按照空间频率的"分类";第二步是这些衍射图上的每一点可看作是相干的次光源,这些次波源发出的光在像平面上相干叠加,形成物体的几何像,这可理解为各空间频谱次光源的空间频率"合成",实际是按空间频率分类分布的空间信息进行的"组合"。

阿贝成像原理的物理过程可描绘为如图 1.24 所示。

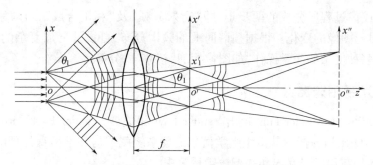

图 1.24　阿贝成像原理图解

根据空间频率的概念和频谱分析的原理,如图 1.22 所示的阿贝成像过程的这两步本质上就是两次傅里叶变换。如果这两次傅里叶变换是完全理想的,即信息没有任何损失,则所成像和物体(输入图像)应完全相似。

如果物光(入射光)的复振幅分布为 $g(x_0,y_0)$,可以证明在物镜后焦面 (ξ,η) 上的复振幅分布是 $g(x_0,y_0)$ 的傅里叶变换 $G(f_x,f_y)$,在此 $f_x=\dfrac{\xi}{\lambda f}$, $f_y=\dfrac{\eta}{\lambda f}$, λ 为光波长, f 为透镜焦距。所以上述第一步就是将物光场分布变换为空间频率分布,衍射图所在的后焦面称为频谱面。第二步是将频谱面上的空间频率分布作逆傅里叶变换还原为物的像(空间分布)。因此,成像过程使得物体(图像)上同一区域的多种空间信息(即空域上的不同空间频率分布)通过透镜后,在透镜的后焦面上实现了不同空间信息的分类分区分布(即频域上的不同区域分布),这就使得对物体(图像)按照某些方法进行信息处理成为可能。

按频谱分析理论,频谱面上的每一点均具有以下四点明确的物理意义。

(1)谱面上任一光点对应着物面上的一个空间频率成分。

(2)光点离谱面中心的距离,标志着物面上该频率成分的高低,离中心远的点代表物面上的高频成分,反映物的细节。靠近中心的点,代表物面的低频成分,反映物的背景和轮廓。中心亮点是 0 级衍射即零频,它不包含任何物的信息,所以反映在像面上呈现均匀光斑而不能成像。

(3)光点的方向,指出物平面上该频率成分的方向,例如横向的谱点表示物面有纵向栅缝。

(4)光点的强弱则显示物面上该频率成分的幅度大小。

实际上,在透镜成像过程中,受透镜孔径所限,总会有一部分角度较大的衍射光(高频信息)不能进入透镜而失掉,使像的轮廓边界变得不细锐,细节变得模糊。

根据阿贝成像原理和过程,如果根据需要在谱面上人为地插上一些滤波器(如吸收板或移相板等),去掉(或选择通过)某些空间频率或者改变其振幅和位相,就可以改变谱面上的光场分布,使像平面中某部分频率得到相对加强或减弱,使得物体的成像变化,这就叫空间滤波。

17

根据成像过程所分成的两步走,即"衍射分频"及"相干合成",可着手改变频谱,从而引起图像的变化。根据频谱面上的频谱分布,可设计更加复杂的滤波器,从而实现多种复杂的光学操作,如图像相加、相减、微分等运算操作。

1.3.4　光学相关器

自从 1964 年 Vander Lugt 提出 Vander Lugt 相关器(Vander Lugt Correlator)以来,Vander Lugt 相关器及其衍生光学信息处理系统就成为光学信息处理的基础和标准,尤其是在并行光互连和并行逻辑运算中[7]。

标准的 Vander Lugt 相关器如图 1.25 所示,在这种光学结构中采用了两个傅里叶透镜,两个透镜的焦距一般相等,焦距都为 f,而且在搭建系统时,使得前一个透镜 L_1 的后焦面 P_2 与后一个透镜 L_2 的前焦面 P_2 严格重合,故通常称为 $4-f$ 光学系统。

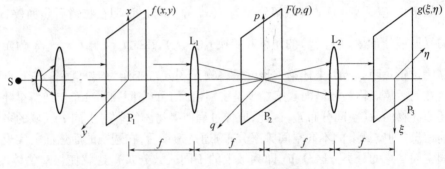

图 1.25　$4-f$ 光学相关器结构

对于如图 1.25 所示的 $4-f$ 光学系统,将振幅透过率为 $f(x,y)$ 的透明片置于傅里叶透镜 L_1 的前焦面上,并以单位振幅的单色平面波入射(此处为讨论方便),则根据线性空傅里叶的脉冲响应原理,在忽略常数因子的情况下,在频谱面上将得到此透明片的傅里叶变换频谱:

$$F(p,q) = \mathbb{F}[f(x,y)] \qquad (1-10)$$

其中,(p,q) 为空间频率坐标。

而此频谱通过相同规格参数的傅里叶透镜 L_2 后,相当于再进行一次傅里叶变换,则根据傅里叶变换的性质,有

$$\mathbb{F}[\mathbb{F}[f(x,y)]] = f(-x,-y) = f(\xi,\eta) \qquad (1-11)$$

或可用傅里叶逆变换来描述:

$$\mathbb{F}^{-1}[\mathbb{F}[f(x,y)]] = f(\xi,\eta) \qquad (1-12)$$

(ξ,η) 为 (x,y) 的反演坐标,可见,经过第二个傅里叶透镜后,透明片得到了还原,只是,这时候的像相对于原图像是旋转倒置的。如果输入的是数字矩阵,也将得到输入矩阵的倒置。

以上是没有在 4 $-f$ 系统中加入任何滤波器的情况,如果在频谱平面上放置一振幅透过率为 $H(p,q)$ 的透明片(以下称空间滤波器),则频谱平面紧靠空间滤波器后的光波场复振幅分布为(已略去一些复常数因子)

$$E(p,q) = F(p,q)H(p,q) \qquad (1-13)$$

第二个透镜 L$_2$ 对 $E(p,q)$ 进行逆傅里叶变换所得的结果如下:

$$g(\xi,\eta) = \iint_{-\infty}^{+\infty} F(p,q)H(p,q)\exp[\,j(p\xi+q\eta)\,]\,\mathrm{d}p\mathrm{d}q \qquad (1-14)$$

利用脉冲响应原理并将 $F(p,q)$ 和 $H(p,q)$ 的傅里叶变换式带入上式,最后得到如下形式:

$$g(\xi,\eta) = \iint_S f(x,y)h(\xi-x,\eta-y)\mathrm{d}x\mathrm{d}y$$
$$= f(x,y) * h(x,y) \qquad (1-15)$$

上式中,积分域 S 为对输入平面积分,$h(x,y)$ 为空间滤波器的空间脉冲响应,即

$$h(x,y) = \mathbb{F}^{-1}[H(p,q)] \qquad (1-16)$$

可见,通过在频谱平面的光学相乘操作,在 4 $-f$ 系统的输出平面实现了目标模式和空间滤波器的空间脉冲响应函数的卷积,从而可实现不同的光学运算操作,包括并行逻辑运算操作以及光学交换和互连中需要的光学运算过程,因此还包括超短光脉冲的整形等操作。

1.3.5 光学数字处理

1. 光学向量 – 矩阵乘法器[8]

光学向量 – 矩阵乘法器是光学实现并行运算的典型例子之一。乘法器的最初模型是 1978 年由 J. W. Goodman 等提出来,在此基础之上,许多科学家纷纷拓展研究提出了光学加法器、光学矩阵—矩阵乘法器、光互连等结构模型。目前,光学向量 – 矩阵乘法器已经应用于诸多不同的领域。

光学向量—矩阵乘法器按功能划分,它主要由输入部分、信息处理部分、输出部分组成。输入部分的主要作用是对光源进行调制,并使携带有光源信息的光束输入到信息处理部分。信息处理部分的主要作用是实现输入的光信息与预置在内的信息相乘,通过改变预置的信息来改变输出的结果。输出部分的主要作用是接收信息处理部分的结果,做出实验结果的判断分析。按结构划分,它主要由光源阵列、球面透镜和柱面透镜组、空间光调制器(Spatial Light Modulators,SLMs)、光电探测器阵列构成。以一个 $m \times n$ 矩阵 A 与一个 n 维矢量 B 相乘得到一个 m 维矢量 C 为例,若分别用 a_{ij}、b_j 和 c_i 表示 A、B、C 的元素,则有

$$c_i = \sum_{j=1}^{n} a_{ij}b_j, (i = 1,2,\cdots,m) \tag{1-17}$$

如图 1.26 所示,用线阵光源来输入向量 B,即使光源线阵中的面发射激光器的各点光强正比于 $b_j(j = 1,2\cdots,n)$。另外用一个透射式多量子阱空间光调制器 SLM 来输入矩阵 A,即空间光调制器的 $m \times n$ 个像素按矩阵形式排列,并用电学或光学的写入信号去控制 SLM 各像素的透射率,使之分别正比于 a_{ij}。光源线阵置于准直透镜 L 的前焦面上,SLM 置于柱面透镜 CL1 的后焦面上,CCD 置于柱面透镜 CL2 的后焦面上。

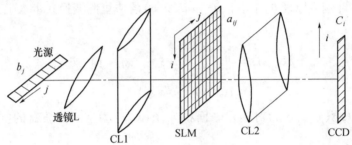

图 1.26 光学矢量—矩阵乘法器光路图

系统工作时,非相干光源通过 L 后形成平行光,CL1 在水平方向(j 值变化的方向)上起到扇出作用,任一 b_j 都成像在 SLM 的第 j 列处;CL1 在垂直方向(i 值变化的方向)上不起作用,任一 b_j 经 L 后形成的平行光都会在 SLM 上形成一条垂直光带,而且在垂直方向上的光强是均匀的。在 SLM 上完成元素相乘,即 SLM 上的任一像素(i,j)的光强分布正比于 $a_{ij}b_j$。光束经过第二个柱面镜 CL2 被聚焦到垂直排列的光探测器阵列 D 上。CL2 在水平方向上(j 值变化的方向)不起作用,在垂直平方向上(i 值变化的方向)起到扇入的作用,使得 SLM 上第 i 行所有像素的光都集中在第 i 个探测器上。由于线阵光源上的各个点源发出的光 b_j 互不相干,所以光探测器上第 i 个探测器的输出正比于向量积 C 的相应元素 c_i,即满足公式(1-17)。

从上述光学向量—矩阵乘法器工作的过程中,不难看出所有的乘法运算和加法运算都是并行进行的,足可证明光学向量—矩阵乘法器在数据并行处理上的优势。为了在光学中便于实现,矩阵 A 和向量 B 的元素一般取二进制数,因而只有 0 和 1 两个值。矢量 B 由线阵光源输入,每一个光源元件对应一个矢量的元素,当元素值为 1 时,令对应光源发光,当元素值为 0 时,令相应的光源不发光。矩阵 A 的各元素值由 SLM 相应像素的透光率表示,当元素值为 1 时,SLM 上对应像素的透光率为 1;当元素值为 0 时,SLM 上对应像素的透光率为 0。若在光源面输入向量 B 为(1 0 1),SLM 上预置矩阵 A 为 $\begin{pmatrix} 1 & 0 & 1 \\ 0 & 0 & 1 \\ 1 & 1 & 1 \end{pmatrix}$,那么在接收面就会得到(2 1 2),

20

即满足公式(1-17)。

2. 光学并行逻辑运算器

采用如图 1.27 所示的 Vander Lugt 光学相关器,结合光学阴影成型技术,即可实现并行逻辑运算。P0 为输入面,P1 为频谱面,P2 为输出面。输入面 P0 上的图像经透镜 L1 傅里叶变换后得到 P1 上的频谱图像,在频谱面 P1 上使用计算全息对输入编码的空间频谱进行滤波,然后经过透镜 L2 进行一次傅里叶逆变换,将在输出面 P2 上得到经过滤波后的输出。如果在输入面上采用如图 1.28 所示的编码输入图像,且计算全息图经过合理设计,将在输出面 P2 上得到与图 1.28 的屏上相似的计算输出图像,此图像经译码掩膜提取即可得到逻辑矩阵 A 与 B 的逻辑运算结果。

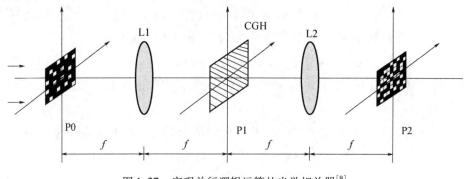

图 1.27　实现并行逻辑运算的光学相关器[9]

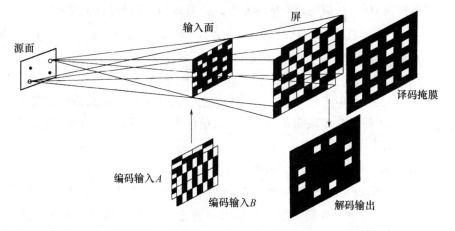

图 1.28　光学阴影成型技术实现并行光逻辑运算的基本原理[10,11]

图 1.27 中 CGH 代表了计算全息图,利用 Vander Lugt 光学相关器进行逻辑运算的关键在于 CGH 的制作[45]。CGH 可以根据系统要求,利用计算全息基本原理经计算机计算得到,对于一种逻辑运算操作,对应一幅计算全息图。全息图的作用是对输入编码的频谱面进行滤波,使得接收面上得到输入面的复制、平移和叠加。

点光源阵列的光学阴影成型技术等效于将编码图像生成多个副本图像并将这些图像进行叠加的过程。组成一幅图像最基本的单元是点,可以用一个 δ 函数表示,设

$$f(x,y) = \delta(x - x_0, y - y_0) \tag{1-18}$$

将 $f(x,y)$ 放在图 1.27 所示的 P0 平面上,经过透镜 L1 后会在其后焦面 P1 上形成 $f(x,y)$ 的频谱,也就是它的傅里叶变换结果:

$$F(p,q) = \exp[-\mathrm{j}2\pi(px_0 + qy_0)] \tag{1-19}$$

如果在 P1 平面上对 $F(p,q)$ 不进行任何处理,则经过透镜 L2 进行第二次傅里叶变换后,会在平面 P2 上再现 $f(x,y)$ 的倒立的像:

$$g(\xi,\eta) = \delta(\xi + x_0, \eta + y_0) \tag{1-20}$$

现在考虑这种情况,如果想要在平面 P2 上得到两个点的像,即

$$g(\xi,\eta) = \delta(\xi + x_1, \eta + y_1) + \delta(\xi + x_2, \eta + y_2) \tag{1-21}$$

那么就需要在频谱面 P1 上增加一个匹配滤波器,使得频谱面上的函数具有如下分布形式:

$$G(p,q) = F(p,q)H_1(p,q) + F(p,q)H_2(p,q) = F(p,q)H(p,q) \tag{1-22}$$

其中,

$$H(p,q) = H_1(p,q) + H_2(p,q) \tag{1-23}$$

下面讨论 $H(p,q)$ 应该具有的函数形式。对式(1-22)进行傅里叶变换,得到

$$g(\xi,\eta) = h_1(\xi + x_0, \eta + y_0) + h_2(\xi + x_0, \eta + y_0) \tag{1-24}$$

式中,h_1 和 h_2 分别是 H_1 和 H_2 的傅里叶变换。对比式(1-22)和式(1-24),可以想到,h_1 和 h_2 应该是 δ 函数的形式,也就是两个点函数。

假设图 1.27 中平面 P2 上有两个点 $h_1(\xi_1,\eta_1)$ 和 $h_2(\xi_2,\eta_2)$,由它们发出的光线通过透镜 L2 传播到频谱面 P1 上,与一束单位光强平面波发生干涉,则频谱面上记录的光场信息可以表示为

$$H(p,q) = h_1(\xi_1,\eta_1,z_1)\cos[k(r(\xi_1,\eta_1,z_1,p,q,z) - \Psi_L(f,p,q))]$$
$$+ h_2(\xi_2,\eta_2,z_1)\cos[k(r(\xi_2,\eta_2,z_1,p,q,z) - \Psi_L(f,p,q))] \tag{1-25}$$

而式(1-25)就是我们需要的全息图的表达式,该式计算得到的全息图将使 P0 平面上的图像在 P2 平面上得到两个副本,对应于点光源阵列中有两个光源亮的情况。为了满足所有的逻辑运算,需要对式(1-25)改进,成为式(1-26)的形式,根据情况选择 $\sum_n U_n(x'_n,y'_n,z')$ 的组合方式[46]。

$$H(p,q) = \sum_n U_n(x'_n,y'_n,z')\exp\left[-\mathrm{j}k\left(\begin{array}{l}\sqrt{z'^2 + (p-x'_n)^2 + (q-y'_n)^2}\\ -\Psi_L(f,p,q) - \Psi_R(p,q)\end{array}\right)\right] \tag{1-26}$$

其中,$H(p,q)$表示全息图的透过光场分布,$U_n(x'_n,y'_n,z')$表示 P2 平面上点光源的分布组合,这几个点的分布与图 1.28 中源面点光源阵列分布一致,根据编码图像的参数和逻辑运算的要求选择不同的 $U_n(x'_n,y'_n,z')$ 组合。不同的 $U_n(x'_n,y'_n,z')$ 组合对应不同的全息图,因此对应不同的逻辑运算结果。

$\Psi_L(f,p,q)$ 为透镜的相位变换因子,是由透镜 L2 引起的相位变化,且有

$$\Psi_L(f,p,q) = \frac{p^2 + q^2}{2f} \qquad (1-27)$$

$\Psi_R(p,q)$ 取决于 DMD 相对于光轴的倾斜角度,其中 θ_q 表示 DMD 绕 Y 轴旋转的角度,θ_p 表示 DMD 绕 X 轴旋转的角度。

$$\Psi_R(p,q) = \sqrt{(p\sin\theta_q)^2 + (q\sin\theta_p)^2} \qquad (1-28)$$

根据式(1-26),不同 $U_n(x'_n,y'_n,z')$ 组合可以计算出对应逻辑运算的全息运算核。图 1.29、图 1.30 为在系统上实现的并行逻辑运算[9]。

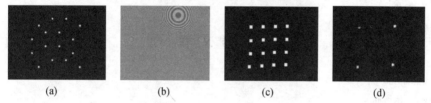

图 1.29 "与"运算的实验结果

(a)输入编码;(b)计算全息图;(c)译码掩膜;(d)运算结果。

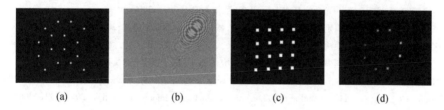

图 1.30 "异或"运算的实验结果

(a)输入编码;(b)计算全息图;(c)译码掩膜;(b)运算结果。

在进行并行逻辑运算实验时,4×4 逻辑矩阵 A 和 B 分别为

$$A = \begin{bmatrix} 1 & 0 & 0 & 1 \\ 1 & 0 & 0 & 1 \\ 1 & 0 & 0 & 1 \\ 1 & 0 & 0 & 1 \end{bmatrix}, B = \begin{bmatrix} 1 & 1 & 1 & 1 \\ 0 & 0 & 0 & 0 \\ 0 & 0 & 0 & 0 \\ 1 & 1 & 1 & 1 \end{bmatrix} \qquad (1-29)$$

两个矩阵的"与"、"异或"运算结果分别为

$$\begin{bmatrix} 1 & 0 & 0 & 1 \\ 1 & 0 & 0 & 1 \\ 1 & 0 & 0 & 1 \\ 1 & 0 & 0 & 1 \end{bmatrix} \text{AND} \begin{bmatrix} 1 & 1 & 1 & 1 \\ 0 & 0 & 0 & 0 \\ 0 & 0 & 0 & 0 \\ 1 & 1 & 1 & 1 \end{bmatrix} = \begin{bmatrix} 1 & 0 & 0 & 1 \\ 0 & 0 & 0 & 0 \\ 0 & 0 & 0 & 0 \\ 1 & 0 & 0 & 1 \end{bmatrix} \qquad (1-30)$$

$$\begin{bmatrix} 1 & 0 & 0 & 1 \\ 1 & 0 & 0 & 1 \\ 1 & 0 & 0 & 1 \\ 1 & 0 & 0 & 1 \end{bmatrix} \text{XOR} \begin{bmatrix} 1 & 1 & 1 & 1 \\ 0 & 0 & 0 & 0 \\ 0 & 0 & 0 & 0 \\ 1 & 1 & 1 & 1 \end{bmatrix} = \begin{bmatrix} 0 & 1 & 1 & 0 \\ 1 & 0 & 0 & 1 \\ 1 & 0 & 0 & 1 \\ 0 & 1 & 1 & 0 \end{bmatrix} \qquad (1-31)$$

可见,通过全息滤波器的合理设计,可在 $4-f$ 结构光学相关器上实现各种并行逻辑运算。以 Vander Lugt 光学相关器为核心,可构建并行光学逻辑运算器。更重要的是,相关器本身具备一定的扇入(fan-in)、扇出(fan-out)功能,结合利用相关器的并行逻辑运算功能,可作为光互连的开关阵列,与一定的光互连结构融为一体。

参 考 文 献

[1] www.top500.org.

[2] www.cray.com.

[3] 张晨曦. 计算机体系结构. 北京:清华大学出版社,2009,05.

[4] Jürgen Jahns,Sing Lee. Optical Computing Hardware. Academic Press, 1993.

[5] 苏显渝,李继陶,曹益平,等. 信息光学. 北京:科学出版社,2011,06.

[6] 季家镕. 高等光学教程 - 光学的基本电磁理论. 北京:科学出版社,2007,10.

[7] 李修建. 用于光学模式识别的光学相关器的研究. 国防科技大学硕士论文,2002,12.

[8] 张锐. 光学向量—矩阵乘法器实验研究. 国防科技大学硕士论文,2006,12.

[9] 侯晓光. 基础型光学处理器的结构设计与实验研究. 国防科技大学硕士论文,2009,12.

[10] Tanida J,Ichioka Y. Optical logic array processor using shadowgrams. J. Opt. Soc. Am,73:800-809(1983)

[11] Francis T S Yu,Suganda Jutamulia,Shi ZhouYin. Introduction to Information Optics:297-298(2006).

[12] Akhmanov S A, Nikitin S Yu. Physical Optics. Clarendon Press, Oxford, 1997.

[13] Belyakov V A. Diffraction Optics of Complex - Structured Periodic Media. Springer - Verlag, 1992.

[14] Alastair D. McAulay. Optical Computer Architectures. Wiley - Interscience John Wiley&Sons Inc., 1991.

[15] Raymond Arrathoon. Optical Computing - Digital and Symbolic. Marcel Dekker Inc., 1989.

[16] Dror G Feitelson. Optical Computing - A Survey for Computer Scientists. The MIT Press, 1991.

[17] Victor A Soifer. Methods for Computer Design of Diffractive Optical Elements. Wiley - Interscience John Wiley&Sons Inc., 2002.

[18] Ravindra A Athale. Digital Optical Computing. SPIE Optical Engineering Press, 1990.

第 2 章　半导体多量子阱光电子逻辑器件

半导体光电子领域目前是最热的新型前沿科学研究领域之一,尤其是在硅基光电子技术和石墨烯的光电子特性受到重视以后,各种量子阱、量子线和量子点的光电子技术得到了广泛研究,一些结果表明,这些技术和器件将对光计算技术的发展有很大的推动作用。在量子阱、量子线和量子点三种微纳结构材料中,量子点最近的研究热度很高,量子线和量子阱已经得到了初步应用,且量子阱的研究分析方法对于其他两种具有参考性和代表性。尤其是,很多的二维平面器件均基于量子阱材料实现。因此,基于目前在光学通信和光学信息处理领域的技术研究和应用的现状和特点,本章主要对多量子阱光电子逻辑器件的原理和技术进行介绍。

2.1　半导体多量子阱基本原理

2.1.1　微纳材料与量子局限效应

大型块状材料(包括半导体和其他的光学晶体)表现出来的物理(尤其是光学)特性主要决定于材料本身的原子分子构成,而对于在微纳尺度上具有一定的不同材料原子分布规律或结构的材料,其表现出来的物理特性将与其结构有直接的联系[1]。

当颗粒或结构特征尺寸到达纳米尺度时,尺寸限域将引起尺寸效应、量子限域效应、宏观量子隧道效应和表面效应等,从而派生出与常观体系和微观体系不同的低维物性的纳米体系,展现出许多不同于宏观体材料的物理化学性质。这些特性在非线性光学、磁介质、生物、医药及功能材料等方面具有极为广阔的应用前景,尤其是未来光计算机实现的最有力推动。

当器件缩小到纳米尺度时,要进行量子力学的计算。因为当物体的特征尺度与微观粒子的德布罗意波长位于同一量级(10~100nm)时,微观粒子呈现明显的波动性。因此微观粒子同时具有波动性和粒子性的二象性,此时必须用量子力学的规律来处理,电子的运动需要用波函数表示。

电子在块体材料里,在三个维度的方向上都可以自由运动。但当材料的特征尺寸在一个维度或三个维度上与光波波长、德布罗意波长以及超导态的相干长度等物理特征尺寸相当或更小时候,电子在这个方向上的运动会受到限制,电子的能量不再是连续的,而是量子化的,即量子局限效应(quantum confinement effect)。

根据量子局限效应,内部电子在微小局限方向上的运动将受到局限,从而呈现出类似于原子的不连续电子能级结构,导致量子效应现象的发生,从而可以实现块状材料所无法表现出的一些物理特性,通过这些物理特性的应用,可实现需要的激光器和探测器、调制器、存储器。

其中,量子阱即为在空间一个方向具有微小结构的材料,即一个方向的特征尺寸小,一般由两种不同的半导体材料相间排列,形成具有明显量子限制效应的电子或空穴的势阱,导致载流子波函数在一维方向上局域化。如果势垒层足够厚,以致相邻势阱载流子波函数之间的耦合很小,形成多个分离的量子阱,称为多量子阱。如果势垒层很薄,相邻势阱载流子波函数的耦合很强,各量子阱中分立的能级扩展成能带(微带),能带的宽度(带隙)和位置与势阱的深度、宽度及势垒的厚度有关,这样的多层结构称为超晶格。量子阱中的电子态、声子态和其他元激发过程以及它们之间的相互作用,如电子和空穴的态密度与能量的关系为台阶形状,与体状材料有很大差别。

量子线为在空间两个方向具有微小结构的材料,其主要特性是电子(空穴)在空间上被限制在一个很细的线状区域内运动,该区域的横向尺度小于电子的德布罗意波长,能量在两个方向上都是量子化的。量子点材料是指在材料三个维度上的尺寸都要比电子的德布罗意波长小,电子在三个方向上都不能自由运动,能量在三个方向上都是量子化的。微纳材料的尺度越大,能级之间的差别就越小。材料的光学和电子性质依赖于电子态的能量和密度,通过改变材料结构的大小和表面,能够改变其性质。

对于相关文献报道的如图2.1所示的量子点,其光谱特性表现出很强的量子化现象,如图2.2所示。

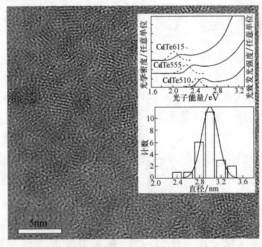

图 2.1　量子点材料的 TEM 图像

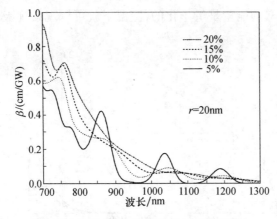

图 2.2　量子点材料的量子化 TPA 光谱

2.1.2　半导体多量子阱与自电光效应

1. 半导体多量子阱[2]

半导体量子阱材料具有三明治结构,如图 2.3 所示为一种量子阱材料的物理结构及其能带结构,可通过分子束外延等半导体生长方法获得,每一层的厚度被精确地控制在一个原子尺寸上。在三明治结构中,GaAs 薄层的两边为 AlGaAs 薄层材料(图 2.3(a))。由于 AlGaAs 薄层材料的带隙(bandgap)E_{g2} 比 GaAs 薄层材料的带隙 E_{g1} 高(图 2.3(b)),则拥有更低带隙的材料被称为阱,较高带隙的材料被称作垒。

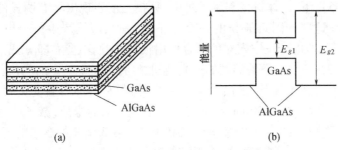

(a)　　　　　　　　　　　　　(b)

图 2.3　量子阱及其能带结构
(a)量子阱结构;(b)能带结构。

由于单个三明治结构的材料光子吸收效率有限,为了提高量子效应的现象,往往将多个具有相同或相似三明治结构的量子阱进行堆叠,得到包含多量子阱的器件。在垒足够厚的条件下,且其带隙比阱足够大,那么这些多量子阱将实现吸收效率的多倍增长。

常温下,一般在块状半导体材料中,吸收光谱曲线是平滑的,即从带隙能量(对于 GaAs 材料,其带隙能量对应的光波长约为 870nm)开始,随着入射光子能量的增加,其吸收率将平滑地增加。但是,与体材料平滑的吸收光谱不同,在量子阱

27

材料中,电子和空穴的能量是量子化的,室温下就可以观察到吸收光谱的不平滑性,如图2.4所示[3]。

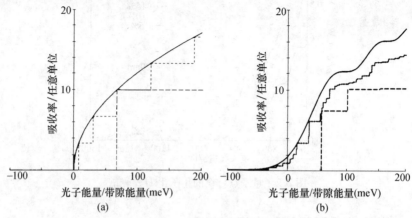

图2.4　不同量子阱厚度的光吸收谱:100Å(长虚线),300Å(短虚线),块状(实线)

(a) 0 电场; (b) 10^5 V/cm 电场。

常温下,随着量子阱的厚度从 10nm 增大到 30nm,这些分离的现象逐渐变得连续,在块状材料时将变得很平滑。当在一些半导体材料上施加电场后,带隙附近的吸收光谱会发生变化,这种效应被称作 Franz - Keldysh 效应(Franz - Keldysh Effect)。当在垂直于半导体量子阱的方向上施加电场时,光子吸收峰将发生变化,甚至发生更多的离散(图 2.4(b)),这种现象被称为量子受限 Franz - Keldysh 效应。

在低温条件下,在体材料和量子阱中,吸收光谱表现出具有明显的尖峰,称为激子峰。当在这些峰附近波长的一个光子被吸收后,就产生一个电子—空穴对(激子),由于此时电子—空穴对的耦合作用很强,它们不会立即分开,而是会像氢原子一样保持在一起。随着温度的升高,吸收峰将会发生一定的变化,如图2.5所示为一种用于超高速激光调制的 SiGe 多量子阱材料的不同温度吸收峰。在体材料中,这些激子大小约为 30nm,在常温下由于热运动的缘故,激子的寿命很短,无法实现共振吸收和激发,所以,室温下观察不到吸收光谱中的激子特征;然而,在量子阱材料中,激子被限制在阱中,并保持相互作用直到载流子逃离出阱,因此,室温下就可以看到其吸收光谱有很强的吸收峰。

2. 量子受限斯塔克效应

追求能够具备全光操作能力的半导体器件一直是光计算技术研究的主要目标之一,自电光效应[2]为此提供了很好的依据,也因此成为最早探索基于半导体材料的全光运算器件的一个重要方向。

当在垂直于量子阱平面的方向上加某一适中电场后,由于能带倾斜,电子—空穴移到低势能一边,使电子—空穴基态能级随之下降,表现为激子共振吸收峰红移,并且吸收强度显著减小。这种现象称为量子受限斯塔克效应(Stark Effect,

28

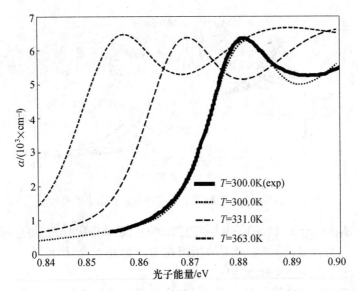

图 2.5　不同温度下的 SiGe 多量子阱吸收峰[5]

QCSE），类似于在强电场中观察到的氢原子吸收光谱的斯塔克位移（Stark Shift）现象，如图 2.6 所示。

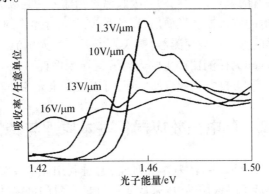

图 2.6　不同电场下的 GaAs/AlAs 多量子阱吸收谱

　　从图 2.6 所显示的不同电场下的吸收光谱可看出，GaAs 量子阱的吸收变化很大；1μm 厚的量子阱材料，有 5V 的电场变化时，光吸收率的改变将大于 2 倍，因此具备了作为二值调制器件的条件。如图 2.7 所示为 $In_{0.2}Ga_{0.8}As/GaAs$ 量子阱在外电场作用下的吸收谱，明显可见吸收峰在外电场作用下的红移。

　　3. 自电光效应

　　自电光效应的过程正是利用在电场变化下量子阱材料的吸收谱产生的强度变化和移动，通过合适的电路和光路配置，使得通过入射光条件的变化引起材料外电场的变化，并进而引起吸收率的变化，从而实现材料及器件的自身光电效应和电光效应的相互调整。自电光效应的过程包括：共振吸收光子→产生电子—空穴对→

29

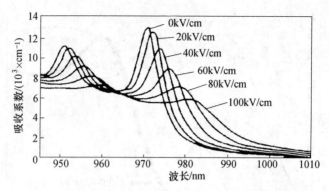

图 2.7　$In_{0.2}Ga_{0.8}As/GaAs$ 量子阱在外电场作用下的吸收谱[5]

使得垂直施加在量子阱材料的外电场发生变化→引起共振吸收光谱的移动或变化→实现对入射光的调制，即产生调制的原因在于入射光本身，因此称为自电光效应（Self - Electro - Optic Effect，SEED）。

量子阱自电光效应器件（SEEDs）是被广泛研究的一种光电器件。通过改变垂直于量子阱材料中半导体层的电场可以改变自电光效应器件的光吸收谱，SEEDs正是依赖于这种效应。如果在半导体二极管的本征区域放置量子阱材料，那么可以用一垂直于二极管的电场改变它的光吸收谱。当输入为连续波长变化的光信号时，我们可以通过电的方式控制光输出，以这种方式进行操作的器件称为调制器。我们也可以用同样的器件作为探测器，输入光束后产生光电流。在自电光效应器件中，一个或多个这样的探测器产生的光电流将导致垂直于（一个或多个）调制器的电压变化。因此，基于自电光效应的原理，可以实现全光控制。

2.2　自电光效应器件基本原理与特性

自电光效应器件（SEEDs）的基本原理是：通过利用光电探测器所产生的光电流改变穿过调制器量子阱区域的电场，从而通过量子阱的红移效应实现对入射光的调制。这也正适应了很多光学处理和光计算应用，即要求用光作为器件的输入/输出，并且器件的行为要类似于布尔逻辑。即使器件中有电流流过，因为输入和输出都是光，这种器件称为光学逻辑器件。如果光电探测器和调制器都是集成的，自电光效应器件拥有很高的效率，对于光计算器件和单元的研究探索具有很好的启发。

2.2.1　如何实现自电光效应

自电光效应器件的分析可用一个调制器和一个电阻串联而成的电路来分析，如图 2.8 所示[2]。

该器件中具有多量子阱的 p - i - n 二极管同时又相当于光电探测器的作用。

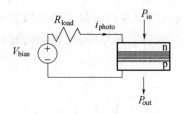

图 2.8　电阻偏置的自电光效应器件

在器件工作于设计的中心波长时,器件的操作可以描述如下,此时器件处于正反馈工作模式:

首先,假设没有光输入到多量子阱光电探测器上。由于没有电流,电源电压本质上就是光电二极管两端的电压。随着输入光强的增加,通过电阻的光电流产生电压降,因而光电二极管两端的电压降低。根据多量子阱的量子受限斯塔克效应,电压的降低会导致对某一波长的吸收增加,而且吸收的增加又将导致光电流的增加。

接着,光电流的增加导致电阻上有更大的电压降,因而进一步减小光电二极管上的电压,进一步增加吸收,又进一步增加光电流。这一循环过程将持续进行下去,直到随着光电二极管的电压降趋近于正向偏置(接近于 0V),其光子吸收的量子效率消失。

最后的结果就像光开关器件突然从高电压降低到低电压状态,对应于光输出从高到低的状态变化,即从 1 到 0 态的变化。这种自电光效应器件可实现超快光开关操作,如图 2.9 所示为一种自电光效应光开关的响应曲线。

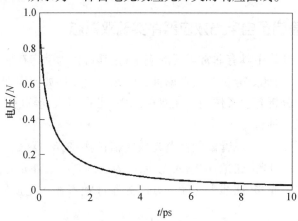

图 2.9　一种自电光效应器件的响应曲线[6]

基于以上的工作原理,人们设计实现了如图 2.10 所示的光电二极管偏置 SEEDs[7],该器件由一个垂直集成的量子阱二极管、欧姆结(隧道结)和一个光电二极管构成。以红光和红外光分别作为偏置光和信号光,偏置光将在二极管区域被

31

吸收,而信号光将通过二极管区域并被多量子阱二极管区域所吸收。根据回路构成和如图 2.8 所示的自电光效应实现原理,偏置光将起到工作点调节和信号光控制的作用,因此实现全光控制的自电光效应。

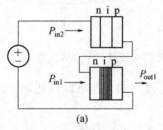

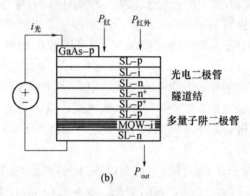

图 2.10　二极管偏置的自电光效应器件

2.2.2　二极管偏置自电光效应器件实现双稳态

双稳态在光计算中具有非常重要的应用,尤其可作为动态存储单元,因此仍属热门研究方向之一,此处分析二极管偏置自电光效应器件如何实现双稳态,以对其他材料和器件的分析起参考作用。在双稳态中,可在写入光移除后还能在较长时间内读出其任意一种状态[2,8]。

如图 2.11 所示为二极管偏置自电光效应器件实现光学双稳态的光学输出曲线图,图中 I'_{in} 为调制光(红光)的输入光强,I_{in} 为被调制的红外光的输入光强,纵坐标为红外光的输出光强,曲线上的箭头方向为器件随着输入光强的变化经历双稳态过程的情况。

光学双稳态的产生机理事实上来自于量子阱的斯塔克效应。在红光光强大于红外光光强时,即 $I_{load} > I_{QW}$ 时,此时施加在量子阱二极管区域的电压大于施加于二极管区域的电压,从而导致量子阱二极管的吸收率降低,此时透射光较强,器件处于开启(ON)状态。而当红光光强小于红外光光强时,即 $I_{load} < I_{QW}$ 时,此时施加在量子阱二极管区域的电压小于施加于二极管区域的电压,从而导致量子阱二极管

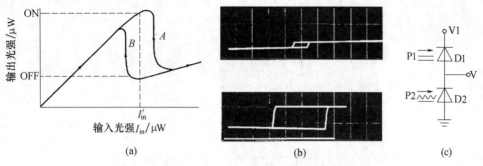

图 2.11　二极管偏置自电光效应器件实现双稳态[9]

（a）实现光学双稳态原理图；（b）0V 偏置的双稳态测量回线；（c）5V 偏置的双稳态测量回线。

的吸收率提高,此时透射光较弱,器件处于关闭(OFF)状态。

因此,为了实现双稳态,只需调整红光光强与红外光光强的比值,即可将器件设置于 ON 或 OFF 工作模式。在器件工作过程中,器件的转换突变区即为红光光强和红外光光强接近相等时,即 $I_{load} \approx I_{QW}$ 时,如图 2.11 中的 I'_{in} 虚线所表示的区域。

2.2.3　对称自电光效应器件

就如三极管是电子处理器的主要构成一样,光计算也需要类似的三终端器件。三终端器件可以避免二终端器件对输入光强的精确控制。由于光强的精确控制在半导体光电子系统中是非常困难的,光源引起的任何微小波动都可能带来误操作。如图 2.12 所示为利用双控制光束实现三极管等价的三终端。

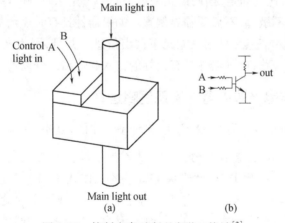

图 2.12　控制光束对实现光学三终端[2]

（a）双控制光束实现三终端；（b）三极管等价示意图。

实现三终端的关键是控制光束的成对性,从而实现控制光束强度波动的不敏感性。为对称自电光效应器件(S－SEED)提供两种不同的输入,并且以两种输入的对比度偏置,从而实现三终端,如图 2.13 所示。

图 2.13 所示的 S－SEED 有两个含有多量子阱的二极管,量子阱处于二极管

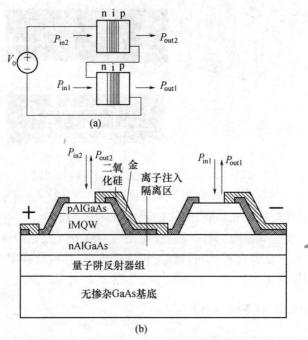

图 2.13 S - SEED 工作示意图及其结构[19]

(a) 配置示意图;(b) 多层结构。

的本征区,两个二极管可互为负载。因为某一个二极管器件的开关状态视两输入光 P_{in1} 和 P_{in2} 的对比度而定,当两束光来自于同一个光源时,则 S - SEED 对输入光功率的起伏变化不敏感,不需要临界偏置。如果器件具有时序增益特性,可以用低能光束对器件写入信息并且用高能光束读出信息。并且,因为高输出与输入信号请求在时间上不一致,这种器件具有很好的输入与输出的分离特性。

2.2.4 对称自电光效应器件实现逻辑运算

如图 2.14 所示为一种 S - SEEDs 的时序工作图,其中 clock 为时钟信号,s 为状态设置信号,r 为状态复位信号,Q 和 $\overline{Q}$ 为输出信号。

以下分析该 S - SEEDs 在此光束配置下的工作状态和工作方式。工作时,两束 clock 光束总是同步,而 s 和 r 作为一对光束用于实现状态的设置或复位。决定工作点的唯一要素是两输入光强的对比度,因此,如果输入的两信号光来自于同一个激光器,激光功率的任何变化都将表现在两束光中,器件对激光功率的起伏是不敏感的。

(1) 状态设置:在 clock 信号为 0 的情况下,使得 s 大于 r 的光强,只要大小的比例约为 2 倍以上,则 S - SEEDs 的状态将被设置为 Q 输出为高功率而 $\overline{Q}$ 输出为低功率,从图 2.14(b)可见。

34

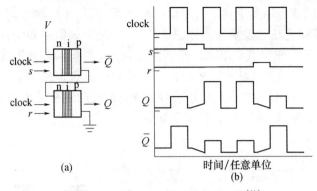

图 2.14　S - SEEDs 的时钟序列工作[11]

(a) 信号输入输出示意图；(b) 具有增益效果的时序图。

（2）状态读出：在 s 和 r 均为 0 或极低功率的情况下，clock 将从器件中读出状态，Q 和 $\overline{Q}$ 互为相反。

（3）状态复位：在 clock 信号为 0 的情况下，使得 r 大于 s 的光强，只要大小的比例约为 2 倍以上，则 S - SEEDs 的状态将被设置为 $\overline{Q}$ 输出为高功率而 Q 输出为低功率，即器件复位到了设置前的状态。

值得注意的是，因为器件的状态是由入射至二极管量子阱上的总功率的对比度决定的，当信号光试图设定或复位器件的状态时，任何时钟光的存在都将降低输入光束的光强比，甚至可能导致器件状态不能转变，所以在设置状态和复位状态的过程中，时钟光处于关闭的状态。在读出器件的状态时，两束时钟光的功率必须完全相同以确保器件维持状态，这样，只要不改变时钟光，就可以读出任一状态。从这个意义上看，S - SEEDs 具有很好的存储功能。

同时，由图 2.14 可知，S - SEEDs 具备时序增益（time - sequential gain）特性，这是由于用于读出状态的时钟光 clock 可以比状态设置光 s 的功率大很多，从而使得读出的信号 Q 或 $\overline{Q}$ 也会比设置信号 s 大很多。

除了以上具备的存储功能和时序增益功能，S - SEED 还可实现逻辑运算功能。在逻辑运算中，首先要确定逻辑值的表达方式。利用 S - SEEDs 总是以一组双束光的功率对比来改变器件状态的原理，可以一组双束光的比值来表示逻辑值，如图 2.15 中的 S_0 和 R_0 为一组光束，如 S_0 大于 R_0，则表示逻辑"1"，反之则表示逻辑"0"；同时，S_1 和 R_1、$Preset_a$ 和 $Preset_b$ 也各为一组，表示一个逻辑值，时钟光 clock 则保持在两个单元入射功率上的相等。

图 2.15 详细表示了该 S - SEEDs 如何实现逻辑运算的光束配置、脉冲时序和逻辑运算实现表。其中，时钟光信号 clock 一直保持在两个入射单元上功率的均等，主要用于读出和保持器件的状态；而 $Preset_a$ 和 $Preset_b$ 作为器件的状态预置逻辑光信号，用于将器件设置为实现 AND（与）运算功能或 OR（或）运算功能，需要

35

首先预设器件的状态以实现特定的逻辑运算功能,然后才能输入信号光进行逻辑运算;在预置逻辑光信号设置好器件的状态后,可关闭该信号和时钟光信号,此时同时输入信号光 S_0 和 R_0、S_1 和 R_1,分别记为 $Input_1$ 和 $Input_0$,如图 2.15 的附表所示。信号光输入后的器件状态设置参照 S – SEEDs 的状态过程基本原理,信号光设置好状态后,即可撤离信号光并开通时钟光 clock,此时在输出端上即可获得需要的逻辑运算结果,如图 2.15 的附表所示。

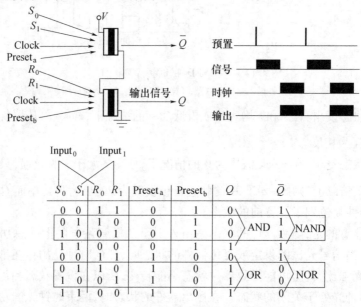

S_0	S_1	R_0	R_1	$Preset_a$	$Preset_b$	Q		$\bar{Q}$	
0	0	1	1	0	1	0		1	
0	1	1	0	0	1	0	AND	1	NAND
1	0	0	1	0	1	0		1	
1	1	0	0	0	1	1		1	
0	0	1	1	1	0	0		1	
0	1	1	0	1	0	1	OR	0	NOR
1	0	0	1	1	0	1		0	
1	1	0	0	1	0	1		0	

图 2.15　S – SEEDs 实现逻辑操作[11]

在实现基本的 AND 和 OR 运算后,给予适当的光学互连和预置脉冲路由,单个器件阵列可以实现多种逻辑功能和存储功能中的任何一种或全部。

2.3　多量子阱调制器的优化及特性

2.3.1　反射型调制器

根据量子受限斯塔克效应,多量子阱调制器一般均需以光束垂直于表面(或光束传播方向沿量子阱材料薄片的法线方向)的方式工作,并可分为透射式和反射式两种类型,如图 2.16 所示。在 p – i – n 二极管中,其本征区 i 由多量子阱材料(MQW)填充,且多量子阱的限制方向与 p – i – n 电流方向相同。

如图 2.16(a)所示为透射型调制器,光从器件的一边进入,穿过器件从另一边出来,这种类型的调制器要求基底材料对于工作光来说是透明的。

如图 2.16(b)所示为反射型调制器,该调制器的一端含有反射设计,所以光只

36

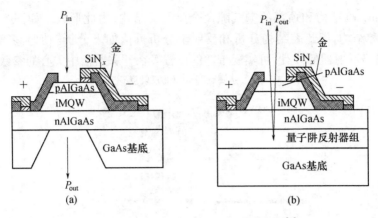

图 2.16　透射型及反射型量子阱调制器[2]

能从没有反射镜的一侧入射和出射。对于反射型的调制器,具有加工制备较简单、易于获得较高的对比度、利于装备和散热设计、利于大规模集成等优点。

如图 2.17 所示为一种经过优化的反射型多量子阱调制器的反射光谱随电压的变化曲线图。在反射式的配置下,与透射型调制器相比较(图 2.16),确实可提高对比度,这也是以下将要介绍的另一种调制器——非对称 F－P 反射型调制器设计的基础。

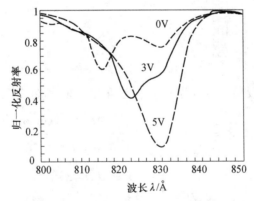

图 2.17　反射型量子阱调制器的反射光谱随电压的变化[12]

2.3.2　非对称 F－P 反射型调制器

另一种反射型的调制器利用法布里—珀罗腔来提高它的对比度,这种调制器称为 AFP 多量子阱 SEEDs 调制器,简称 AFPMs。在这种器件中,原来如图 2.16 所示反射型调制器的端面不用进行消反射处理,而是在表面外延生长一层反射镜或者让器件和空气界面处的反射发生,与激光器谐振腔的设计原理相似。

如图 2.18 所示为一种 MEMs 可调的 AFPMs 结构,除了其中的 p－i－n 结构和其中的多量子阱材料,与一般的反射型调制器相比,增加了底部的布喇格反射器

(Bragg mirror)结构和顶部的空气隙及金反射层结构,由此形成了如图2.19所示的F-P腔结构,因此腔结构分析和反射率分析可依如下分析。加上多量子阱材料和布喇格反射器的设计,可实现带宽的设置等在开关通信中关心的参数设置。

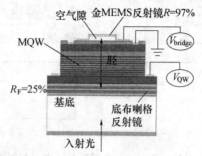

图2.18　一种MEMs可调的AFPMs结构[13]

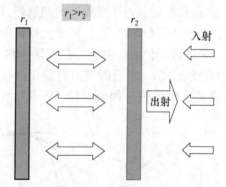

图2.19　光学F-P腔

对于反射率后反射率分别为 r_1、r_2 的法布里—珀罗腔,其反射率为

$$R = \frac{(\sqrt{r_1} - t\sqrt{r_2})^2 + 4t\sqrt{r_1 r_2}\sin^2\phi}{(1 - t\sqrt{r_1 r_2})^2 + 4t\sqrt{r_1 r_2}\sin^2\phi} \quad (2-1)$$

式中, $t = e^{-\alpha L}$, α 是每单位长度材料的吸收系数, L 是量子阱区域的厚度; ϕ 等价于整个腔长的相位。谐振时, ϕ 为零。当式(2-1)的分子为零时,器件没有反射,此时共振腔处于匹配(cavity matched)状态,类似于微波匹配电路。据此,可以将非对称法布里—珀罗调制器分为两类:无外电场时匹配的腔称为常闭腔,有外电场时匹配的腔称为常开腔。常闭腔器件随着电压的增加减弱吸收,因此适用于双稳态SEEDs。常开腔器件适用于非双稳态的SEEDs。反射率可通过多量子阱材料、反射器的设计来调节,因此常闭腔和常开腔可通过适当的设计来实现。

而采用了F-P腔结构,也有利于实现计算功能,如图2.20、图2.21所示为一种AFPMs及其实现全光学双稳态的情况[14],实验结果表明该器件可用于实现光学存储和全光开关。

对于AFPMs,关键指标在于反射率和对比度、调制带宽、均匀性,如很多应用

38

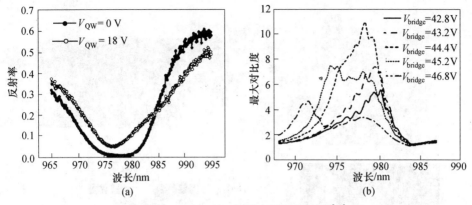

图 2.20　AFPMs 在不同电场下的反射谱[13]

（a）不同波长的反射率；（b）不同电压下的对比度与波长曲线。

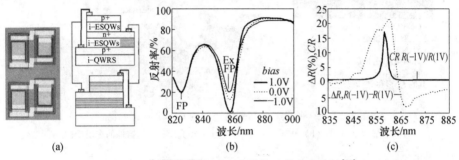

图 2.21　无偏置全光双稳态器件及其实验结果[14]

（a）器件制备结构；（b）反射谱；（c）反射率差及对比度。

要求对比度大于 100：1。一般,通过量子阱数量以及各层厚度的设计来实现,但这也是难点所在,因此 MBE 等材料生长方法的工艺探索至关重要。

2.3.3　多量子阱调制器性能

1. 调制速度

量子阱材料对电场改变的响应时间,估计在 50～200fs 的范围之内[15]。因此,量子阱调制器的响应速率受到能提供多快的电场控制回路的限制,而提供的电场又受到电路电感和电容的限制,因此很多的器件不能达到速度极限是由于应用条件的原因。

以上主要基于 GaAs/AlAs 的量子阱材料来分析自电光效应器件的工作原理和性能,而经过了多年的发展,目前基于其他材料的多量子阱调制器已经出现。如图 2.22 所示为一种 Ge/SiGe 多量子阱的调制器,该调制器可实现 23GHz 的电光调制（图 2.23）,采用 Ge/SiGe 作为量子阱材料,可实现 9dB 的对比度和 108fJ/b 的能耗水平,能工作于 1440nm 波长附近（图 2.24）,属于 E 波段,可应用于超大带宽 WDM 光通信和光互连领域。

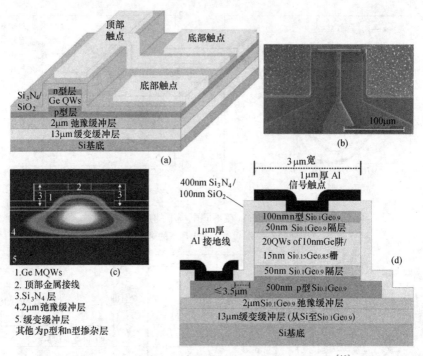

图 2.22　一种 23GHz 高调制速度的 Ge/SiGe 调制器[16]

（a）结构示意图；（b）SEM 图像；（c）输出基模光束；（d）器件的多层结构。

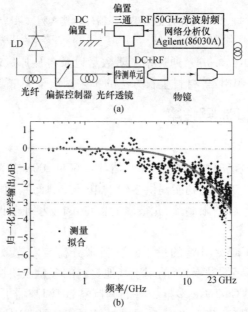

图 2.23　23GHz 高调制速度 Ge/SiGe 调制器的频率响应测试[16]

（a）测试系统示意图；（b）−4.5V 偏置下的光学—频率响应。

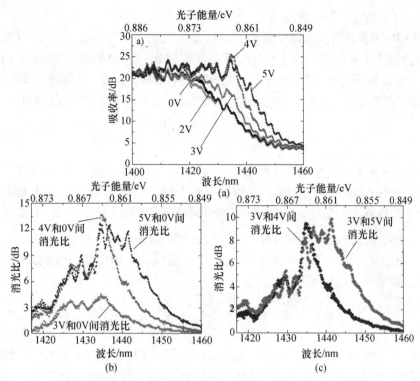

图 2.24　23GHz 高调制速度 Ge/SiGe 调制器的波长特性[16]

（a）不同偏置电压下的吸收谱；（b）偏置电压与对比度（1）；（c）偏置电压与对比度（2）。

　　总体上，考虑电子连接的因素后，自电光效应器件的调制速度可达到 ps 量级，这是电子开关器件所无法企及的。但是，为了获得更高的调制速度，在器件的截面尺寸上应该有所考虑，这一点需要和能耗问题一起综合考虑，当然还包括视场 FOV 等因素。如图 2.25 所示为一种 SEED 的开关响应时间与器件截面积/光斑尺寸的关系曲线[6]。

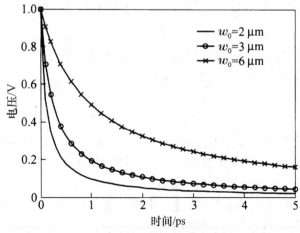

图 2.25　不同光斑尺寸控制光下 SEED 的响应曲线

41

2. 自电光效应器件的能耗

SEEDs 需要的开关光能量能够达到 fJ 量级之低。开关所需的能量,可以通过光电流给器件(含电容)充电所花的时间计算得到。对于如图 2.13 所示的 S - SEEDs,可以进行电容等价,把每个二极管用一个光电流源与一个电容并联的模型来代替。如果在两个二极管的中心节点应用基尔霍夫电流定律,可以得到

$$P_{in_2}S(V_0 - V) - P_{in_1}S(V) = C\frac{\mathrm{d}V}{\mathrm{d}t} - C\frac{\mathrm{d}(V_0 - V)}{\mathrm{d}t} \qquad (2-2)$$

其中,C 表示单 p - i - n 二极管的电容;P_{in_1} 和 P_{in_2} 是第一个和第二个二极管上的输入光功率;$S(V)$ 和 $S(V_0)$ 分别是两个二极管的灵敏度;V_0 是电源电压;V 是下面的 p - i - n 二极管上的电压。该表达式的近似求解,需要以下两个近似:①假设两二极管的灵敏度为常数,并且由 $\bar{S}$ 给出;②. 假设 $\mathrm{d}V/\mathrm{d}t$ 等于电压摆幅 V_s 除以开关时间 Δt。电压摆幅近似等于电源电压 V_0 加上 2 倍的正向偏压 V_f,正向偏压近似为 1V。把这些量代入式(2-2)得到

$$\Delta t = \frac{C_{tot}(V_0 + 2V_f)}{\bar{S}(P_{in_2} - P_{in_1})} \qquad (2-3)$$

其中,C_{tot} 是两个量子阱 p - i - n 二极管的总电容与任意附加的寄生电容之和。这种计算开关速率的方法忽略了临界状态的影响,这是在任何偏置器件中都存在的。因此,如果输入信号的上升时间和开关时间相当,或者输入信号功率的对比度仅仅轻微地超过所需的对比度,就必须解等式(2-2)来计算开关速率。

定义一个光开关能量 E_{opt} 作为开启对称偏置器件的光能量,E_{opt} 等于所额外附加的单光束能量。根据入射在两二极管上的光功率的不同,E_{opt} 的值可以通过在式(2-3)两边同乘以在两个二极管上的光功率差而得到

$$E_{opt} = \Delta t \Delta P = \frac{C_{tot}(V_0 + 2V_f)}{\bar{S}} \qquad (2-4)$$

其中,$\Delta P = P_{in_2} - P_{in_1}$。从式(2-4)可得出速度和功率成正比,并且开关能量保持常数。而相应的电开关能量可以定义为

$$E_{elect.} = \frac{1}{2}C_{tot}(V_0 + 2V_f)^2 \qquad (2-5)$$

可见,降低器件的光能和电能的最简单的方式是减少器件的面积,即减小电容。因为无论是光开关能量还是电开关能量,都与器件电容成线性关系。这种调制速度和器件面积之间的关系,可以从图 2.25 看出。

如果不通过减小器件的尺寸来进一步改善能耗和调制速度,则可以通过减小从一个状态向另一个状态转换的电压摆幅 V_f 来实现。当然,还可以通过电子或光学的方法来提高光学输出功率,进而改善能耗和速度。

由以上的能耗分析可见,一个系统中的器件的开关时间,一般由光电流对器件电容的充电时间决定。估计量子局域斯塔克效应的响应时间约为几百飞秒[15],器件的开关时间由载流子逃离量子阱所需的时间决定,器件的时间常数主要由接触电阻和电容决定,约为 5ps,光电流对电容的充电时间约为 2ps,用锁模脉冲测得 S - SEEDs的开关时间约为 33ps[17]。因此,自电光效应器件是光计算和光通信系统中很有前途的一种器件。

3. 多量子阱自电光调制器的其他特性

由于多量子阱自电光调制器的工作光总是垂直于表面,因此从材料的制备到器件的集成将非常便利,易于进行大规模的集成,规避大量电的连接,有效减少调制器阵列上输入/输出插脚引线数量,通过光输入/输出实现高密度的集成。因此,进行面阵集成时,可获得极高的分辨率。

2.4 面阵集成自电光效应阵列器件

2.4.1 多量子阱调制器和电子电路的集成—灵巧像素

将晶体管与量子阱器件(包括调制器和探测器)合并,可以提供增益和输入/输出分离,该技术更重要的应用也许是将探测器和调制器用于互连。理论上,与目前的 CMOS 和 CCD 相机等类似,至少有两种物理结构存在[2]。

第一种结构是光输入和输出集中于电子电路环绕的二维阵列,即如图 2.26(a)所示,电学部分和光学部分物理上是分离的,可用作调制器和探测器的器件阵列。因为电路、调制器和探测器不需要单块地集成,所以实现方法简单。这种方法的一个优势是视场相对较小,虽然与相同数量输入/输出的 S - SEED 阵列相比,其视场显然要大,但是该器件需要被扩展开来允许电连接调制器和探测器。这种方法的缺点是互连受合理连接调制器和探测器阵列的电路数量的限制,很像目前的电子芯片受到外围输入输出管脚数量的限制。

另一种结构如图 2.26(b)所示,将电学部分和光学部分集成,每一个光学单元都具有独立的电路连接,可独立工作。因为所有电互连很短,所以工作速度比前一种结构快。这种方法的不足之处在于需要更大的视场,需要单块地集成电路和量子阱调制器,在工艺实现上有难度。在硅基底上生长量子阱调制器,从而获得 VL-SI 集成是可行的,可做出高性能的光电器件。

如图 2.27 所示为一种 CMOS - SEED 集成面阵的单个节点光探测和光调制电路框图,采用了电子与光学物理集成的方式,该集成面阵可应用于光互连模块中。

由于可以单块集成,采用电子与光学物理集成的方式—灵巧像素(Smart Pixel)具有很多优势:①需要的光能更少, $5\mu m \times 5\mu m$ 的探测器可测得千万亿分之几十焦耳的光能,在电子与光学物理分离的集成形式中,探测器没有与电路集成在一

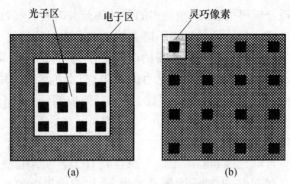

图 2.26 多量子阱调制器面阵集成形式

（a）电子与光学物理分离式；（b）电子与光学物理集成。

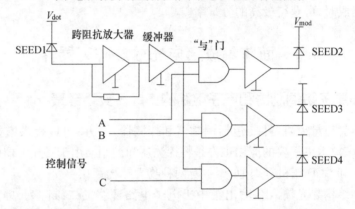

图 2.27 CMOS – SEED 面阵单个节点光探测和光调制电路框图[18]

起,这么小的光能是探测不到的,因为结合区的电容比探测器的电容大得多,这就将抵消减小输入电压振幅带来的能量优势。②工作速度更快,这是因为灵巧像素集成方式中,电学回路更短,因此回路的等效电阻和电容更小,速度可达到更高。但是,灵巧像素对于加工工艺的要求更高,更复杂。然而,根据半导体光电子技术的发展趋势,灵巧像素的集成方式更符合要求。

2.4.2 多量子阱空间光调制器

基于自电光效应的多量子阱工艺技术,可实现多量子阱空间光调制器,该调制器具备高速度、二维平面的特点,在光学相关器、光学向量 – 矩阵乘法器、板 – 板光通信模块、光学信道平衡模块、光学路由器等光学信号处理及光通信系统中得到大量应用。

如图 2.28 所示为一种基于 GaAs 的多量子阱空间光调制器（MQW – SLM）的结构[19],该 MQW – SLM 中的光电集成封装示意图见图 2.29。目前的 MQW – SLM 已可实现 GHz 的整体刷新速度,并可实现 8 位以上灰度显示。

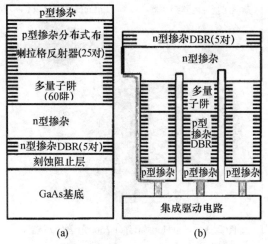

图 2.28 一种反射式 MQW – SLM 的结构

(a) 生长结构；(b) 集成封装结构。

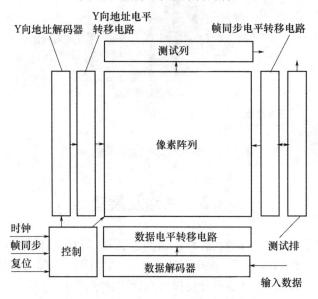

图 2.29 MQW – SLM 中的光电集成封装示意图

　　随着半导体多量子阱调制器技术进步,更多先进性能的 MQW – SLM 将得到设计实现和应用,并推动光计算机研究和光信号处理技术的发展。如以色列 Lenslet 公司的 ABLAZE 2D MQW – SLM 已经在其研制的 Enlight 256 光学处理器(图 2.30)中得到应用[20],该处理器能够实现每秒 8 万亿次的光学操作,达到了当时中小型计算机的性能。MQW – SLM 是该处理器的光学核心——光学向量—矩阵乘法器的关键部件,如图 2.31 所示,更是显示出量子阱器件在光学计算系统中良好的应用前景。

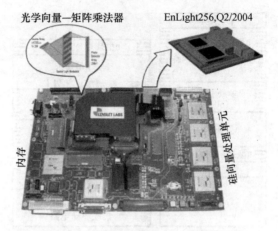

图 2.30　Lenslet EnLight 256 光学处理器

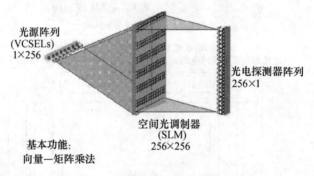

图 2.31　EnLight 256 的光学核心构成

2.5　总结及展望

对于多量子阱的光学调制器,调制速度已展现,但是,目前限制其大量应用的主要还在于其较低的对比度。由于对比度较低,限制了调制器的光能应用,使得整个系统的能量损耗较大,没能充分发挥出光计算技术的优势。在未来,为了使多量子阱调制器能够得到更多应用,应将其对比度提高到更高的水平,如 1000∶1 及以上。

同时,寻找能够在光通信波段工作且易于和硅工艺集成的多量子阱材料也是目前该领域的研究重点之一。如图 2.32 所示为一种 ZnO/ZnMgO 多量子阱结构,由于采用了最新的 MBE 生长工艺,量子阱薄片的厚度可控制到 2nm 以下。如图 2.33 所示为一种 GaN/AlN 多量子阱异质结调制器的工作原理,该调制器可工作于通信波段,与硅可实现很好的集成。

而对于自电光效应的机理研究一直没有停止,多种创新手段也加入了研究中,目的是为了更清楚量子受限斯塔克效应、Franz - Keldysh 效应的原理,以支持研制

46

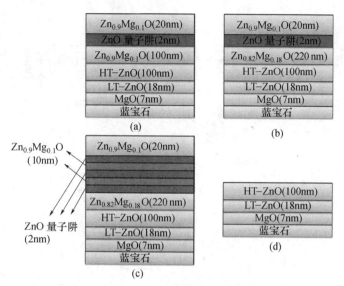

图 2.32　一种 ZnO/ZnMgO 多量子阱结构[21]

（a）样品 1；（b）样品 2；（c）样品 3；（d）样品中的共同结构部分。

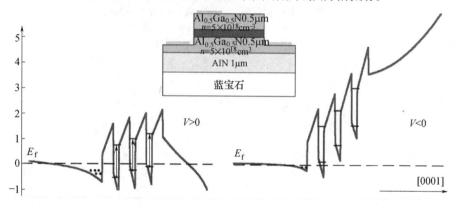

图 2.33　GaN/AlN 多量子阱异质结调制器工作原理[22]

出性能更佳的多量子阱调制器。如图 2.34 所示为利用 THz 单周期脉冲和光学探针对 GaAs/AlGaAs 多量子阱的动态 Franz—Keldysh 效应进行研究，所揭示的机理将有助于实现更高调制速度的多量子阱调制器。如图 2.35 所示为该方法获得的空穴激子能量位移图。

　　同时，对多量子阱器件的工作条件研究也在进行中，如有研究多量子阱器件的入射光角度依赖性[24]，当然也有将自电光效应器件用于精密位移监测[25]等方面的研究。总之，自电光效应器件及其代表——多量子阱面阵器件还在蓬勃发展终，可以预期的是，该类器件和技术将在光计算系统中发挥重要作用，成为光计算系统中的关键单元之一，如在光互连开关网络中发挥更重要作用[26]。

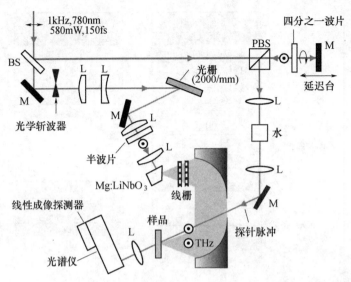

图 2.34　利用 THz 泵浦和光学探针对 GaAs/AlGaAs 多量子阱的动态
Franz – Keldysh 效应进行研究的实验装置示意图[23]

M—反射镜；BS—分束镜；PBS—偏振分束镜；L—透镜。

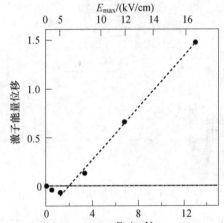

图 2.35　利用 THz 泵浦和光学探针获取的空穴激子能量位移与入射 THz 脉冲峰值电场
（E_{max}）和质动力学能量（E_p，计算得到）之间的关系图[23]

参 考 文 献

［1］彭英才，傅广生. 纳米光电子器件. 北京：科学出版社，2010，07.

［2］Jürgen Jahns，Sing Lee. Optical Computing Hardware. Academic Press，1993.

［3］D A B Miller，D S Chemla，S Schmitt – Rink. Relation Between Electroabsorption in Bulk Semiconductors and
in Quantum Wells：The Quantum – Confined Franz – Keldysh Effect. Phys. Rev. B33，6976 – 6982（1986）.

[4] Rohan D Kekatpure, Anthony Lentine. The suitability of SiGe multiple quantum well modulators for short reach DWDM optical interconnects. Opt Express 21 (5): 5318 – 5331 (2013).

[5] 邓晖, 陈弘达, 梁琨, 等. InGaAs/ GaAs 多量子阱 SEED 设计和特性研究. 光电子. 激光, 12(3): 222 – 224 (2001).

[6] 曹永盛, 尹霄丽, 忻向军, 等. SEED 光开关的响应时间及扩散特性分析. 北京邮电大学学报, 32(3):127 – 130(2009).

[7] Miller D A B. Chemla D S, Schmitt – Rink S. Phys. Rev. B 33: 6976 – 6981 (1986).

[8] Y Ohkawa, T Yamamoto, T Nagaya, et al. Dynamic behaviors in coupled self – electro – optic effect devices. APPLIED PHYSICS LETTERS 86, 111107(2005).

[9] Morgan R A, Asom M T, Chirovsky L M F, et al. Low – voltage, high – saturation, optically bistable self – electro – optic effect devices using extremely shallow quantum wells. APPLIED PHYSICS LETTERS 59 (9): 1049 – 1051(1991).

[10] Lentine A L, Chirovsky L M F, Dasaro L A D. et al. Energy Scaling and Subnanosecond Switching of Symmetric Self – Electrooptic Effect Devices. IEEE PHOTONICS TECHNOLOGY LETTERS. 1(6): 129 – 131 (1989).

[11] Anthony L Lentine, H Scott Hinton, David A B MILLER, et al. Symmetric Self – Electrooptic Effect Device: Optical Set – Reset Latch, Differential Logic Gate, and Differential Modulator/Detector, IEEE JOURNAL OF QUANTUM ELECTRONICS. 25(8):1928 – 1936 (1989).

[12] Pezeshki B, Thomas D, Harris J S Jr. Optimization of modulation ratio and insertion loss in reflective electro-absorption modulators. APPLIED PHYSICS LETTERS 57(15): 1491 – 1492(1991).

[13] Rabinovich W S, Stievater T H. Papanicolaou N A, et al. Demonstration of a microelectromechanical tunable asymmetric Fabry – Pérot quantum well modulator. APPLIED PHYSICS LETTERS 83 (10): 1923 – 1925 (2003).

[14] Kwon O K, Kim K, Hyun K S, et al. Large non – biased all – optical bistability in an electroabsorption modulator using p – i – n – i – pdiode and asymmetric Fabry – Perot cavity structure. APPLIED PHYSICS LETTERS 68(23): 3216 – 3217(1996)

[15] Schmitt – Rink, S Chemla, D S Knox, Miller D A B. Optics Letters. 15:60 – 62 (1990).

[16] Papichaya Chaisakul, Delphine Marris – Morini, Mohamed – Saïd Rouifed, Giovanni Isella, Daniel Chrastina, Jacopo Frigerio, Xavier Le Roux, Samson Edmond, Jean – Ren Coudevylle, Laurent Vivien. 23 GHz Ge/SiGe multiple quantum well electro – absorption modulator. Opt Express 20 (3): 3219 – 3224 (2012).

[17] Boyd G D, Fox A M, Miller D A B, et al. APPLIED PHYSICS LETTERS 57: 1843 – 1845(1990).

[18] 陈弘达, 曾庆明, 李献杰, 等. 微光电子集成灵巧象素器件. 光电子·激光, 11(2):111 – 113(2000).

[19] Stéphane Junique, Qin Wang, Susanne Almqvist, et al. GaAs – based multiple – quantum – well spatial light modulators fabricated by a wafer – scale process. Applied Optics, 44(9): 1635 – 1641 (2005).

[20] www. lenslet. com 网站、habrahabr. ru 网站及 www. thirdwave. de 网站.

[21] Hsiang – Chen Wang, Che – Hao Liao, Yu – Lun Chueh, et al. Synthesis and characterization of ZnO/ZnMgO multiple quantum wells by molecular beam epitaxy. Optical Materials Express 3 (2): 237 – 247 (2013).

[22] Lupu A, Tchernycheva M, Kotsar Y, et al. Electroabsorption and refractive index modulation induced by intersubband transitions in GaN/AlN multiple quantum wells. Opt Express 20 (11): 12541 – 12549 (2012).

[23] Shinokita K, Hirori H, Nagai M, et al. Dynamical Franz – Keldysh effect in GaAs/AlGaAs multiple quantum wells induced by single – cycle terahertz pulses. Appl Phys Lett 97 (21): 211902 – 211903 (2010).

[24] Michael Gramlich, Sunder Balasubramanian, Ping Yu. Angle dependence of two-wave mixing efficiency in photorefractive multiple quantum wells. Appl Phys Lett 89 (22): 222103-222106 (2006).

[25] Tasso I V M, De Souza E A. Towards local motion detection by the use of analog self electro-optic effect device. Opt Express 18 (8): 8000-8005 (2010).

[26] Cloonan T J, Herron M J, Tooley F A P. et al. An all-optical implementation of a 3-D crossover switching network. IEEE Photonics Technology Letters. 2(6): 438-410 (1990).

第3章　光计算中的微型光源

3.1　概　述

对于光学信息处理和光数字逻辑运算,正是因为光波的抗干扰性满足光学信息处理中的多信道要求,以及自由空间互连的要求,从而也促成了曲面法矢光学功能器件,即平板器件(图3.1)的需求和发展。多量子阱光学半导体器件技术的发展也对光学平板器件的发展提供了很大帮助。尤其是,如图3.1所示的平板型器件迄今为止一直是光学信息处理系统和光电混合计算系统中的普遍形式。

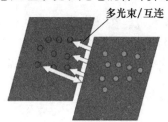

图3.1　平板型器件的光信息交换

可以预见的是,仅有调制器和其他的逻辑器件阵列是远远不够的,在越发复杂的光计算系统中,高质量的光源是至关重要的。尤其是目前在超级计算系统中已经在逐步采用如图3.2所示的板块配置和信号交换要求,这对作为光源的激光器提出了相应要求,也要求在未来光计算系统中的光源具备平板型器件的结构和功能,同时也能符合光电子集成技术的发展趋势。

能够用于未来光计算系统的光源,应该符合以下要求:

(1)符合大规模面阵集成需要;

(2)垂直于表面发光;

(3)可成平面阵列;

(4)可编码控制;

(5)具备高速调制的特点;

(6)利于热管理。

基于多量子阱原理和技术,目前已经发展了技术相对成熟的垂直腔面发射激光器(Vertical – Cavity Surface – Emitting Lasers, VCSELs),在高速大带宽光通信网

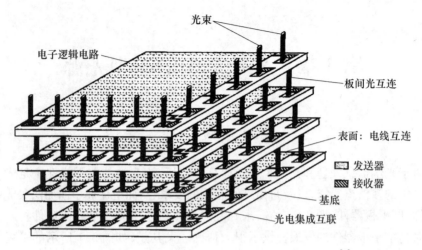

图 3.2　通过层叠板间的光交换实现混合光电处理器[1]

络中的成功应用意味着该技术也能在光计算系统中发挥重要作用,甚至成为光计算系统中不可替代的微型光源。因此,本章主要介绍 VCSELs 技术和器件,以及其他的新型光源技术和器件,并对发展趋势和应用方向做出展望。

3.2　侧面发射光电子器件

3.2.1　LED 与 LD

在介绍垂直表面发射器件之前,首先来了解一下 LED 和 LD。这两种均为半导体光源,且其基本原理在 VCSELs 的介绍中部分会利用到。

1. 发光二极管 LED

发光二极管半导体材料通过掺杂,具有 P 型和 N 型两种。带额外电子的半导体叫做 N 型半导体,由于它带有额外负电粒子,所以在 N 型半导体材料中,自由电子是从负电区域向正电区域流动。带额外"电子空穴"的半导体叫做 P 型半导体,由于带有正电粒子,电子可以从另一个电子空穴跳向另一个电子空穴,从负电区域向正电区域流动。

发光二极管的核心部分是由 P 型半导体和 N 型半导体组成的晶片,在 P 型半导体和 N 型半导体之间有一个过渡层,称为 PN 结。在某些半导体材料的 PN 结中,注入的少数载流子与多数载流子复合时会把多余的能量以光的形式释放出来,从而把电能直接转换为光能。这种利用注入式电致发光原理制作的二极管叫发光二极管,通称 LED。当它处于正向工作状态(即两端加上正向电压,P 区接正极,见图 3.3),电流从 LED 阳极流向阴极时,半导体晶体就发出从紫外到红外不同颜色的光线,光的强弱与电流有关,最典型的是红光 LED。

52

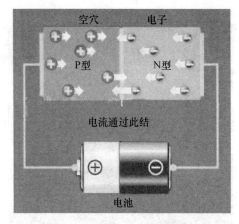

图3.3　LED正向偏置

当LED反向偏置时,P型端接到电流负极,N型端接到电流正极,此时没有电流通过汇合处,耗尽区增加,不会发光,如图3.4所示。

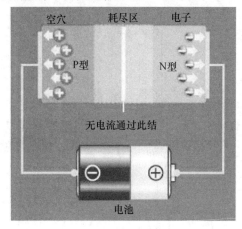

图3.4　LED反向偏置

可见,光发光二极管,比如用在数字显示式时钟的,其间隙的大小决定了光子的频率,即决定了光的色彩。当所有二极管都发出光时,大多数都不是很有效的。在普通二极管里,半导体材料本身吸引大量的光能而结束。发光二极管是由一个塑性灯泡覆盖集中灯光在一个特定方向。

典型的LED封装如图3.5所示。

LED发光的光束空间分布模式一般如图3.6所示。可见,LED因无阈值,属于自发辐射,所以发光的方向性差且非相干,其发光强度低,效率低,调制频率低,响应速度慢,不适合于在信号处理中应用。但是,随着大功率白光LED的出现,人们探索了一种白光无线光通信,简称为LIFI或VLC,有望取代目前的WIFI,其中以LED作为核心发光器件[3-5]。

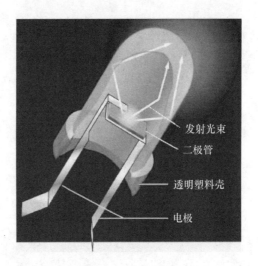

发射光束
二极管
透明塑料壳
电极

图 3.5　LED 封装

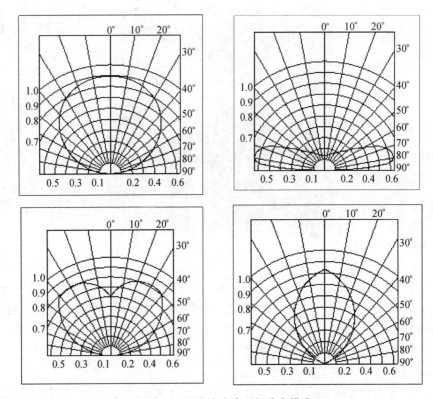

图 3.6　LED 发光光束空间分布模式

归结起来,LED 具有的特点如下:①无阈值;②发光强度低;③效率低;④方向性差;⑤调制频率低,响应速度慢。

54

2. 激光二极管 LD

LD 即 Laser Doide,常称为激光二极管。一般的激光二极管结构如图 3.7 所示。

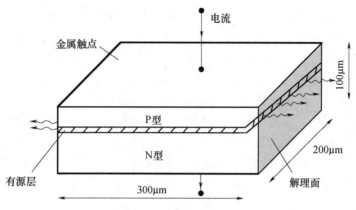

图 3.7　LD 基本结构示意图

在 LD 结构中,垂直于 PN 结面的一对平行平面构成法布里—珀罗谐振腔,它们可以是半导体晶体的解理面,也可以是经过抛光的平面。其余两侧面则相对粗糙,用以消除主方向外其他方向的激光作用。

从 LED 结构原理可知,半导体中的光发射通常起因于载流子的复合。当半导体的 PN 结加有正向电压时,会削弱 PN 结势垒,迫使电子从 N 区经 PN 结注入 P 区,空穴从 P 区经过 PN 结注入 N 区(如空穴可移动),这些注入 PN 结附近的非平衡电子和空穴将会发生复合,从而发射出波长为 λ 的光子,其公式如下:

$$\lambda = hc/E_g \qquad (3-1)$$

式中,h 为普朗克常数;c 为光速;E_g 为半导体的禁带宽度。

上述由于电子与空穴的自发复合而发光的现象称为自发辐射。如需要产生激光输出,则需要满足激光产生的三个条件,即:粒子数反转、谐振腔和增益介质,这三者缺一不可[6]。

当辐射所产生的光子通过半导体时,一旦经过已发射的电子—空穴对附近,就能激励二者复合,产生新光子,这种光子诱使已激发的载流子复合而发出新光子的现象称为受激辐射。如果注入电流足够大,则会形成和热平衡状态相反的载流子分布,即粒子数反转。当有源层内的载流子在大量反转情况下,少量自发辐射产生的光子由于谐振腔两端面往复反射而产生感应辐射,造成选频谐振正反馈,或者说对某一频率具有增益。当增益大于吸收损耗时,就可从 PN 结发出具有良好谱线的相干光——激光,这就是激光二极管的基本原理。

半导体激光二极管的常用参数有:

(1)工作波长。

（2）阈值电流 I_{th}：只有当增益等于或大于总损耗时，才能建立起稳定的振荡，这一增益称为阈值增益。为达到阈值增益所要求的注入电流称为阈值电流，超过阈值电流即开始产生激光振荡。

（3）工作电流 I_{op}：即激光管达到额定输出功率时的驱动电流。

（4）垂直发散角 $\theta_\perp$：激光二极管的发光带在垂直 PN 结方向张开的角度。

（5）水平发散角 $\theta_\parallel$：激光二极管的发光带在与 PN 结平行方向所张开的角度。

（6）监控电流 I_m：即激光管在额定输出功率时，在 PIN 管上流过的电流。

为了获得稳定的激光输出，需要解决一系列的问题，首要的是解决侧向辐射和光限制问题。实际的激光器采用了增益导引型和折射率导引型等结构，分别如图 3.8 和图 3.9 所示。增益导引型结构中，解决光限制问题的一种简单方案是将注入电流限制在一个窄条里，将一绝缘层介质（如 SiO$_2$）淀积在 P 层上，中间有 P 型 InGaAsP 以注入电流。而在折射率导引型结构中，通过在侧向采用类似异质结的设计而形成的波导，引入折射率差，解决在侧向的光限制问题。

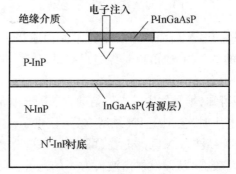

图 3.8　增益导引型半导体激光器结构示意图

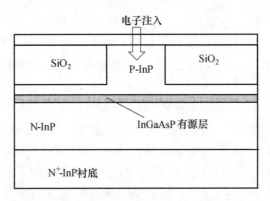

图 3.9　折射率导引型半导体激光器结构示意图

而实际的多层材料生长结构如图 3.10 所示，通过发光区材料结构的巧妙设计，使得光能够在特定的区域内振荡和输出。

LD 的主要参数特性：

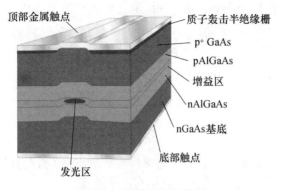

图 3.10   LD 典型生长结构

顶部金属触点
质子轰击半绝缘栅
p⁺ GaAs
pAlGaAs
增益区
nAlGaAs
nGaAs基底
底部触点
发光区

1）纵模与横模

LD 同样有单纵模单横模和多纵模多横模之分。值得注意的是,LD 的纵模选取方式与 He – Ne 激光器等不同,其选模与工作电流有极大关系。为了获得单纵模输出,除了要设计好谐振腔尺寸,还需要对工作电流进行合理设定。要获得稳定的单纵模激光输出,在阈值电流以上工作是必需的。

还有比较重要的 LD 激光器参数特性是其光束质量,尤指其空间分布参数,此参数用以评价 LD 的横模光束输出特性。

评价其光束的空间分布,需要从近场和远场进行考虑。近场是指激光器反射镜面上的光强分布,远场是指离反射镜面一定距离处的光强分布。由于激光腔为矩形光波导结构,因此近场分布表征其横模特性,在平行于结平面的方向,光强呈现周期性的空间分布,称为多横模;在垂直于结平面的方向,由于谐振腔很薄,这个方向总是单横模。典型 LD 的远场辐射特性如图 3.11 所示。

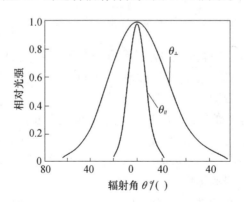

图 3.11   典型 LD 的远场辐射特性

2）输出功率特性

一般采用转换效率与输出光功率特性对半导体激光器进行性能评价。激光器

的电—光转换效率用量子效率 η_d 表示,定义为在阈值电流以上,每对复合载流子产生的光子数:

$$\eta_d = \frac{(P - P_{\text{th}})/hv}{(I - I_{\text{th}})/e} = \frac{\Delta P}{\Delta I}\frac{e}{hf} \qquad (3-2)$$

由此得到

$$P = P_{\text{th}} + \frac{\eta_d hv}{e}(I - I_{\text{th}}) \qquad (3-3)$$

式中,P 和 I 分别为激光器的输出光功率与驱动电流;P_{th} 和 I_{th} 分别为对应的阈值功率和阈值电流;hv 与 e 分别为光子能量与电子电荷。

典型 LD 的光功率特性曲线和随温度的变化曲线如图 3.12 所示。可见,温度变化将改变激光器的输出光功率,有两个原因:①激光器的阈值电流随温度升高而增大;②量子效率随温度升高而减小。

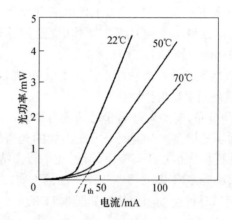

图 3.12 典型 LD 的光功率特性曲线(不同温度)

由于加入了谐振腔等激光器的因素,LD 与 LED 有很大区别,LD 具有阈值电流和阈值功率等特性,其光束输出不仅具有很好的相干性,同时也在光斑和光束方向性等光束质量上比 LED 要好很多。

随着 LD 技术的发展,LD 种类丰富且性能也在不断提高,尤其在半导体泵浦的应用领域具有不可替代的作用。LD 大体上可分为以下几种类型。

(1) 分布反馈(DFB,Distributed Feed Back)半导体激光器。

DFB 半导体激光器的结构如图 3.13 所示,这种激光器具有如下特点:

① 动态单纵模窄线宽振荡。由于只有满足布喇格反射条件 $\Lambda = m\lambda_m/2$ 的特定波长的光才能受到强烈反射而形成振荡。

② 波长稳定性好。温度漂移约为 0.08nm/℃。

③ 频率和强度噪声低。

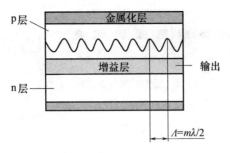

图 3.13　DFB 激光器结构示意图

④ 边模抑制比高。

⑤ 有啁啾。

由于具有以上特点,DFB 激光器常作为超快激光器的泵浦源。如图 3.14 所示为一种高速 DFB 半导体激光器的芯片结构及输出特性[7]。

（2）分布式布喇格反射(Distributed Bragg Reflection,DBR)半导体激光器。

DBR 半导体激光器的结构如图 3.15 所示,这种激光器的反射器和增益区分离,并可以分别控制 DBR 激光器的输出功率和发射波长。如图中,通过控制电流 I_{Gain} 可以改变输出光功率,通过改变电流 I_{Bragg} 调谐波长,而通过调节电流 I_{Phase} 可实现工作点和功率、波长的调整。所以 DBR 激光器比 DFB 激光器更易于控制和调整,常用于可调谐激光器。如图 3.16 所示为一种可调谐 DBR 半导体激光器的结构及其调节特性[8]。图中 SMSR 为边模抑制比,即全调制条件下主纵模的光功率和最大边模光功率之比。

同时也要注意到,由于多量子阱结构带来的优越特性,在一些半导体激光器中加入多量子阱结构,以取代传统的本征区材料。加入了多量子阱结构后,DBR 半导体激光器除了可实现可调谐功能,还具有阈值电流低、温度特性好、谱线线宽小、频率啁啾小、动态单纵模特性好、横模控制能力强等特点。

3.2.2　功能光互连与半导体光源的发展

对微型光源的需求,首先来自于光通信和光互连系统,进而是集成的光计算系统。

光互连被认为是光电技术发展的基础。光互连预计也将成为可行的短距通信和内部通信,如在终端本身之间的通信。在未来的应用领域,基本实现的多信道通信是必要的。因此,由曲面法矢组成的二维(2D)阵列器件,好于一维(1D)阵列器件。而且,如果曲面法矢光学器件具有开关和锁定功能,并且允许在一个紧凑的配置内快速地重新配置、路由、和再生,那么更紧凑的系统就可以实现。定义通过这种曲面法矢光学设备实现的光互连为功能光学互连,功能光学互连将是未来光计算机发展的基础,也是未来光计算机的核心之一。而且,按照现在"网络就是计算,计算就是网络"的观念,功能光互连将极有可能是未来光计算系统,尤其是大

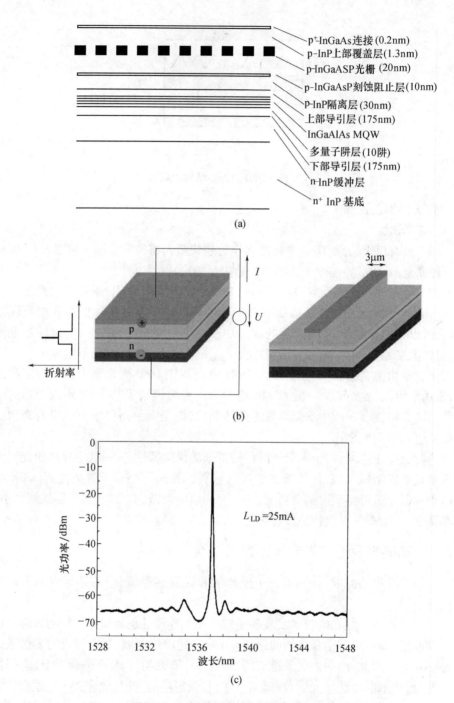

图 3.14 一种高速 DFB 半导体激光器

（a）AlGaInAs – In PDFB 半导体激光器芯片外延结构图；

（b）电路配置及封装示意图；（c）注入电流为 25 mA 时的输出光谱。

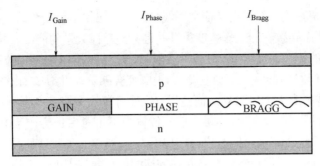

图 3.15　DBR 激光器基本结构示意图

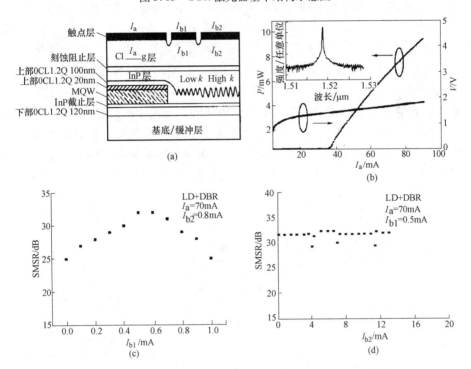

图 3.16　一种可调谐 DBR 半导体激光器的结构及调节特性

规模并行光计算系统的不二核心。

但是很显然,传统模式下侧面发光的半导体激光器由于原理、结构和特性的原因,虽然激光器对于光纤系统的应用是成功的,但是在平面集成上有困难,很难进行大规模的高密度面阵集成,这一点显然不符合半导体工艺和技术的进一步发展。

功能光互连来自于光通信网络系统更高级和更微型化发展的结果,其中最关键的因素就是平面光电子器件(包括光源和调制器)的微型集成化。因此,为什么需要垂直表面发射器件,是因为来自于功能光互连的发展需要,而从功能光互连也可以找出发展 VCSELs 以及其他垂直表面发射光电子器件的要求和特点。

事实上,全电子处理器系统速度的最大限制是互连,即信号的互相通信。在全电子处理器系统互连一般采用共面金属线。这些金属线不可避免地与电子逻辑器件阻抗不匹配，从而导致它们工作速度很慢并且会消耗掉大量的能量。同样，互连中电子元器件之间的传输速度受 RC 时间常数限制。尽管减小电子元件的尺寸可以提高它们的速度，但 RC 时间常数不会改变，因为电容会随着尺寸减少而减小但电阻会增大（细的金属线会有大的电阻），从而使得 RC 时间常数保持不变。电子元件的噪声也是一个很大的问题。环带线连接在信号传输中不可避免地会产生电压起伏，这种电压起伏会给系统带来噪声同时也会增加误码率，所以必须对这种误码率进行修正。此外，成百上千的电子逻辑器件在线路中的连续传输导致了冯·诺曼瓶颈问题。

光互连可以很简单地解决上面提到的全电子互连中存在的电阻匹配和速度瓶颈问题，由于采用光束进行传输，所以是一种量子电阻匹配元件，从而回避了电阻匹配和瓶颈问题。并且，光束之间不会互相影响，这与电子信号不同。因此，在光互连系统中，噪声可以被充分地减少。不同芯片之间的金属线传输需要很大的能量，这就限制了系统的传输带宽。传输距离越长这种限制就越明显。在光互连中，能量需求和额定带宽一般是不依赖于传输距离的。光波导的传输速度是金属线的十倍甚至更高，而且前景非常看好，甚至目前已经有报道达到几十 Tb/s 单通道传输速度的频分复用（Orthogonal Frequency – Division Multiplexing，OFDM）光通信技术，如图 3.17 所示[2]。因此，光互连处理器比全电子处理器更有潜力应用到高速计算系统中。

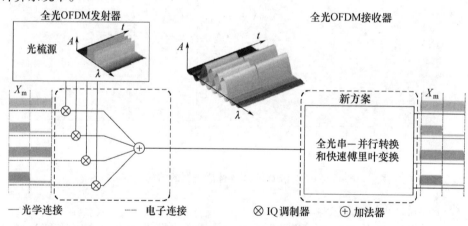

图 3.17　全光实现 26Tb/s 线路速率的 OFDM 发送和接收系统示意图[2]

3.3　LED 及 LD 模式垂直表面发射光源的结构及原理

3.3.1　LED 模式垂直表面发射光源结构和功能特点

正如多量子阱调制器传承了最基本半导体结构一样，垂直表面发射的光源同样继承了传统半导体发光器件的基本结构,即拥有 p-i-n 的基本结构,但是在出光方式上,将采用端面出光,即光束传播方向垂直于各材料薄层表面,而不再是如LED 和 LD 那样侧面出光的方式。两出光方式的比较见图 3.18。

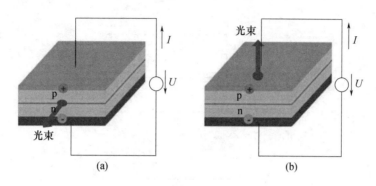

图 3.18　两种出光方式的比较
(a) 侧面出光;(b) 端面出光。

典型的 LED 模式垂直表面发射光源的多层结构如图 3.19 所示,具有 p-n-p-n 结构。当对阳极施加正向偏压,并且入射光脉冲激发时,该器件将开启并以发光二极管(LED)模式发射光。当对阳极施加复位脉冲时,器件关闭。目前可以采用MOCVD 或 MBE 的方法制备,P 型和 N 型的掺杂、离子交换制备的渗透式电极等均为成熟的半导体光电子工艺技术。

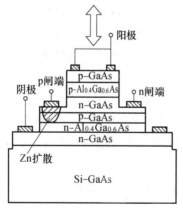

图 3.19　一种 LED 模式垂直表面发射光源的层结构[1]

LED 模式垂直表面发射光源的操作过程如下:
(1) 开启。正向偏压施加到器件的阳极,并入射光脉冲,器件将被开启,并发射出 LED 模式的光。
(2) 关闭。只需将复位电脉冲(负脉冲)施加到阳极上即可。
(3) 保持。如某一型器件的开启电压为 $V_S = 5$ V,保持电压仅为 $V_H = 1.4$V,在

63

需要保持时无需入射光脉冲,只需维持保持电压 V_H 即可。

LED-VSTEP 的动态操作过程时序如图 3.20 所示。其中,T_w 为写入时间,T_h 为保持时间,T_r 为读出时间,T_e 为擦除(复位)时间。

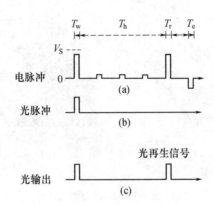

图 3.20　LED 模式垂直表面发射光源的动态操作时序图[1]
(a)电脉冲时序;(b)入射光脉冲时序;(c)出射光脉冲时序。

可见,由于保持电压的存在,器件表现出一定的存储能力,通过较低的电压,可维持器件的状态,此时仅有几微瓦的低功率消耗,可实现光动态内存操作。

3.3.2　LD 模式垂直表面发射光源初步

由于 LED 模式垂直表面发射光源发射光为 LED 模式,具有自发辐射的特点,定向性和相干性均不太好,不能满足光通信系统和光计算系统的光电子器件需要。而且,低效率和低强度输出意味着在级联连接计划中该设备是由低速光开关控制,不利于在系统中应用。

根据从 LED 设计产生 LD 的方法,将 LED 模式垂直表面发射光源的本征区加入增益介质,并在出射光的两端增加反射层,即可实现 LD 模式垂直表面发射光源,后来发展成为了垂直腔面发射激光器 VCSELs(Vertical-Cavity Surface-Emitting Lasers)。

某一型 LD 模式垂直表面发射光源的结构如图 3.21 所示,同样具有 p-n-p-n 结构。

由图中可见,由于采用了垂直于表面的出光方式,阈值电流和光斑模式都较侧面出光的 LD 有所改善。更多原理和技术将在下一节进行介绍。

3.3.3　垂直表面发射光源的集成

和上一章的多量子阱调制器的面阵集成相似,由于垂直于表面发光的本质,使得在材料生长过程中即为大规模集成准备了条件。进行阵列集成时,阳极在同一

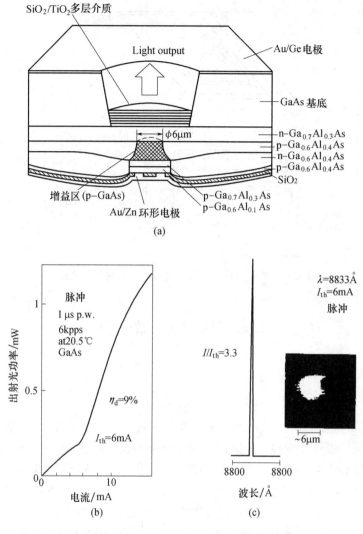

图 3.21　一种 GaAlAs/GaAs 结构 LD 模式垂直表面发射光源[9,10]

（a）层结构示意图；（b）电流与光强输出；（c）输出光谱与近场模式。

列,阴极在同一行,由各自公共的阴阳极线连在一起,如图 3.22 所示。

事实上,这样的集成在目前的半导体工艺中不会存在任何问题。关键是,集成后器件阵列整体所体现出的电阻效应会不会对器件阵列的开关能量、开关速度和光输出一致性存在影响。为了降低电阻率,电镀工艺和 P - CVD 氮化硅薄膜工艺等新型工艺的引入是必要的。目前,大规模基于硅的集成已经不是问题。

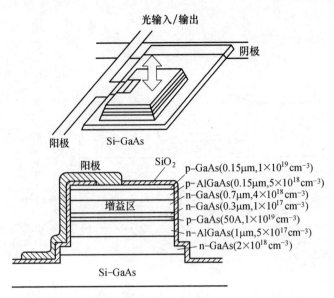

图 3.22　集成垂直表面发射光源阵列中的某一单元[1]

3.4　VCSELs 激光器

3.4.1　VCSELs 的结构

1. VCSELs 单元结构设计

VCSELs 是在 LED 模式的垂直表面发射光源主体结构的基础上,按照激光产生的三大条件设计了增益介质区(Active Region)和谐振腔(包含两个反射镜设计,顶部反射镜和底部反射镜)而成的,如图 3.23 所示[11]。VCSELs 单元是在基底上采用 MBE 或 MOCVD 的方法生长而成,结构上包括增益区、过渡区和谐振腔镜结构。图 3.23(b)显示的是材料层的布置图,(c)显示的是增益区附近的放大图,两个图一起详细描述了多层材料的构成情况,包括各层折射率的分布和带隙分布(如图中箭头所示)。其中,$In_yGa_{1-y}As$ 为构成增益介质的多层材料(一般为三层),$Al_xGa_{1-x}As$ 为构成谐振腔布喇格反射镜的多层材料,还需要通过掺杂获得 P 型或 N 型半导体性质,以构成 p-n-p-n 结构,详细如图 3.28 和表 3.1 所示。

与其他激光器的设计类似,为了实现稳定的激光输出,也需要在 VCSELs 单元内部形成稳定的驻波,且驻波的波腹与增益介质的位置重合,保证能够产生最大的增益效率,如图 3.24 所示。同时,需要增益介质的整体厚度为工作波长的 1/4 长度,即 $\lambda/4$ 厚度,一般采用单一量子阱结构,并掺杂有发光材料(如 In)。而反射镜多层材料和增益介质之间加入的 P 型或 N 型的过渡层材料,厚度则使得在反射镜和过渡区的界面处为驻波的波腹。谐振腔的反射镜为多层交替结构的布喇格反射

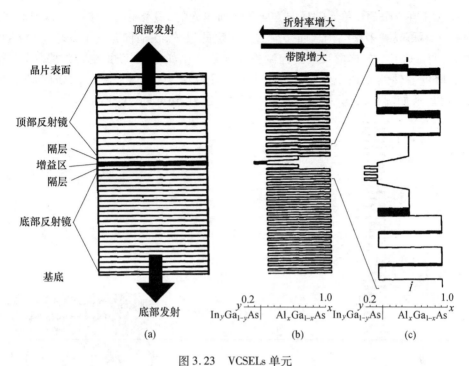

晶片表面

顶部反射镜

隔层
增益区
隔层

底部反射镜

基底

底部发射

$\underset{\text{In}_y\text{Ga}_{1-y}\text{As}}{\underline{0.2\quady\quad}}\underset{\text{Al}_x\text{Ga}_{1-x}\text{As}}{\underline{\quad 1.0x}}$ $\underset{\text{In}_y\text{Ga}_{1-y}\text{As}}{\underline{0.2\quady\quad}}\underset{\text{Al}_x\text{Ga}_{1-x}\text{As}}{\underline{\quad 1.0x}}$

(a)　　　　　　　　　(b)　　　　　　　(c)

图 3.23　VCSELs 单元

(a) 结构示意图；(b) 材料层布置图；(c) 增益区附近布置图。

层，由经过掺杂为 P 或 N 型的材料构成，且折射率（可通过掺杂浓度控制）呈高 – 低 – 高 – 低的交替配置。布喇格反射镜的反射率可以达到 99% 以上，从而保证即使在增益介质的单次增益仅有 1% 的情况下也能获得强的激光输出。

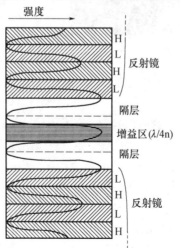

强度

H
L
H
L

反射镜

隔层

增益区($\lambda/4n$)

隔层

L
H
L
H

反射镜

图 3.24　VCSELs 单元的增益区附近的驻波

67

由于在 VCSELs 单元的横向方向和侧面出光的 LD 结构不一样,在 VCSELs 的横向上不再具有多层结构从而必须占据一定的尺寸,在横向方向上的单一材料特性,使得 VCSELs 的横向尺度的控制更加灵活。比如,为了获得更好的横模输出,并且降低器件的阈值电流,可以通过刻蚀等方法,使得器件单元的横向尺寸在 $1\mu m$ 以下,如图 3.25 所示为一种横向直径只有 $0.5\mu m$ 的 VCSELs 单元。

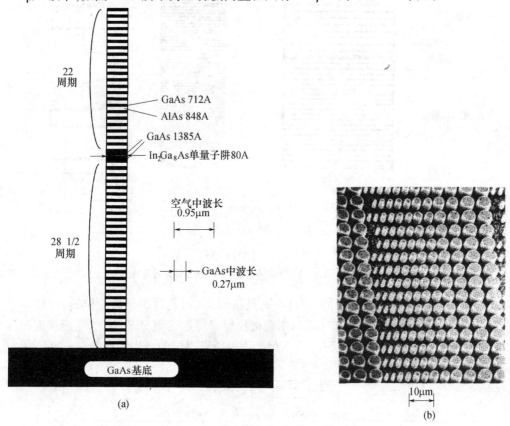

图 3.25 MBE 生长的 $0.5\mu m$ 的 VCSELs 单元结构[1,11]

(a) 单元结构;(b) 刻蚀形成的单元柱。

为了实现对结构内光场的横向控制,除了如图 3.25 所示的深刻蚀方法,还可以通过离子交换和增益导引来实现(图 3.26)。如图 3.27 所示为 VCSELs 单元内通过离子交换和增益导引来约束光场的示意图。

如图 3.28 所示为一种 VCSELs 单元的封装成型示意图,包含了电极的设置,其每一层的厚度和掺杂浓度则列于表 3.1。增益区由三层 $In_yGa_{1-y}As$ 层构成,每一层厚度为 100Å。增益区被无掺杂的 $Al_{0.25}Ga_{0.25}As$ 过渡层夹在中间,它们在关闭状态还充当光吸收层。该过渡层是无掺杂的,是为了避免关闭状态下增益区中载流子俘获的影响。其中的 DBR 反射结构需要获得高达 99% 以上的反射率,为了在薄层内实现高吸收效率,同时也采用非对称谐振结构,因此顶部(Top)反射结构

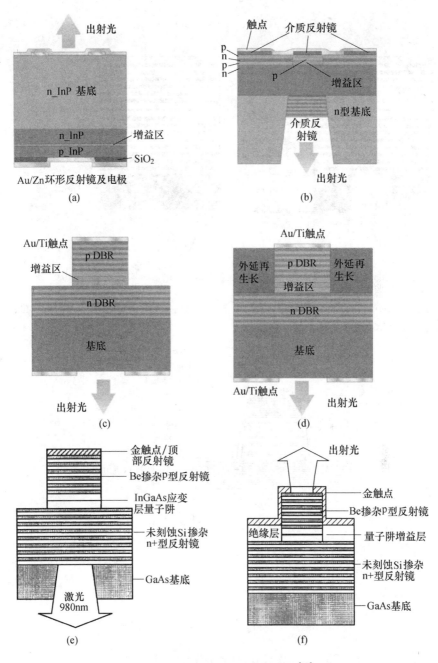

图 3.26　VCSEL 发展的各种结构[11]

（CDBR：分布式布喇格反射器）

（a）金属反射器 VCSEL；（b）刻蚀阱 VCSEL；（c）空气柱 VCSEL；

（d）深埋再生 VCSEL；（e）金属反射 + 刻蚀阱 VCSEL；（f）金属开窗 VCSEL。

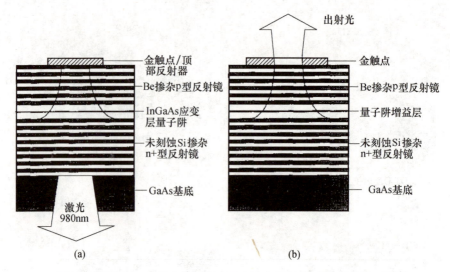

图 3.27   VCSELs 单元内光场的离子交换和增益导引约束示意图[11]

和底部(Bottom) 反射结构的反射率是不一样的,主要基于让激光从哪一个面输出,以及谐振腔的品质因子的大小设计。

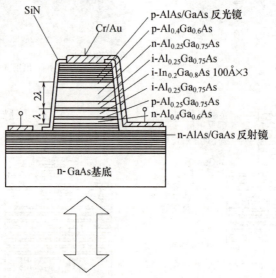

图 3.28   VCSELs 单元封装及层结构[1,11,12]

表 3.1   图 3.28 所示 VCSELs 单元各层的厚度和掺杂浓度配置[1,12]

层	厚 度	掺 杂
n – AlAs GaAs	$0.25\lambda/0.25\lambda \times N$	Si:2×10^{18} cm^{-3}
n – Al$_{0.4}$Ga$_{0.6}$As	~1500Å	Si:2×10^{18} cm^{-3}
p + – Al$_{0.25}$Ga$_{0.75}$As	~50Å	Be:1×10^{19} cm^{-3}

层	厚　度	掺　杂
$i - Al_{0.25}Ga_{0.75}As$	1000Å	Undoped
$i - In_{0.2}Ga_{0.8}As/Al_{0.25}Ga_{0.75}As$	100Å/100Å×3	Undoped
$i - Al_{0.25}Ga_{0.75}As$	1000Å	Undoped
$n - Al_{0.25}Ga_{0.75}As$	3000Å	$Si;2×10^{17}cm^{-3}$
$p - Al_{0.4}Ga_{0.6}As$	~1500Å	$Be;5×10^{18}cm^{-3}$
$p - AlAs/GaAs$	$0.25\lambda/0.25\lambda×M$	$Be;5×10^{18}cm^{-3}$
$p + - GaAs$	0.16λ	$Be;1×10^{19}cm^{-3}$

由于如图 3.28 所示的单元顶部反射区有合金反射膜用于增加绝对反射率,但是驻波在该界面将发生相变,因此顶部 DBR 的顶端 GaAs 层(如表 3.1 中 p + − GaAs,0.16λ 厚度的一层)的设计考虑到了相位补偿。

实际上,VCSEL 的结构和功能均在不断发展中,除了如图 3.24、图 3.28 和表 3.1 所描述的那些结构,还可以有如图 3.29 所示的短腔结构,这种结构的腔更短,只有一个波长的长度,从而可实现更高的工作速度。

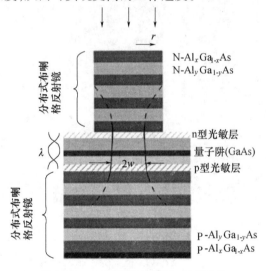

图 3.29　一种短腔 VCSELs 单元结构

2. VCSELs 面阵集成

在垂直腔面的基本结构设计下,从基片的生长到单元的刻蚀或离子交换,以及电极的制备和连线,都可以基于现有成熟的大规模集成半导体电路工艺实现[13]。如图 3.30 所示为 VCSELs 的面阵集成设计及其与探测器等实现大规模集成的潜力。

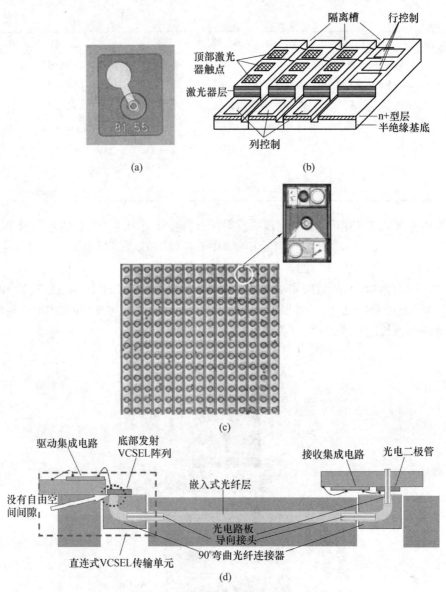

图 3.30　VCSELs 的面阵集成[11,13,14]

(a) 每一个 VCSELs 单元的成型外貌；(b) VCSELs 的面阵集成布置图；

(c) VCSELs 阵列外貌；(d) VCSELs 与探测器的大规模集成。

3.4.2　VCSELs 特性

　　要完整地评估 VCSELs 的优越性，就必须了解 VCSELs 的一些特性，这些特性包括静态特性和动态特性，静态特性主要又包括电流与光输出特性和光波模式特性，而动态特性主要是 VCSELs 的时间响应和高速调制特性，这些特性都将直接表征 VCSELs 的能力和潜力,以及它的应用领域和范围。

1. 静态特性

1)电流与光输出功率特性

VCSELs 的电流特性与普通 LD 等激光器类似,也存在阈值电流 I_{th},并可以以光输出功率 I_{op}、工作电压 V_g 和等效电阻 R 等参数来表征器件的电光转换效率(如公式(3-2)和(3-3)),也可以以如下公式表示:

$$\eta_{eff} = \eta_D \frac{I_{op} - I_{th}}{I_{th}} \frac{V_g}{V_g + I_{op}R} \qquad (3-4)$$

其中,η_D 为量子效率。一种 VCSELs 的电流与光输出特性如图 3.31 所示[15],图中还显示了电压与电流的关系曲线(右向)。可见,对于 VCSELs,由于其谐振腔短,器件的截面积小,量子效率高,所以阈值电流也低于 LD 等传统的半导体激光器。

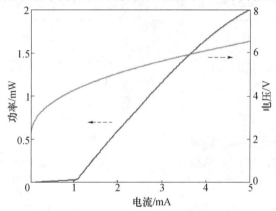

图 3.31　VCSELs 偏置电流与光输出功率关系[15]

2)电流与光谱输出特性

不同的工作电流,会导致一些 VCSELs 的光谱输出峰值变化。如图 3.32 所示为 VCSELs 的输出光谱与电流的关系曲线,以及所测得的光谱峰值功率与偏振探测的偏振器角度之间的关系,用以表征 VCSELs 输出光的线性偏振特性。因此,通过 VCSELs 可以获得线偏振的输出光,且其光谱可通过电压或电流加以调节。如图 3.33 所示即为一种可调谐 VCSELs 的调谐特性,这种性能的实现为波分复用光通信系统和光计算系统中的光源提供了更多选择。

3)光束模式及对比度特性

对于 VCSELs 来说,光束的模式包括了纵模和横模,而目前的 VCSELs 基本上可实现单纵模和单横模,因此纵模将以另外一个指标——对比度来表征。事实上,因为 VCSELs 生长和谐振腔结构的原因,除了横向面积很小的 VCSELs,较高的横向振荡模式可能同时在谐振腔内产生振荡,因此输出光中包含了若干精细谱线。另外,通过测量的近场模式发现,振荡波长缩短,节点数目将增加。

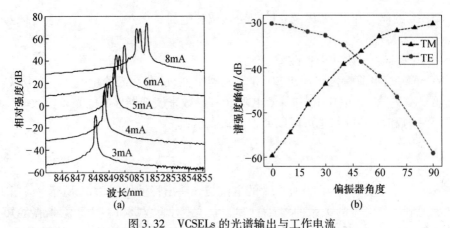

图 3.32　VCSELs 的光谱输出与工作电流
（a）不同电流的输出光谱[16]；（b）光谱峰值强度与偏振角度[15]。

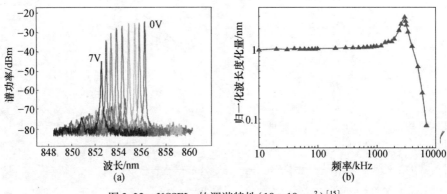

图 3.33　VCSELs 的调谐特性（$10 \times 10 \mu m^2$）[15]
（a）电压调谐谱线；（b）归一化频率响应。

　　如图 3.34 所示为一种 VCSELs 的光激发振荡谱输出，呈现多精细谱的横模结构，如图中两个谱线中心波长的间隔约为 0.2nm，大于谱线宽度，即 0.02nm。虽然总体上相差极小，但是这么微小的差别也可能会给 VCSELs 的光计算和光通信应用带来问题。因此，如何通过横模的控制来实现更好性能的 VCSELs 也是面临的问题之一。如图 3.35 所示为计算获得的不同器件截面对应的各横模的峰值波长与基模的波长差，为了获得单横模输出，需要使面元的边长减小到 5 μm 以下。

　　另外一个指标是对比度，该参数对于 VCSELs 的应用至关重要，直接影响到信号的信噪比，从而也直接影响到波分复用系统的信息加载能力和光信号带动负载的能力（或 VCSELs 的扇出能力）。而对于激光器来说，输出信号的对比度表征的是激光器的边模抑制比，即主模强度和边模强度的最大值之比，标志了激光器的纵模性能。而对于激光器，边模抑制比除了和材料设计有关，更是由谐振腔的设计所决定，具体到 VCSELs 就是由顶部和底部的分布式布喇格反射器的设计来决定。为了获得高的对比度，反射器的反射率甚至要达到 99.9% 以上。如图 3.36 所示

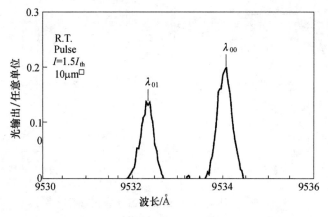

图 3.34　VCSELs 的光激发振荡谱 ($10 \times 10\mu m^2$)[1]

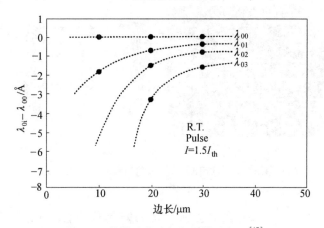

图 3.35　横模峰值波长与基模波长差[17]

为一种 VCSELs 的反射器性能和发射谱输出曲线,可见为了获得高达 45dB 的对比度,反射器的反射率高达 99.9%[15]。

2. 动态特性

由于 VCSELs 主要用于光通信互连系统中作为调制光源或作为光开关阵列的主动信号源,因此为了获得更高的通信或计算速度,势必要求 VCSELs 在高速工作状态下依然具有很好的性能。表征动态性能主要包括器件的上升时间和下降时间,以及器件对注入光信号的响应时间,一般以波形图或眼图来表示,在通信领域普遍采用眼图,如图 3.37 所示。

图 3.37(a)中,波形 A 为外加电压,B 为注入的光脉冲,它成功开启器件,使得光脉冲输出如 C 线,在注入脉冲撤除后,输出脉冲一直能够保持,实现动态存储功能。由图 3.37 可见,图 A 中的波形线 B 和 C 存在一定的时间延迟 $\Delta\tau$ 和上升时间 ΔT,目前可以达到皮秒量级。同时,器件的调制性能可由如图 3.37(b)所示的眼图来表征,该图还能表征通信中比较重要的指标,包括时钟抖动和相位噪声等。按

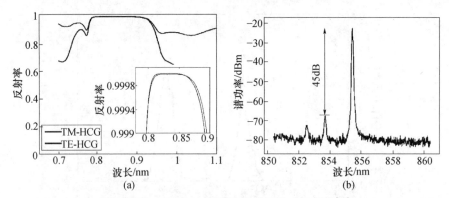

图 3.36　一种 VCSELs 的反射器性能和发射谱[15]

（a）一种 VCSELs 单元反射器的 TM 和 TE 反射率；（b）发射谱（4 倍阈值电流）。

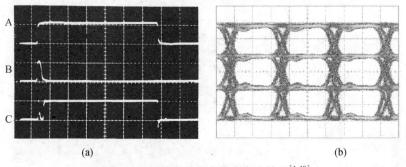

图 3.37　VCSELs 的动态输出实验结果[1,18]

（a）波形图；（b）眼图。

照目前的 VCSELs 技术，器件的速率可以达到约 30Gb/s，下一步是瞄准更高的速率，也要求器件的上升时间达到飞秒量级。

对于器件的动态性能，与 SEEDs 类似，主要的影响因子来自于开关能量，开关能量越低，则器件的可调制速度越高。而对于 VCSELs，开关速度与波长的漂移有着直接的关系，在工作波长偏离设计的中心波长时，器件的开关能量将上升，如图 3.38 所示，而相关公式可见第 2 章中的公式（2-4）等。图 3.39 表示的是 VCSELs 的开关时间与波长漂移的关系。

3.4.3　VCSELs 的优化设计

基本的结构配置并不能保证 VCSELs 的良好工作，尤其是其谱线输出，以及提高调制速度等问题，因此还需要进行优化设计。具体的优化包括很多细节，包括如何降低线电阻率、提高量子效率、提高电光能量转换效率、提高面阵器件的一致性等，而部分内容已经在第 2 章中讨论，这里仅讨论分布式布喇格反射器（DBR）的一些设计问题。

事实上，由于 VCSELs 中的 DBR 对于谐振腔的性能起着决定性的作用，同时

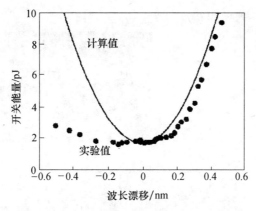

图 3.38 开关时间与波长漂移的关系[1]

介质层的设计也直接影响到能量注入和吸收率、量子效率等指标。因此,VCSELs的优化设计包括了 DBR 优化设计和增益介质层的优化设计,而增益介质层的优化设计主要是针对不同的工作波长需要,因此这里仅讨论 DBR 的优化设计问题。

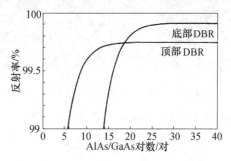

图 3.39 DBR 反射率与 AlAs/GaAs 层对数的关系[1]

如图 3.39 所示为一种 VCSELs 的 DBR 反射结构的反射率与顶部、底部的 DBR 层对数之间的关系。为了获得尽可能高的反射率,DBR 的层对数一般较多,但是由于增多 DBR 的层对数意味着增大腔长和增大载流子渡越距离,从而降低调制速率。因此,DBR 的设计也要仔细权衡。在图 3.39 中,顶部 DBR 包含 Au 区和 GaAs 相变补偿层,GaAs 层的作用是为了补偿半导体层和 Au 之间的相位变换(相变是趋肤效应引起的,趋肤效应是导体的特点。GaAs 层的厚度设定为 0.41λ[1])。顶部 DBR 在 15 对处,底部 DBR 在 24.5 对处反射率几乎饱和,分别达到 99.7 %和 99.9 %。由于底部 DBR 是 N 型,有较小的自由载流子吸收系数,因此它的反射率比顶部 DBR 大。

如图 3.40 和图 3.41 所示为一种 VCSELs 通过在设计上加入纳米光栅结构[15,19]从而提高器件性能的例子,并具有选模的功能,对于激光器的模式稳定很有好处。因此,在传统 DBR 优化效果有限的情况下,加入新的微纳光学结构是探索获得新型 VCSELs 器件的有效手段之一。

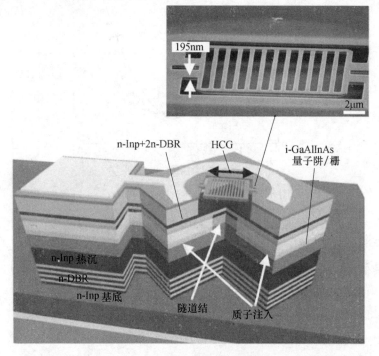

图 3.40　整体吸收率与波长关系[19]

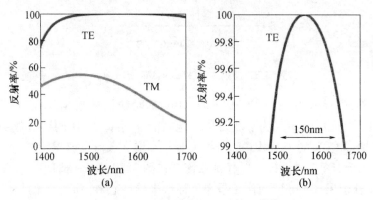

图 3.41　整体吸收率与波长关系[19]

3.4.4　VCSELs 的进展及趋势

VCSELs 出现二十多年来,得到了很快的发展,技术也日趋成熟,作为重要考核指标之一的调制速度有了很大提高,从刚出现时的 Kb/s 到了目前可以达到近 30Gb/s 的速率,波长也从原来采用 GaAs/AlAs 的近红外波长,发展到现在可以覆盖 1.3μm[20] 和 1.55μm 通信波段的波长,并且还能实现可调谐功能[21],如图 3.42 所示。

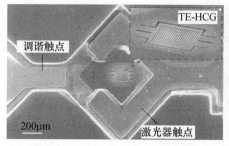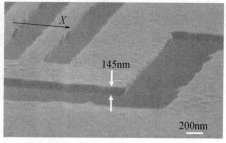

(a)

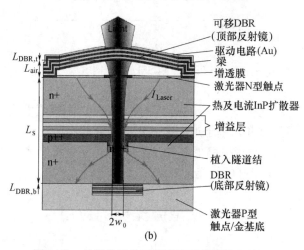

(b)

图 3.42　最新发展的可调谐光通信波段 VCSELs

（a）MEMS 光栅调谐 VCSELs 的 SEM 图像及其光栅部分的放大 SEM 图[15]；

（b）MEMS 调谐 VCSELs 结构示意图[21]。

　　图 3.42（a）所示的可调谐 VCSELs 的波长调谐输出参见图 3.43，而图 3.42（b）所示的 MEMS 可调谐 VCSELs 的波长调谐范围见图 3.43，调谐范围达到了 102nm，这为该激光器技术在超大带宽光通信和光计算中的应用提供了很好的保证。如表 3.2 所列为一种最新的 VCSELs 的主要参数列表，该激光器主要用于光通信、传感等领域。

表 3.2　德国 VIS 公司的最新 VCSELs 主要参数指标（数据来自公司网站）

参　　数	典型值	备注（$T = 25℃$）
波长	850nm	$840 \sim 860$nm
数据速率（Data bit rate（BR））	≤40Gb/s	每通道
-3dB 调制带宽（BW）	20GHz	
阈值电流	0.4mA	
输出峰值功率	4mA	多横模
电光转换效率（Wall plug efficiency）	>20%	$I_{op} = 1 \sim 5$mA
$L - I$ 微分斜度效率	> 0.5 W/A	$I_{op} = 1 \sim 6$mA
上升时间（Rise time）	<10ps	20% ~80%

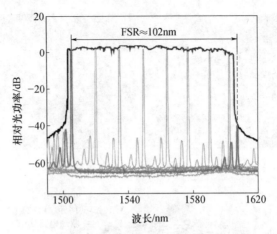

图 3.43　一种 MEMS 可调谐 VCSELs 在不同电流的波长输出[21]

　　总体上,VCSELs 将往更强输出、更高调制速度、更小阈值电流、更小尺寸和更丰富波长的方向发展,同时,基于近年来硅光电技术的快速发展[22],也使得在硅基上实现 VCSELs 单元与集成电路的结合成为可能。而量子点激光器的发展,也为 VCSELs 的发展提供了很好的补充。

3.5　微型激光器的应用

3.5.1　光学逻辑器件

　　不论是电子器件还是光学器件,都有一些基本要求,如高反应速度,低能耗,对其他器件和系统的兼容性。在高速计算机中,光学器件比电子器件更有潜力,只有光学逻辑开关才有可能提供高达 THz 以上的速度。在光学逻辑开关上的应用,如图 3.30(d)所示的集成器件,通过将激光器和探测器的紧凑集成,加以合适的内部电路连接,可以使得如 SEEDs 那样实现全光逻辑运算功能[23]。

　　除了逻辑开关的应用外,在光计算中还有一类非常重要的应用,即光学双稳态实现存储。如图 3.44 所示为通过外部光注入 VCSELs 实现偏振双稳态的原理示意图,该原理利用了 VCSELs 的 TE 模和 TM 模的偏振设置和输出特性。通过 VCSELs 的交叉增益饱和(cross‐gain saturation),在 VCSELs 中振荡的相互正交的 TE 或 TM 模将通过模式竞争压制另外的正交偏振模,当偏振方向与被压制的振荡模平行的外部偏振光入射到此双稳态 VCSELs 时,原来的模式间的功率平衡将被打破,原来被压制的振荡模将能够激发输出,而原来输出的振荡模将被压制,从而设置 VCSELs 为双稳态中的某一个态并且存储下来,就如电子计算机中的缓存,如图 3.44 所示。

　　如图 3.45 所示为外部光注入 VCSELs 实现偏振双稳态实验的实验配置和时

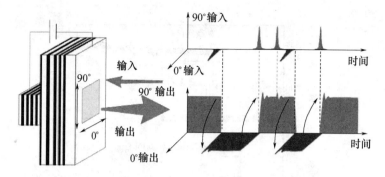

图 3.44　外部光注入 VCSELs 实现偏振双稳态原理图[24]

序图,图 3.46 则为相应的 $L-I$ 曲线图,可见清晰的双稳态曲线。采用这一原理,可实现如图 3.47 所示的高速存储系统,其相应的双稳态存储操作(20Gb/s,26 – 1 – bit PRBS RZ 信号)如图 3.48 所示。

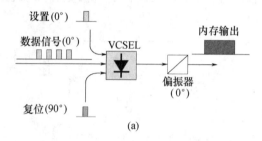

(a)

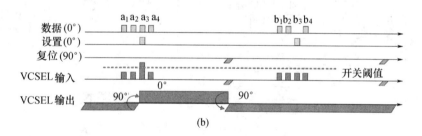

(b)

图 3.45　外部光注入 VCSELs 实现偏振双稳态实验[24]

(a) 实验配置;(b) 时序图。

　　对于如图 3.48 所示的操作过程,偏振双稳态 VCSELs 的偏振态用于存储数据信号中的 0 或 1 状态。初始时,通过入射复位信号可预置器件的偏振方向为 90 度。接着,如果有 0°方向偏振态的数据信号光入射,此时信号光的功率小于器件的偏振开关阈值功率,即使设置光的偏振方向为 0°,器件仍不改变状态。如果设置光脉冲和为 1 的信号光脉冲同时入射,合成的功率将超过器件的偏振开关阈值功率,器件的偏振将从 90°变为 0°。因此,器件的偏振状态分别代表了信号的 0

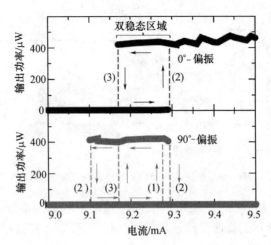

图 3.46　外部光注入 VCSELs 实现偏振双稳态实验的 $L-I$ 曲线[24]

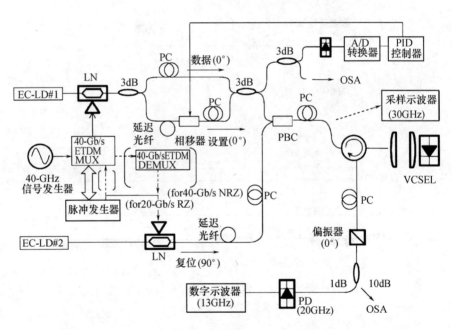

图 3.47　外部光注入 VCSELs 实现偏振双稳态高速存储实验系统[24]

EC - LD—外腔激光二极管；ETDM MUX—电子时分复用；ETDM DEMUX—电子解时分复用；

LN—LiNbO₃调制器；OSA—光学频谱分析仪；PBC—偏振束合成器；PC—偏振控制器；

PD—光电二极管；1，3，10dB—光耦合器。

和 1。以一个偏振器置于 VCSELs 的后面,则偏振器将获得与 1 和 0 对应的开关状态,这种状态将可被持续读出,直至器件的状态被设置改变。

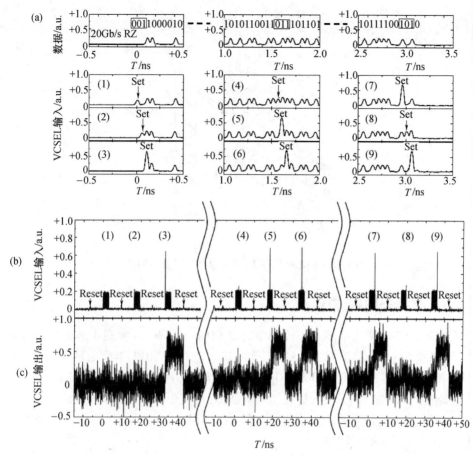

图 3.48　外部光注入 VCSELs 实现偏振双稳态高速存储实验结果[24]

（a）数据信号（无设置信号）和 VCSELs 输入（含设置信号）；

（b）VCSELs 输入及设置信号；（c）VCSELs 的输出（0°偏振分量）。

3.5.2　串行—并行数据转换

作为未来并行信息处理的第一阶段,具备串行—并行数据转换功能的设备是必要的。

如图 3.49 所示为串行—并行数据转换的示例。数据以电子信号的形式输入二维集成 VCSELs 阵列的寻址电路上,如图中 X_1、X_2、X_3、X_4,而控制信号则由 Y_1、Y_2、Y_3、Y_4 输入。VSTEP 开关只有在当两个信号被同时应用时才打开,这就是处理信号和控制信号的值的设定方式。

使用此驱动配置,N^2 个光学互连通道可以通过 N 次的 $2N$ 个电子控制线得以实现重构,从而将使得互连重构的实现变得容易。

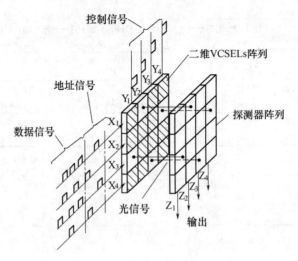

图 3.49 使用 VCSELs 的可重构光学互连网络

3.5.3 并行光数据连接

如图 3.50 所示为采用 L 波段的单通道 14Gb/s VCSELs 实现 4 通道共 56Gb/s 的数据光学连接示意图。图 3.51 所示为 IBM 公司于 2012 年提出的一种将 VC-SELs 和探测器集成实现的 Holey Optochip 光互连芯片的情况,由于可以与探测器单元集成在同一芯片上,大大提高了通信能力,可实现每通道全双工 5Gb/s 以上的通信速度,芯片的整体数据传输速度达到 1Tb/s 以上,为芯片间的互连和板块间的互连提供了很好的器件基础。

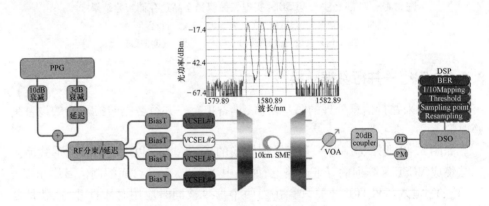

图 3.50 VCSELs 用于光学数据连接[18]

(PPG—脉冲信号发生器;SMF—单模光纤;DSO—数字存储示波器;DSP—数字信号处理;
BiasT—倾斜时钟;VOA—可变光衰减器;PD—光探测器;PM—光调制器;BER—误码率)

84

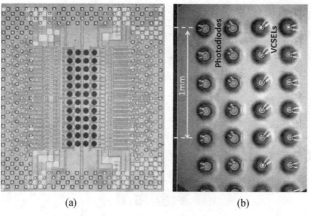

图 3.51 IBM Holey Optochip 光互连芯片(2012 年)

(a) 正面显微图；(b) 背面显微图。

3.6 总结及展望

VCSELs 的尺寸、光发射的特点使它成为高性能数字/模拟信息处理与分析系统中的微型光通信系统的非常理想的高性能器件,尤其是在面向自由空间和波导应用时的融洽性,使得 VCSELs 的发展和应用前景一片光明,如在应用部分已经非常充分地展现出来的那样。

随着技术的进步,更多具有更好结构和参数的 VCSELs 单元将被制造出来,集成阵列也将趋于密集和大型化(图 3.52),而且性能会逐步提高,尤其是调制速度将会超过 100GHz(目前已超过 30GHz),同时能耗也将更小(阈值电流将进入微安

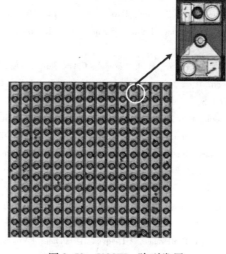

图 3.52 VCSELs 阵列发展

85

量级,工作电压进入毫伏量级),发热量更低,进一步满足大规模集成的要求。尤其更重要的是,随着纳米技术的进一步发展完善,各种微纳光学结构将被加入 VC-SELs 的结构设计中,从而提高器件的性能和拓展其功能。

我们也将看到,VCSELs 并非能够全部满足光计算系统构建所需的全部调制器和光源单元,在半导体量子阱垂直腔面发射激光器发展成熟并逐步引导应用的同时,量子线和量子点光电材料的原理和技术也在逐步突破中,这些器件技术的发展将为 VCSELs 形成很好的补充,将会给微型光源注入新的活力,进一步丰富光计算微型光源,推动这一领域的发展,为光计算机的设计实现提供保障。

参 考 文 献

[1] Jürgen Jahns,Sing Lee. Optical Computing Hardware. Academic Press, 1993.

[2] HillerkussD, SchmogrowR, SchellingerT, JordanM, et al. 26 Tbit s^{-1} line – rate super – channel transmission utilizing all – optical fast Fourier transform processing. Nature Photonics 5 (6): 364 – 371 (2011).

[3] 李世亮,张兴周. 室内可见光无线通信调制方法. 黑龙江科学院学报, 20(5):379 – 382 (2010).

[4] 刘宏展,吕晓旭,王发强,等. 白光 LED 照明的可见光通信的现状及发展. 无线光通信,33(7): 53 – 56 (2009).

[5] 吴俊峰,朱娜,江晓明. 一种新型可见光无线通信可调复眼光学接收系统. 无线通信技术,21(4):48 – 54 (2012).

[6] 周炳琨, 高以智, 陈倜嵘. 激光原理(第6版). 北京:国防工业出版社,2009 年1 月.

[7] 蔡鹏飞, 孙长征, 熊兵,等,无制冷高速直调 1. 5 μm AlGaInAs – In PDFB 激光器. 光电子.激光,18(6): 666 – 668(2007).

[8] 陆羽,王圩,朱洪亮,等. BIG 结构的可调谐分布布喇格反射激光器(英文). 半导体学报,24(9):903 – 906(2003).

[9] Kinoshita S, Sakaguchi T, Odagawa T, Iga K. GaAlAs/GaAs surface emitting laser with high reflective TiO$_2$/SiO$_2$ multilayer Bragg reflector. Japan. J. Appl. Phys. , vol. 26, pp. 410 – 415, (1987).

[10] Iga K, Koyama F, Kinoshita S. Surface Emitting Semiconductor Lasers. IEEE J. Quant. Electr. 24(9): 1845 – 1855 (1988).

[11] Jack L Jewell, J P Harbison, A Scherer, et al. Vertical – Cavity Surface – Emitting Lasers : Design,Growth, Fabrication, Characterization. IEEE J. Quant. Electr. 27(6): 1332 – 1346 (1991).

[12] Iga K, Koyama F, Kinashita S, IEEE J. Quant. Electr. , 24: 1845 – 1855 (1988).

[13] Krishnamoorthy A V, Goossen, K W, Chirovsky L M F, et al. 16 x 16 VCSEL array flip – chip bonded to CMOS VLSI circuit. Photonics Technology Letters, IEEE,12(8): 1073 – 1075(2000).

[14] Do – Won Kim, Tae – Woo Lee, Mu Hee Cho, Hyo – Hoon Park. High – efficiency and stable optical trans-mitterusing VCSEL – direct – bonded connector foroptical interconnection. Opt Express 15 (24): 15767 – 15775 (2007).

[15] Ye Zhou, Michael C Huang, Connie J Chang – Hasnain. Tunable VCSEL with ultra – thin high contrast grat-ing for high – speed tuning. Opt Express 16 (18): 14221 – 14226 (2008).

[16] C Carlsson, C Angulo Barrios, E R Messmer, A Lövqvist, J Halonen, J Vukusic, M Ghisoni, S Lourdudoss, A Larsson. IEEE J. Quant. Electr. 37:945 (2001).

[17] Numai T, Sugimoto M, I Kosaka, et al. Jpn. J. Appl. Phys. 30, L602 – L604(1991).

[18] Jose Estaran, Roberto Rodes, Tien Thang Pham, Markus Ortsiefer, Christian Neumeyr, Jürgen Rosskopf, Idelfonso Tafur Monroy. Quad 14 Gbps L – band VCSEL – based system for WDM migration of 4 – lanes 56 Gbps optical data links. Opt Express 20 (27): 28524 – 28531 (2012).

[19] Christopher Chase, Yi Rao, Werner Hofmann, Connie J. Chang – Hasnain. 1550nm high contrast grating VC-SEL. Opt Express 18 (15): 15461 – 15466 (2010).

[20] Kevin Schires, Rihab Al Seyab, Antonio Hurtado, Ville – Markus Korpijärvi, Mircea Guina, Ian D Henning, Michael J Adams. Optically – pumped dilute nitride spin – VCSEL. Opt Express 20 (4): 3550 – 3555 (2012).

[21] Gierl C, Gruendl T, Debernardi P, et al. Surface micromachined tunable 1.55 μm – VCSEL with 102nm continuous single – mode tuning. Opt Express 19 (18): 17336 – 17343 (2011).

[22] 彭英才, 傅广生. 纳米光电子器件. 北京: 科学书版社, 2010, 07.

[23] andro Perrone, Ramon Vilaseca, Cristina Masoller. Stochastic logic gate that exploits noise and polarization bistability in an optically injected VCSEL. Opt Express 20 (20): 22692 – 22699 (2012).

[24] Jun Sakaguchi, Takeo Katayama, Hitoshi Kawaguchi. All – optical memory operation of 980 – nm polarization bistable VCSEL for 20 – Gb/s PRBS RZ and 40 – Gb/s NRZ data signals. Opt Express 18 (12): 12362 – 12370 (2010).

第4章　微光学与衍射光学元件

4.1　引　言

随着近代光学和光电子技术的迅速发展,光电子元件也发生了巨大的变化,光学元件已经不只是折射透镜、棱镜和反射镜,诸如微透镜阵列、全息透镜、衍射元件等新型光学元件应用在各种光电子仪器中,使光电子仪器及其零部件更加小型化、阵列化和集成化。微光学是光学、微电子学和微机械学技术相互渗透、相互交叉而形成的一门新的学科。二元光学是微光学中的一个重要分支,微光学的发展的两个主要分支是:①基于折射原理的梯度折射率光学;②基于衍射原理的二元光学。微光学元件是借助于微米和纳米等现代技术加工而成,利用微光学技术可以加工任意面形光学结构[1]。

迄今为止,几乎所有的光学信息处理系统都基于光的衍射和干涉而获得最终的计算处理结果,在模拟光计算系统和数字光计算系统中也不例外。本章将介绍衍射光学元件(DOEs),包括近来被称作是二元光学元件的微光学器件[1-6,13-17]。

1980年人们第一次提出并实现了单片集成微透镜阵列。平面微透镜(PML)就是这种微透镜阵列概念的结果,它是基于 Oikawa 等人证实的平面技术理念,而 Iga 等人在1982年提出了层叠式平面光学(stacked planar optics)的概念,各元件之间的光耦合其实包含了衍射问题,这是由于光源发出的光,通过衍射而变宽,如果将元件应用在光路中则需要有光互连,透镜传递系统是构建实用光路的一种近似方法[2]。

层叠式平面光学(图4.1所示)属于阵列透镜传递系统,该系统是由二元光学元件组成的,包括平面微透镜、滤光器、平面镜,这些光学元件通过前后叠加,实现了二维光学阵列,例如光学栓、光学支、定向耦合器,在光通信系统中还需要波分复用器和信号分离器[1]。

衍射光学已经被广泛用于其他方面,如镜头设计、传感器、通信系统组件等。我们这里讨论的是用于数字光计算的衍射光学元件。衍射光学元件已经被用于诸如场阵列生成、并行互连、微型光学元件集成等方面。我们将在介绍衍射光学元件的制备和理论之后对这些应用做详细的说明。我们以衍射光学领域的简要概述开始该引言,这一概述的目的是给读者提供一些背景知识,同时界定一些我们将要使用的术语。这种界定是有必要的,因为在衍射光学领域很多方面存在不明确或使用上的不一致。

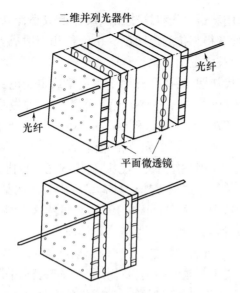

图 4.1 层叠式平面光学(SPO)

我们首先简单区分一下模拟衍射光学元件和数字衍射光学元件。模拟衍射元件要使用两个或两个以上光学波前干涉进行制造,该干涉图样被感光材料如卤化银薄膜或重铬酸盐明胶记录下来。这些全息光学元件(HOEs),根据其物理特性可进一步分类。例如,可以根据记录层的厚度是否达到光波长量级来区分"薄"或"厚"全息。很多学者都对全息光学元件的物理应用做了描述[7-10]。

数字衍射光学元件不是通过模拟记录技术而是计算机生成掩膜版的方法制造的。掩膜版由常规绘图仪或电子束刻蚀因而能够获得非常高的分辨率。数字衍射光学包括计算机生成全息(CGHs)、位相衍射成像和二元光学。我们很难找出这些部分之间的差异,因为这些差异在应用中产生,而元件的发展使得各部分之间的区别变得很模糊。

随着在 20 世纪 60 年代数字计算机和绘图仪开始使用,Lohmann 发明了计算机生成全息图。计算机生成全息图由一系列的二进制传输值(幅度或相位)组成。常规 Lohmann 型计算机生成全息是基于空间载体上的,这也就意味着全息图在经过第一次衍射之后被重构。胞状结构用来对波前的的振幅和相位进行编码。相位编码根据脉冲的空间位置利用"相位偏离"的原则间接编码。有一些著作对 CGHs 作了一些概述,例如 W. H. Lee(1978)和 Bryngdahl 以及 Wyrowski(1990),可参见本节末尾提供的两本参考书,还有最新的中文翻译版本。CGHs 在模拟信号处理中的应用包括匹配滤波和 OTF(光学传递函数)等方面[11-16]。

位相衍射成像做为一种工作时不需要空间载体的计算机生成光学元件在 Lesem、Hirsh 和 Jordan(1969)的著作中都有提到,之后得到了迅速发展[17-20]。这是一个包含有很多(理想情况下为无限)相位值的纯相位元件。早期位相衍射成像通过作多灰度摄像图获得。先将这些图从尺寸上减小，然后再将这些减小后的图膜片进行漂白，以便获得相位的透明度。由于位相衍射成像的使用远远赶不上计算机生成全息，所以技术上前者也没有后者成熟。

在 20 世纪 70 年代初期，最初开发用于制造集成电子电路的平版印刷制造技术被用在 DOEs 制造中来[21-28]。达曼是第一个提出这种做法的人并用在电子束溅射光栅(Dammann,1970;Dammann 和 Gortler,1971)的制造中。通过在基板上进行表面刻蚀可以将这些光栅变成二元位相光栅，目前在很多领域得到了大量应用。在 20 世纪 80 年代，DOEs 因在红外光学领域与传统光学相比有着不可比拟的优势因而获得越来越多的关注。这项工作中具有里程碑意义的是 Veldkamp 和他的同事们创造了二元光学这个术语(Swanson,1989)。虽然这个词有可能会误导人们对物理结构的过分关注，但它还是被广为接受。如前所述，另一个经常被用来指"二元光学"的词是衍射光学元件，虽然对于任何衍射结构来说这个词会更好，但是为了对本章内容有一个提纲挈领的归纳，我们用 DOE 来表示平版数字衍射元件。

最近，二元光学也成为一种实现微光学元件的方法，如微型透镜或透镜阵列，在光互连系统中得到重要应用的微闪耀光栅等。在光计算中，已经提到达曼光栅被广泛用于数字光计算机或交换系统中的调制器阵列。另一个 DOEs 运用的实例是使用衍射透镜和光栅阵列来实现空间光互连。对 DOEs 感兴趣的第二个原因是希望找到更好封装自由空间光学系统的方法。一种基于集成电路制造技术的方法——平面光学由此产生，小型化、无需校准是该自由空间光学系统的特征。DOEs 也正是能够提供真正的平面光学元件的技术和器件，使得光机集成成为可能，并因此成为未来光计算机能否实现的基础。

这一章中，我们将分析微光学理论，讨论微光学元件的加工、应用和最新进展。由于篇幅所限，更多的基础知识和 DOEs 的设计制备技术参见以下两本较为经典的书：

(1) Victor A. Soifer, "Methods for Computer Design of Diffractive Optical Elements. john Wiley&Sons",2001;

(2) V. A. Belyakov, "Diffractivion Optics of Complex - Structured Periodic Media", Springer - Verlag,1992。

4.2　微光学元件设计

4.2.1　几何光学设计

20 世纪 80 年代，美国的 Veldkamp 研究组率先提出了"二元光学"的概念，"现在光学有一个分支，它几乎完全不同于传统的制作方式，这就是衍射光学，其光学元件的表面带有浮雕结构，由于使用了制作集成电路的生产方式，所用掩膜是二

90

元,且掩膜用二元编码形式进行分层,故引出了二元光学的概念。"随后,二元光学元(器)件在实现光波变换上所具有的功能,促使光学系统实现了微型化、阵列化和集成化,开辟了光学领域新的视野[3]。

在多数应用中,二元光学的设计原理是可以采用光线追迹与经典的透镜设计相结合的方法,通过对透镜系统进行光线追迹,可以确定光的传播路径,只是对衍射光学元件要考虑衍射效应。光学设计大致可以分成两种情况:宽频和单色。在宽频情况下,为了减少光学系统的色差,可将光学结构设计成非球面的;在单色情况中,二元光学元件则起着替换折射光学元件的作用[4]。

二元光学元件源于全息元件,特别是计算全息元件,相息图是早期的二元光学元件。在光学系统的设计中,二元光学元件具体以下优势:

(1)减少了光学系统的体积和重量。

(2)增大了光学元件加工材料的选择性。二元光学元件是将二元浮雕面形移至玻璃或电介质或金属基底上,这样就实现了用材广泛的优势[3]。

(3)使光学设计具有了更多的自由度。在传统的光学元件设计中,校正像差只能通过改变曲面的曲率半径或使用不同材料实现,而在二元光学元件中,可通过其位置、槽宽、槽深及槽形结构的改变产生任意波面,从而实现光学设计的要求。

(4)可以得到任意外形的衍射元件。一般情况下,二元光学元件具有不同于常规光学元件的色散特性,可在折射光学系统中同时校正球差与色差,构成折/衍射混合光学系统。在混合光学系统的设计中,通常是常规折射元件实现光学系统的聚焦功能,二元光学元件的表面浮雕相位分布结构来校正像差。

(5)高衍射效率。二元光学元件是一个纯相位衍射光学元件,可制作成多相位阶数的浮雕结构,一般使用 N 块模板可得到 $L(L=2^N)$ 个相位阶数,其衍射效率为

$$\eta = \left(\frac{\sin(\pi/L)}{\pi/L}\right)^2 \qquad (4-1)$$

对于有8个相位级的衍射光学元件,衍射效率几乎是95%。

二元光学元件通常是纯相位光学元件,应用在光学系统中就会遇到两个完全不同的设计问题:①成像;②光束整形[4](图4.2)。在成像时,由物体发出的连续光波经衍射元件后转换成另一束连续的光波而形成物体的像,这时衍射元件的输入波和输出波是已知的,但能够使输入波最佳成像的衍射元件是未知的。在光束整形情况中,输入波照射在衍射光学元件表面上,光波经衍射元件表面的作用,在离开衍射元件适当距离处的平面处产生一定的光强分布,这时衍射元件的输出波是未知的[2]。

设点物 (x_o, y_o, z_o) 通过透镜成像在 (x_i, y_i, z_i) 处,已知入射光束的波长为 λ_0,则由透镜产生的相位是

$$\phi(x,y) = \frac{2\pi}{\lambda_0}\left[z_o\left(\sqrt{\left(\frac{x-x_o}{z_o}\right)^2 + \left(\frac{y-y_o}{z_o}\right)^2 + 1} - 1\right)\right.$$

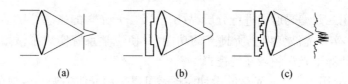

图 4.2　光束变换

(a) 高斯聚焦；(b) 确定分布；(c) 漫散射。

$$- z_i \left[\sqrt{ \left(\frac{x - x_i}{z_i} \right)^2 + \left(\frac{y - y_i}{z_i} \right)^2 + 1 } - 1 \right) \right] \qquad (4-2)$$

其中透镜的焦距由高斯公式得到

$$1/f_0 = 1/z_i - 1/z_o \qquad (4-3)$$

若让入射光入射到光栅上，入射光因此得到了一个相位分布，用方向余弦 $(\cos\alpha, \cos\beta)$ 表示为

$$\phi(x,y) = \frac{2\pi}{\lambda_0}(x\cos\alpha + y\cos\beta) \qquad (4-4)$$

将式(4-4)的相位分布分解成由光栅表面的球面形状产生的相位分布和由非球面产生的相位分布两项，即

$$\phi(x,y) = \phi_S(x,y) + \phi_A(x,y) \qquad (4-5)$$

式中，$\phi_S(x,y)$ 由公式(4-2)计算得出：

$$\phi_A(x,y) = \frac{2\pi}{\lambda_0} \sum_k \sum_l a_{kl} x^k y^l$$

对于同样的物像关系，如果将光栅换成二元光学元件，而二元光学元件的表面不一定是球面形状，则由球面形状产生的相位分布就是零，二元光学元件的相位分布全部由元件表面非球面形状产生。只要通过合理选取多项式系数 a_{kl}，就能实现相位分布的最佳匹配，使得整个光学系统的像差得到最佳校正。

例如，在单色光照明的成像光学系统中，单个衍射透镜将物点成像在像点处，如果入射光波的波长为 λ_0，那么，衍射透镜的相位分布和焦距分别由式(4-2)和式(4-3)计算得到。若将衍射透镜置于波长为 λ 的光束照射中，物点和像点的位置如图4.3所示，则像点的位置
可由下列公式计算得出

$$\frac{1}{l_i} = \frac{\lambda}{f_0 \lambda_0} + \frac{1}{l_o} \qquad (4-6)$$

利用高斯公式，得到

$$f(\lambda) = f_0 \frac{\lambda_0}{\lambda} \qquad (4-7)$$

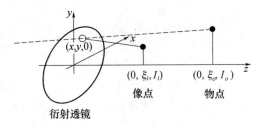

图 4.3　衍射透镜校正像差原理图

这种因物点的波长变化和物点位置移动而产生的衍射透镜的波像差 $W(x,y)$ 为

$$W(x,y) = \frac{1}{8}\Big[\Big(\frac{1}{l_i^3} - \frac{1}{l_o^3}\Big) - \frac{\lambda}{\lambda_0}\Big(\frac{1}{z_i^3} - \frac{1}{z_o^3}\Big)\Big](x^2 + y^2)^2 - \frac{1}{2l_i}\Big(\frac{1}{l_i^2} - \frac{1}{l_o^2}\Big)\xi_i y(x^2 + y^2)$$

$$+ \frac{3}{4l_i^2}\Big(\frac{1}{l_i} - \frac{1}{l_o}\Big)\xi_i^2 y^2 + \frac{1}{4l_i^2}\Big(\frac{1}{l_i} - \frac{1}{l_o}\Big)\xi_i^2 x^2 \qquad (4-8)$$

其中衍射透镜位于 (x,y)。式(4-8)中的第一项是球面像差,第二项是混合项,第三和第四项是切向和径向场曲。衍射透镜的应用,增大了设计自由度,使得系统的像面位置与光学元件表面的形状可以自由选择[4]。

　　微光学是光学、微电子学和微机械技术相互渗透、相互交叉而形成的新的学科,微光学元件是借助于微米和纳米等现代技术加工而成,微纳米光电子学的发展,使得微光学元(器)件的光学特性与传统意义上的光学元(器)件有着本质的不同。

　　二元光学技术特别适合应用在微光学或微光学阵列中,这是因为二元光学技术具有以下特性。

　　(1)一致性和相干性。按照平面光学的概念,平面微透镜是通过平面技术制得的,其中,有选择地向平面基底扩散掺杂物质,在玻璃基底上沉积一层金属掩膜,以阻止离子扩散。用光刻技术在金属掩膜上开一些小窗口,可得到微透镜阵列的精密排列。将掩膜过的基底浸泡在熔融的盐中,直到在掩膜窗口的附近形成适当的折射率分布。熔融的盐中的离子将穿过掩膜窗口扩散进入玻璃基底。扩散的离子在基底中产生更高的折射率和局部膨胀,最后将产生透镜的效应,如图4.4所示[1]。

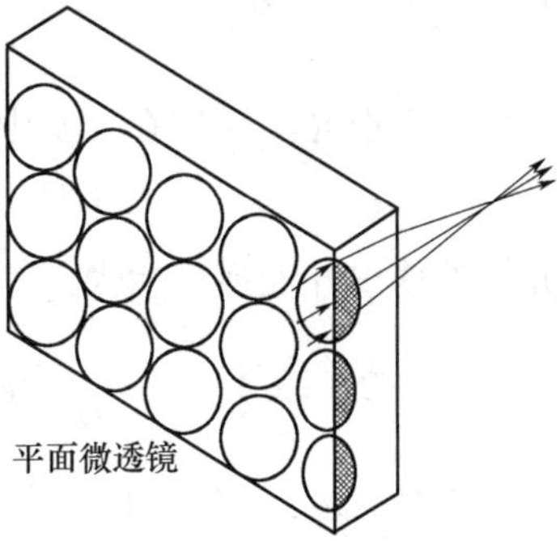

　　(2)折射特性。衍射光学元件有多级浮雕(二元光学)或连续微型浮雕,其特征尺寸从亚微米到毫米级范围,这就超过了传统光学元件补偿能力。衍射光学元件可以是由波带片组成的平面元件,它是通过折射率或表面浮雕的调制来影响入射波,使得不同波带的光相互干涉并形成所需要的波前[2]。

图 4.4　微透镜调节光束

　　例如,一个已校正像差、半径为 R_0 的透镜

平面微透镜

（图4.5），其厚度表示为[4]

$$t_{\max} = \frac{n\left[\sqrt{R_0^2 + z_0^2} - z_0\right]}{n - 1} \qquad (4-9)$$

（3）相位分布任意。这是因为设计非球面
的衍射透镜和设计球面的衍射透镜一样方便。

（4）100%的填充因子。衍射光学元件能
使填充因子得到百分之百的利用。

（5）空间并行。衍射元件应用在衍射光学
元件阵列中时，每单个衍射元件的作用是不同
的，但衍射光学元件阵列实现的光学效果是巨
大的。

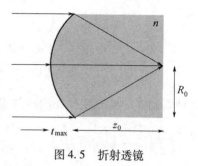

图4.5　折射透镜

4.2.2　设计的标量分析

基于标量衍射理论的衍射光学元件的设
计，是直接就波面的相位进行计算。通常，入射光束是相干光，衍射光学元件阵列
的各元素对入射光的作用不外乎是有利的或不利的，于是，可以有选择地将衍射光
学元件应用在光束整形中。

在标量衍射理论中，具有相位调制的二元光学元件可以表示为

$$c(x,y) = \exp[j\phi(x,y)] \qquad (4-10)$$

入射光的波面经过二元光学元件后，变成了新的波面，用标量衍射理论中的傅里叶
变换来表示。例如，衍射元件是一维线光栅，用傅里叶变换表示为

$$C_m = \frac{1}{D}\int_0^D c(x)\exp(-j2\pi mx/D)\,\mathrm{d}x \qquad (4-11)$$

$$c(x) = \sum_{m=-\infty}^{\infty} C_m\exp(j2\pi mx/D) \qquad (4-12)$$

线光栅的第 m 级衍射效率为

$$\eta_m = |C_m|^2 \qquad (4-13)$$

由于衍射光学元件在加工中是平面的，因此一维线光栅在空间位置表示为

$$c(x) = c_i \quad (0 < i < I,\ x_i < x < x_{i+1},\ x_0 = 0,\ x_I = D)$$

线光栅的傅里叶变换表示为

$$C_m = \sum_{i=0}^{I-1} c_i \frac{x_{i+1} - x_i}{D}\exp\left(-j2\pi m\frac{x_{i+1} + x_i}{2D}\right)\mathrm{sinc}\left(m\frac{x_{i+1} - x_i}{D}\right) \qquad (4-14)$$

将 $x_i = jD/I$ 代入式（4-14）中得

$$C_m = \exp(-j2\pi m/I)\mathrm{sinc}(m/I)\left[\frac{1}{I}\sum_{i=0}^{I-1} c_i\exp(-j2\pi mi/I)\right] \qquad (4-15)$$

94

如果存在相位分布 ϕ_0，且满足 $c_i = \exp(ji\phi_0)$，则式(4 – 15)可以表示为

$$C_m = \exp\{j\pi[(I-1)\alpha - m/I]\} \operatorname{sinc}(m/I) \frac{\sin(I\pi\alpha)}{I\sin(\pi\alpha)} \qquad (4-16)$$

其中，$\alpha = \phi_0/2\pi - m/I$。

式(4 – 16)反映的是衍射光学元件如何逐步实现相位变换的。

平面光栅设计可分为连续型相位变化和二元相位分布，在连续型情况下，光栅可实现的是多光路稳定的相位分布，可以接收到稳定的光强分布和不变衍射效率；而二元相位分布的光栅在加工时更容易实现局部均匀的光强分布，即一定点阵数目的等光强光斑[4]。

4.2.3　设计的矢量分析

基于矢量衍射理论的二元光学设计，主要有两种方式：基于光栅形式的结构设计和基于人为折射率方式的设计，其基本思路都是通过二元设计，使其在结构上对光形成周期性衍射结构，即通过实际的光栅型结构或通过折射率的周期变化形成和光栅结构一致的效果。

基于光栅的设计方式主要是基于麦克斯韦方程组在周期性结构的介质中求解，其主要理论包括耦合波理论和模型理论，但这两种方式都较为复杂，因此为二元光学元件的设计带来了较大难度。基于人为折射率变化的设计方式能够解决上述难题，其基本思路是：若二元光学元(器)件结构尺寸小于光波长，选择不同结构形式，可以形成不同的平均折射率，再通过修改其结构参数，使得平均折射率随着结构参数变化而改变，从而实现对平均折射率进行调制。

例如，图 4.6(a)中选择合适的结构参数，可形成相应的折射率变化，使得二元衍射元件在光学系统中的作用相当于减反膜效果；图 4.6(b)中，亚波长结构的二元光学元件的光学能力相当于光学双折射现象。

对于偏振光而言，若电矢量垂直于二元光学元件结构纹路，则有效折射率可表示为

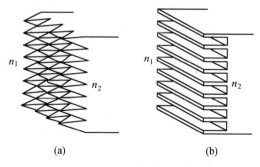

(a)　　　　　　　　(b)

图 4.6　人为折射率类型的设计示意图
(a)减反膜；(b)双折射。

$$\frac{1}{n_{\text{eff}}^2} = p\,\frac{1}{n_1^2} + (1-p)\,\frac{1}{n_2^2} \tag{4-17}$$

若电矢量平行于结构纹路,则有效折射率为

$$n_{\text{eff}}^2 = p n_1^2 + (1-p) n_2^2 \tag{4-18}$$

在这两种情况下,二元光学元件结构的周期都要明显小于光波长,也只有零级信号可以传输。

4.3　微光学元件的加工技术

平面阵列的衍射光学元件是引起光学系统设计发生革命性变化的核心元件,在平面或曲面基板内蚀刻成的微浮雕结构是这种二元光学元件的基础,将这些元件单独或组合后使用,可以对入射波前进行会聚、并行传输、成像等。

在二元光学元件设计阶段,根据设计要求,通过几何光学(光线追迹)计算、标量衍射理论(傅里叶变换)分析、电磁矢量理论论证,采用数学方法建立光学功能模型,经加工工艺得到二元光学元件成品[2]。二元光学元件加工方法承接了半导体成熟制造工艺的全部优点,但为了达到所需的光学要求,还必须提高工艺的每一个步骤,以获得具有特定平整度和粗糙度的表面。随着二元光学元件特征尺寸的减小、纵横比的增大,二元光学元件成功应用在微波波段、可见光和红外光谱区[5]。

如图4.7所示,由折射透镜加工成二元衍射透镜,就是将连续的相位函数转变成衍射相位分布,加工技术包括掩膜刻蚀、等离子刻蚀和双束光刻蚀等。

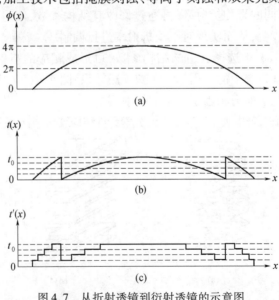

图4.7　从折射透镜到衍射透镜的示意图

(a)相位函数;(b)厚度函数;(c)二元相位分布。

96

4.3.1 离子交换制备技术

平面微透镜是基于离子交换技术的,将玻璃基底中的离子与其他离子交换。玻璃基底被浸泡在温度高达几百摄氏度的熔融盐中,如图4.8所示。像 $AgNO_3$、$TlNO_3$、KNO_3 等氮化物盐,被广泛用在离子交换过程中。普通玻璃是多种非晶相的氧化物的混合产物。在 SiO_2 的网状结构中,玻璃可以包含阳离子的氧化物。这些单价的氧化物在高温下被电离,从而这些离子可以进入玻璃网,并且可以和其他离子进行交换。表4.1总结了可以被交换的单价离子。

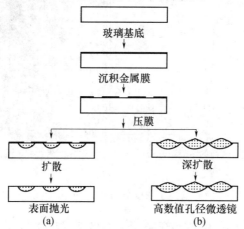

图 4.8　微透镜制备过程

(a) DI–PMI;(b) S–PMI。

表 4.1　单价阳离子的折射率贡献

离子	Li	Na	K	Rb	Cs	Tl
粒子半径	0.78	0.95	1.33	1.49	1.65	1.49
电极化率	0.03	0.41	1.33	1.98	3.34	5.20
比例(SiO_2 70% R_2O 30%)	1.53	1.50	1.51	1.50	1.50	1.83
注:来自 Kitano(1970 年)						

每个离子对玻璃折射率的增加都有贡献,折射率的增量与每个离子的电子极化率有关。例如,在用碱性的硼硅酸盐玻璃的离子交换过程中,它包含两种单价离子,分别记为 B 和 C,它们有相对小的电极化率和相对大的自扩散系数。为了提高折射率,用离子 A 来替换离子 B 和离子 C,离子 A 的电极化率相对来说比较大,原因是离子 A 的自扩散系数比 B 和 C 小得多。根据实验发现,离子 A 使玻璃的硬度更低,因此可以得出以下结论:离子交换过程中,扩散很大程度上决定于浓度。

图 4.9(a) 显示了由 X 射线微量分析仪(XMA)观测到的离子浓度分布图。将一块含有离子 B 和 C 的玻璃浸泡在含有离子 A 的熔融盐中。离子 A 扩散进入玻

璃基底,离子 B 和 C 扩散到熔融盐中。离子交换之后,将玻璃板切割成薄片,并且可以观察到其横截面。离子离表面的距离可以测量。用马赫—泽德干涉仪测量同样的样品,来观察折射率的分布。图 4.9(b)给出了测得的分布图。假设有一块厚度均匀的样品,干涉条纹的垂直移动代表了折射率分布的变化。折射率的变化与离子 A 的浓度完全成正比。

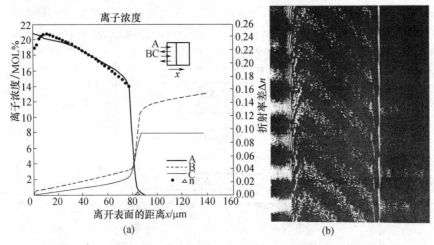

图 4.9 (a)由 XMA 测得的离子浓度分布图,(b)由干涉显微镜观测的折射率

扩散系数对浓度的高度依赖在制作平面微透镜中是极端重要的,因为它会导致光程差。对一个简单模型来说,可以认为扩散源是一个很小的点源,如果与扩散长度相比,扩散窗口足够小,那么窗口可以被当作一个半径为 r_m 的半球形扩散源。如果对浓度没有依赖关系,离子浓度由下面的式子给出:

$$N_A = N_0 \frac{r}{r_m} \text{erfc}\left(\frac{r - r_m}{2\sqrt{Dt}}\right) \tag{4-19}$$

其中,N_0 是扩散源处的离子浓度;t 是扩散时间;erfc 为互补误差函数。

此外,光线的曲率半径 r_k 由下面的梯度公式给出:

$$|r_k| = \text{gradlg}n(r) \tag{4-20}$$

其中,$n(r)$ 是介质的折射率。

因为折射率增量与离子浓度成正比,方程(4-19)的导数是单调递减的,并且曲率半径 $|r_k|$ 也随 r 而减小,这将产生较大的光程差,如图 4.10 所示。离光轴较远的入射光线,其弯曲程度要弱于离光轴较近的入射光[1]。

4.3.2 利用相位掩膜的模拟光刻蚀技术

在过去 10 年,光学和光子学领域发生了以晶片制造为基础的革命,以光刻技术及半导体、玻璃材料作基板的微光学元件的刻蚀技术正在影响着现代光学技术,

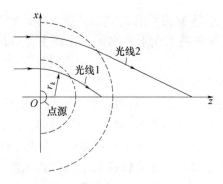

图 4.10 扩散与浓度有关时的光线轨迹

不断推出的新型光掩膜板,如灰度掩膜板、半色调掩膜板和二元相位掩膜板,正不断地应用在新型光学系统中。

相位掩膜技术如图 4.11 所示,光学步进器是一种图像缩小系统,将光掩膜板与聚光系统集成在一起,有固定的图像比和有限的数值孔径(NA),系统的数值孔径由步进器系统的光瞳孔径决定。若利用普通的二元振幅光栅掩膜板,则会出现几个衍射光斑:光瞳中心处是零级衍射产生的光斑,左右两侧对称分布着高级别衍射光斑。

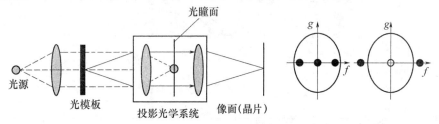

图 4.11 光刻器的光路图和衍射光斑

相邻衍射级的空间频率间隔为

$$\Delta f = 1/p \qquad (4-21)$$

其中,p 为晶片上的光栅周期。

在一定程度上,光学步进器实际上是一个相干成像系统,每级衍射光斑都是小圆斑,设小圆斑的半径为 σ,代表光源的局部相干因子,并定义聚光系统与成像系统 NA 之比值在 0~1 之间。为了能够从光瞳区消除正负一级和所有高级次衍射的截止频率,令

$$\Delta f = \mathrm{NA}(1 + \sigma)/\lambda \qquad (4-22)$$

则有

$$p_c = \frac{M\lambda}{\mathrm{NA}(1 + \sigma)} \qquad (4-23)$$

其中,M 为像的缩小系数,通常为 4 或 5,这就意味着晶片的像较小,对应掩膜目标的 1/4 或 1/5。如果已知掩膜平面上的实际截止频率,就可以在掩膜板上的步进器的 NA 缩小到原来的若干分之一,低于截止频率时只有均匀的零级光斑,该二元振幅光栅将不会在晶片上成像。

对于产生模拟振幅的灰度或半色调掩膜板,光瞳面上的傅里叶光谱应当有任意的模拟图形充满整个光瞳区而不是离散的衍射斑,且无法更改光瞳面处的频谱图。利用光瞳处的频率过滤效应是光学步进器的一个基本性质。

如果能够将零级衍射效率表示为掩膜板上的位置函数,就可以利用掩膜板发出的零级衍射光的频率过滤效应形成模拟光强度(图 4.12)。在这种情况下,若光栅的占空比(线宽与周期之比)为 0.5,那么就没有偶数衍射级光斑。设该相位光栅的振幅透过率为

$$c(x) = \left[2\text{rect}\left(\frac{x}{a}\right) - 1 \right] * \frac{1}{p}\text{comb}\left(\frac{x}{p}\right) \tag{4-24}$$

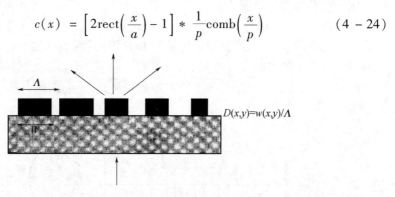

图 4.12　二元相位光栅掩膜板

作傅里叶变换即得到远场衍射图样:

$$C(f) = \left[\frac{2a}{p}\text{sinc}(af) - \delta(f) \right]\text{comb}(pf) \tag{4-25}$$

为了使用光掩膜板形成模拟抗蚀剂轮廓,从掩膜板出射的光强度分布曲线应当是连续的。如图 4.13 所示,利用半色调掩膜板形成模拟光振幅就满足出射光强度是连续分布的,半色调掩膜板使用了亚分辨率不透明像素,像素边缘会出现散射光,影响像面光强度值[5]。

4.3.3　电子束纳米光刻制造技术

现代光学工程已经利用最新的制造技术和各种新材料制造出微光学元件,类似衍射和折射微光学元件、微反射镜、集成波导、近红外光学元件及微棱镜已经应用在不同的技术领域。电子束光刻系统广泛用于制造光刻掩膜板和纳米级科学研究中,电子束光刻技术可以在各种基板材料上刻写纳米级特征尺寸,是实现纳米科学工程研究目的的有利工具,几乎各学科领域都期待确定的可重复的方式将精细

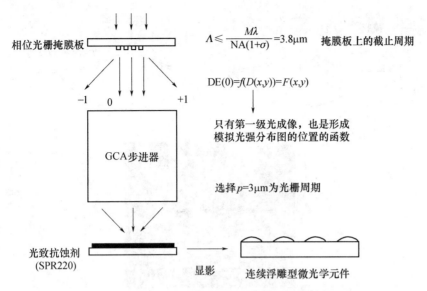

图 4.13　使用相位光栅对模拟光致抗蚀剂的刻蚀

结构图印成形。为了正确地将结构图形印在电子束抗蚀剂上,对刻蚀剂的光阻值、类型、厚度、图形"偏差"均要给出明确的数值,并在加工过程中随时调整,才能保证得到的图形是正确的。若电子束纳米光刻技术应用于光学元件制造,则可以加工出奇异的光学组件和微型光学系统。

普通的电子束光刻术是高聚焦电子束对电子敏感抗蚀剂表面的确定性扫描。电子束光刻术可以使用各种正性和负性抗蚀剂。电子束光刻系统一般要借助激光干涉台,以便在不同工作视场曝光时使样品运动,然后利用计算机系统控制偏转线圈,从而实现图形刻写和遮挡板控制,使入射到特定方位的电子曝光量得到调制。

当今,电子束光刻系统的束斑直径已经达到纳米级水平,但抗蚀剂的极限分辨率限制了抗蚀剂的研究,而抗蚀剂的分子尺寸直接影响衍射光学元件的尺寸[5]。

4.4　平面微透镜阵列及其应用

4.4.1　膨胀结构的平面微透镜

在如图 4.14 所示的采用离子交换制备技术实现微透镜阵列的两种微透镜阵列中,S－PML 将为高数值孔径光学器件之间的耦合阵列提供一种新的可能,因为当我们只利用折射率分布时,数值孔径是受限的。通过离子交换技术导致的局部膨胀,利用了离子半径的差异。

目前可以实现的微透镜直径从 $5\mu m$ 到 $200\mu m$ 不等。假定透镜效应主要是由膨胀表面产生的,设主平面在膨胀表面的顶点处,PML 的数字孔径可以由下式计算得到:

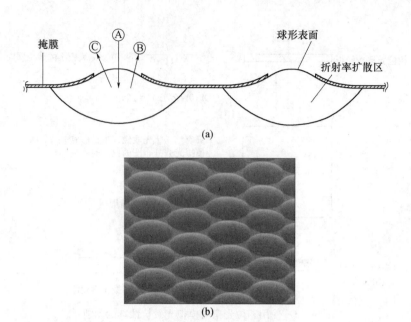

图 4.14　膨胀结构的微透镜

(a) 由离子交换导致的膨胀;(b) LEISTER Microsystems 的一种微透镜阵列。

$$NA = \sin\left[\arctan(a/F_b)\right] \qquad (4-26)$$

但是,值得注意的是,当微透镜的直径在 $5\mu m$ 左右甚至更小时,且焦距足够小的情况下,仅仅利用几何光学的分析方法已经远远不够,而是应该利用适量衍射理论等进行分析,如此才能获得透镜的近场分布特性,这对于微透镜在光计算集成系统中的应用是非常必要的。

4.4.2　微透镜阵列应用

由于平面阵列光源和探测器的日渐广泛应用,微透镜阵列可应用于光学信息处理系统、光通信系统、成像系统、光学存储、激光器耦合、半导体工艺等多个领域和方向,在这些应用系统中,微透镜阵列主要起到准直、聚焦等作用(图 4.15)。

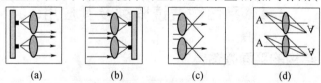

图 4.15　微透镜阵列的功能

(a) 准直;(b) 聚焦;(c) 散射;(d) 成像。

采用微透镜阵列实现准直、成像和聚焦的效果(图 4.16),其中图 4.16(a)为微透镜阵列对激光器阵列进行光束准直;图(b)为 16×16 像素阵列的局部缩小效果,单像素尺寸为 $30\mu m$,阵列为 $0.9 \times 0.8mm$;图(c)为将所有像素聚焦于直径为 $200\mu m$ 的点。

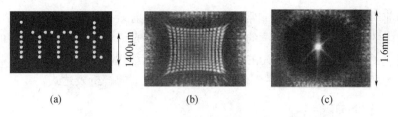

图 4.16　微透镜阵列应用效果

图 4.18 所示为用微透镜阵列实现智能膜模的情况。图 4.17(a)为传统的产生点矩阵的掩膜,入射的紫外光被铬层挡住,光强效率较低;而采用图 4.17(b)所示的微透镜阵列的新型智能掩膜技术,光强的利用率大幅提高。

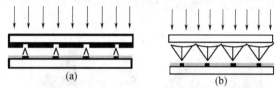

图 4.17　微透镜阵列在智能掩膜中的应用

此外,微透镜阵列还大量应用于照相平版术中,如图 4.18 所示。

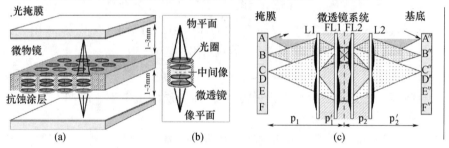

图 4.18　微透镜阵列在照相平版术中的应用

当然,微透镜阵列在光计算系统构建中的应用才是最主要的。在光学信息处理和光计算系统的小型化过程中,除了芯片内部的光互连外,系统各部件之间只要涉及到对光束进行调整,就势必需要微透镜阵列。尤其在基于平面光学元件的自由空间光互连系统中,微透镜阵列的使用将是必需的。

4.5　衍射光学元件的理论基础

以下将衍射光学元件简称为 DOEs。以下介绍的一个 DOEs 的理论模型,对于二元光学元件部分同样适用,该理论基于标量衍射理论,因此不可避免地有一些局限。然而对于许多情况,使用标量衍射理论模型足以从衍射效率和制造误差来描述一个 DOEs 的性能。

如前所述,DOEs 的一个非常重要的参数是衍射效率。光经衍射光学元件后具有有限的相位台阶和不连续的相位面,这会导致光衍射到较高的不需要的级次,因此造成了效率的损失。从光的相位面计算理论衍射效率是可能的。对闪耀线性相位光栅和衍射透镜来说,甚至有可能获得衍射效率的解析表达式。

4.5.1 线性闪耀光栅

设计闪耀光栅的目的是优化进入某一衍射级次(通常是第一个衍射级次)的光量,闪耀光栅的一个比较典型的应用是分光计。对于光互连和光计算,闪耀光栅与高效光束偏转镜同样有用。图 4.19 显示了一般情况下具有有限数量的相位台阶 L 和周期 p 的闪耀线性光栅的情况[1]。

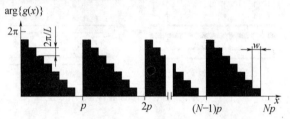

图 4.19　具有 L 台阶和 p 周期的线性闪耀光栅

如前所述,假设特征宽度 p/L 足够大因而适用标量衍射理论。当入射光以波长 λ 照亮平面光栅时,衍射角度 α_m 由下式给出:

$$\sin(\alpha_m) = m(\lambda/n)/p \qquad (4-27)$$

其中,m 指某一特定的衍射级次;n 是光束传播介质的折射率。除非有特别说明,假设 $n=1$,即光在空气中传播。

不同衍射级次的强度可以通过将光栅的复振幅进行傅里叶展开来计算。定义 $g(x)$ 为光栅的复振幅,由于其具有周期性,$g(x)$ 可以展成傅里叶级数。如果假设光栅为无限长,则有

$$g(x) = \sum_{m=-\infty}^{\infty} A_m \exp(2\pi i m x/p) \qquad (4-28)$$

其中,傅里叶系数 A_m 是各个衍射级次的振幅,可以由下式计算:

$$A_m = \frac{1}{p} \int_0^p g(x) \exp(-2\pi i m x/p) \, dx \qquad (4-29)$$

下面,将光栅的周期标准化,取 $p=1$,根据 Parseval 定理,可以得出总和强度等于1,即

$$\sum_{m=-\infty}^{\infty} I_m = 1 \qquad (4-30)$$

当 $p=1$ 时,光栅可以由以下式子表示:

104

$$g(x) = \sum_{k=-\infty}^{\infty} \exp(-2\pi ik/L) \operatorname{rect}\left(\frac{x - k/L - 1/2L}{1/L}\right) \qquad (4-31)$$

利用式(4-29),第 m 级的振幅计算如下:

$$A_m = \int_0^1 \sum_{k=0}^{L-1} \exp(-2\pi ik/L) \operatorname{rect}\left[\frac{x - k/L - 1/2L}{1/L}\right] \exp(-i2\pi mx)\,dx$$

$$= \exp\left(\frac{i\pi m}{L}\right) \operatorname{sinc}\left(\frac{m}{L}\right) \frac{1}{L} \sum_{k=0}^{L-1} \exp\left[i2\pi \frac{k(n+1)}{L}\right] \qquad (4-32)$$

除 $n+1$ 外,等式(4-32)右侧是零。

$$\sum_{k=0}^{L-1} \exp\left[i2\pi \frac{k(n+1)}{L}\right] = \begin{cases} L, & n = jL-1, \quad j \text{ 为整数} \\ 0, & \text{其他} \end{cases} \qquad (4-33)$$

图 4.20(a)给出了 $L=2,4,8$ 的三相位光栅的衍射光谱。对于 $L=4,8$,相位面如图 4.19 所示。注意,只有第 L 个衍射秩序非零,而随着相位台阶的增多,-1 级

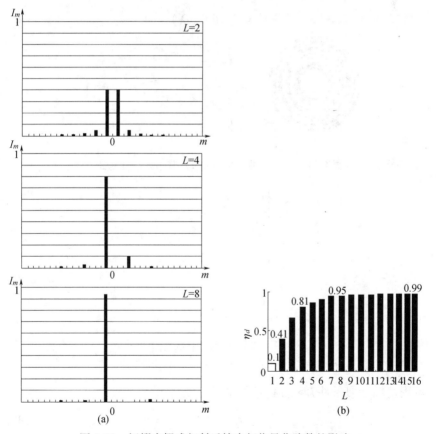

图 4.20 闪耀光栅或衍射透镜中相位量化阶数的影响

(a) L 个相位台阶衍射光栅的光谱;(b) 衍射效率与光栅阶数 L 的关系。

衍射级次的光强度也在增加。此时衍射效率 η_d 与 -1 级衍射级次的光强度相等：

$$\eta_d = I_{-1} = \mathrm{sinc}^2(1/L) = \left[\frac{\sin(\pi/L)}{\pi/L}\right]^2 \tag{4 - 34}$$

图 4.20(b)显示 η_d 与相位台阶数目的关系，对于小的 L 值，其效率的增长十分迅速；而对于 $L>8$，曲线缓慢增长接近于 1。

4.5.2 衍射透镜

衍射透镜的菲涅尔区近场衍射图样如图 4.21 所示。就像一个二元线性衍射光栅，二元 FZP 生成多个衍射级次，这些衍射级次是聚合或发散的球面波。为了获得高衍射效率，透镜以多相位台阶作为结构，大致与菲涅耳透镜(图 4.22)相当。镜头焦距取决于台阶区域的长度。光路长度差异是波长的倍数。对于第 j 区，有

$$r_j^2 + f^2 = (f + j\lambda)^2 \tag{4 - 35}$$

又有

$$r_j^2 = 2j\lambda f + (j\lambda)^2 \tag{4 - 36}$$

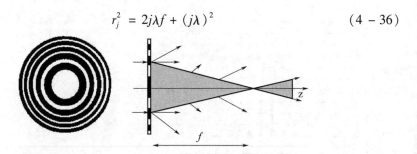

图 4.21　Fresnel 波带板(FZP)及其衍射(f 是焦距)

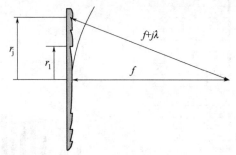

图 4.22　衍射透镜的构造

f—焦距；r_1—中心环带的半径；r_j—第 j 个环带的半径。

运用傍轴近似条件 $f \gg j_{\max}\lambda$，环的半径可以写为

$$r_j^2 = 2j\lambda f \tag{4 - 37}$$

这就是大家所熟知的 FZP 情况，r^2 是它的周期。当 $j=1$ 时，可以得出众所周知的衍射透镜的焦距公式

$$f = \frac{r_p^2}{2\lambda} \qquad (4-38)$$

在这种情况下,透镜的复传输振幅可以被描述为

$$g(x,y) = g(x^2 + y^2) = g(r^2) = \sum_{m=-\infty}^{\infty} A_j \exp(\mathrm{i}2\pi m r^2/r_p^2) \qquad (4-39)$$

对于线性光栅来说,傅里叶系数 A_m 表示衍射级次的振幅。

在距离透镜后 z 处的复波场 $u(r,\phi;z)$ 可以用透镜透射复振幅 $g(r^2)$ 的菲涅耳变换表示。对于圆对称的物体来说,可以贝塞尔变换函数 $f(r) = g(r^2)\exp[(\mathrm{i}\pi/\lambda z)r^2]$ 表示:

$$u(r,\phi;z) = \exp\left(\mathrm{i}2\pi \frac{z^2 + r^2}{\lambda z}\right)2\pi \int_0^R J_0(2\pi r r'/\lambda z)f(r')r'\mathrm{d}r' \qquad (4-40)$$

其中,R 为透镜的半径。将式(4-38)代入这一表达式,获得的一个对于焦平面 $z_f = r_p^2/2\lambda$:

$$u(r_f,\phi;z_f) = A_{-1}\exp\left(\mathrm{i}2\pi \frac{z_f^2 + r_f^2}{\lambda z_f}\right)2\pi R^2 \frac{J_1[2\pi(r_f R/\lambda z_f)]}{2\pi(r_f R/\lambda z_f)} + \sum_{m\neq -1} A_m u_m(r_f)$$

$$(4-41)$$

式(4-41)中第一部分的总和描述了 -1 级衍射所形成的焦斑,其振幅因子恒等于 $A_{-1}2\pi R^2$。因子 A_{-1} 决定了衍射效率;$2\pi R^2$ 表示透镜的面积。除了二次相位因子外,焦平面的场分布是一个艾里斑,J_1 是第一级衍射的贝塞尔函数。较高的级次($m \neq -1$)形成较弱的背景照明,它的强度一般要比焦点峰值强度低得多。

前面所描述衍射透镜的结论对透镜的小孔径和非均匀(如高斯)照明可能不正确,众所周知,在这种情况下,焦点可能随着菲涅耳数的变化而移动。菲涅耳数定义为 $R^2/\lambda f$,相当于前面方程提出的衍射透镜环带数量的 2 倍。焦距为 $f = r_p^2/2\lambda$,半径 R 可写为 $R = \sqrt{N}r_p$,因此衍射透镜中环带的数目为

$$N = R^2/2\lambda f \qquad (4-42)$$

现在要获得两个有用方程。首先,要得出为制造透镜所需的最小特征尺寸 w 与 f 数($f/\#$)和相位台阶数 L 的关系。第 N 个环形区域的宽度是($\sqrt{N} - \sqrt{N-1}$)r_p,对于一个具有 L 个相位台阶的结构,一个环形区域分为 L 步,因此最小特征尺寸为 $w = (\sqrt{N} - \sqrt{N-1})r_p/L$,展开后去掉高阶项,则表达成为 $w = r_p/(2L\sqrt{N})$。将 $f/\# = f/D = (r_p^2/2\lambda)/(2\sqrt{N}r_p) = r_p/(4\sqrt{N}\lambda)$ 代入,则

$$w = 2\lambda(f/\#)/L \qquad (4-43)$$

例如,一个透镜与 $f/\# = 4$,$L = 8$,波长为 $1\mu m$,则最小特征宽度为 $w = 1\mu m$,这个宽度很容易用传统光刻技术实现。

最后,简单讨论一下衍射透镜的波长依赖性并折射率透镜相比较。焦距以

$f_d = r_p^2/2\lambda$ 表示，则可以得到

$$\frac{\partial f_d}{\partial \lambda} = -\frac{f_d}{\lambda} \qquad (4-44)$$

对于平凸折射透镜，焦距表示为 $f_r = r_c/(n-1)$，其中 r 是曲率半径，n 是折射率。又因为 $n(\lambda) \approx n(\lambda_0) + (\partial n/\partial \lambda)_0(\lambda - \lambda_0)$，则有

$$\frac{\partial f_r}{\partial \lambda} = -\frac{(\partial n/\partial \lambda)}{n_0 - 1}f_r \qquad (4-45)$$

要确定衍射和折射率透镜的差值，假设 $\lambda_0 = 1\mu m$，两个透镜都是由石英制成。在这种情况下，$n = 1.45$ 和 $(\partial n/\partial \lambda)_0 = -0.0128\mu m^{-1}$。因为 $f_d = f_r$，所以 $(\partial f/\partial \lambda)_d/(\partial f/\partial \lambda)_r = -35.2$。波长色散衍射和折射率透镜中完全相反，对衍射透镜来说波长散射相当大。这使得可以在混合衍射—折射元件中使用衍射光学元件来弥补折射率透镜的色差。

4.5.3　衍射效率

DOE 的一个重要的参数是衍射效率，衍射效率的定义是物体(衍射阵列或达曼光栅)的衍射光强度与未经衍射之前总光强度的比值。然而，衍射效率并不是光学系统的全部，同时也要考虑其他的损耗。出于这个原因，要区分衍射效率和发光效率。衍射效率仅描述由衍射造成的损失，而发光效率不仅包括衍射损失，还包括 DOE 的反射、吸收和散射造成的损失。

这样定义衍射效率之后，它的取值范围介于 0 ~1。例如，考虑的衍射光栅只有三个级次的情况下，即 0 级和 ±1 级(图 4.23)，其中 I_1、I_0、I_{-1} 分别代表 +1 级、0 级、-1 级的光强，第一级的衍射效率可以表示为

$$\eta_d = I_1/(I_1 + I_0 + I_{-1}) \qquad (4-46)$$

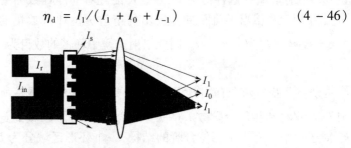

图 4.23　衍射效率的定义

光强损失是因为基板表面的反射和散射的发生。入射光强度为 I_{in}，假设基底没有吸收，可以以 $\eta = \eta_d\eta_s$ 来表示发表效率，其中

$$\eta_s = 1 - (I_s + I_r)/I_{in} \qquad (4-47)$$

其中，I_s 和 I_r 分别表示散射光强度和反射光强度。

η_d 的值可以从相位表面计算得到，对于特征尺寸比光波长大的光栅，衍射效

108

率的解析表达式可以用标量衍射理论来获得。对于几个光波长那么大的小尺寸 DOEs 来说，使用标量衍射理论可能导致错误的结果。在这种情况下，就要使用基于电磁理论的严格的衍射理论。

4.6 二元光学元件

4.6.1 二元光学元件的设计

二元光学元件的设计理论通常归结为两大类，即标量衍射理论和矢量衍射理论。当二元光学元件上的精细结构的特征尺寸可以与光波长相比较时，标量衍射理论就不适用了。此时光波的偏振性质和不同偏振光之间的相互作用对光波的衍射结果起重要作用，必须严格求解麦克斯韦方程组和适当的边界条件来进行二元光学元件的设计。相关的一系列理论已经提出，但很复杂（如耦合波、时域有限差分等）。当衍射结构的横向空间特征尺寸大于光波波长时，光波的偏振特性就不那么重要了，传统的标量衍射理论就可以用来解决二元光学元件的设计问题。计算全息就是利用光的标量衍射理论和傅里叶光学进行分析的，关于二元光学的衍射效率与相位阶数之间的数学表达式也是标量衍射理论的结果。在此范围内，可将二元光学元件的设计看做是一个逆衍射问题，即由给定的入射光场和所要求的出射光场求衍射屏的透过率函数。

二元光学器件的优化设计方法不断地完善。从 Gerchberg – Saxton（GS）算法及杨—顾（Yang – Gu，Y – G）算法等局部搜索算法到模拟退火（Simulating Annealing，SA）、遗传算法（Genetic Algorithm，GA）等全局搜索算法，以及全局、局部联合搜索法（GLUSA）等混合算法的提出与采用，二元光学器件的设计性能不断地改善。从掩膜套刻制作二阶、四阶、八阶、十六阶等多台阶位相器件到无掩膜或灰阶掩膜制作连续位相器件，并随着对准精度的提高以及刻蚀深度在线测量的实现，二元光学器件的加工精度也在逐步提高。其复制工艺，包括铸造法、模压法和注入模压法等也在不断地改进与完善。

4.6.2 二元光学元件的制作

二元光学元件是用大规模集成电路的光刻技术加工而成的二元化器件，其加工技术主要由掩膜制作技术、图形曝光技术和图形刻蚀技术组成。二元掩膜是通过对掩膜片基上的感光胶进行有控制的曝光和显影获得，制作掩膜的常规方法是利用半导体微电子加工技术。例如，用电子束仪上的电子束曝光技术或图样产生器的快速光学曝光技术，可以制作出精细结构的高质量掩膜，也可以利用商业化的桌面制版技术，通过特殊软硬件、激光打印机以及可缩小的光学照相机，实现快捷而低廉的相当高精度的二元掩膜制作。除了可以采用 4.3 节所介绍的技术，以下着重介绍多值元件的制作过程。

二元光学元件制作的第一步是按照计算出的相位分布,制作刻蚀用的二元振幅型掩膜,通常 L 级相位台阶需要设计 N 个掩膜,使 $L = 2^N$。接下来是进行光刻,所谓光刻是指图形曝光和图形刻蚀。它先通过图形曝光将掩膜图形精确复制到表面涂有光刻胶的待刻片基上,如图 4.24(a)所示。通过显影,使掩膜上通光部分的光刻胶被清除,基片裸露,如图 4.24(b)所示。然后在光刻胶的保护下对片基进行刻蚀,当 $N = 1$ 时,刻蚀深度为 $d = \lambda/2(n-1)$,如图 4.24(c)所示。清除剩余的光刻胶,得到相位台阶为 0、π 的所需的浮雕图形,如图 4.24(d)所示,相位空间与掩膜相同。制作高性能的二元光学器件,通常要进行多次这样的刻蚀过程,即套刻。每次光刻掩膜的几何图形都不同,$N = 2$ 的四台阶元件工艺流程第一步与图 4.24 相同,第二步如图 4.25 所示。经过两次套刻以后,得到相位深度为 0、π/2、π、3π/2 的浮雕结构,其空间分布由两块掩膜决定,经过多次刻蚀,得到锐而细的相位浮雕结构,即二元光学器件。

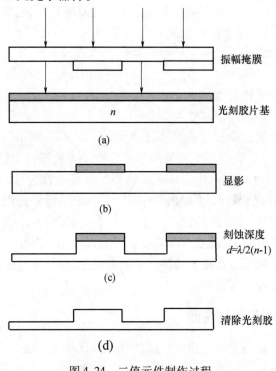

图 4.24 二值元件制作过程

4.6.3 二元光学元件的应用

二元光学元件除了具有体积小、重量轻、容易复制等明显优点外,还具有高衍射效率、独特的色散性能、更多的设计自由度、宽广的材料可选性、特殊的光学功能

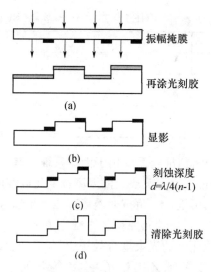

图 4.25　四阶元件制作过程

等卓越的特点。其应用领域不断被拓展,可实现波前整形、人造视网膜、阵列发生器、光束叠加等功能,并已经用于为光谱仪、多通道共焦显微镜、折衍混合照相机物镜、红外焦平面阵列探测等光学系统中。

图 4.26 所示为一块刻蚀完成的多台阶二元光学器件。

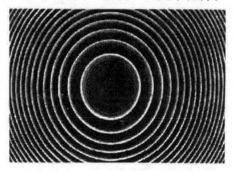

图 4.26　多台阶二元光学器件

二元光学元件的衍射效率 η 与台阶数 L 的关系为: $\eta = \left[\dfrac{\sin(\pi/L)}{\pi/L}\right]^2 = [\mathrm{sinc}(1/L)]^2$,当 $L = 2,4,8,16$ 时,对应的衍射效率分别可以到达 40.5%,81%,94.9% 和 9.6%,可见其衍射效率非常高。

二元光学器件具有独特的、不同于常规光学器件的色散特性,其一级特性与传统光学的比较如表 4.2 所列,其中 $\lambda_3 > \lambda_1 > \lambda_2$ 是常数。可在折射光学系统中利用二元光学器件来校正球差与色差,构成混合光学系统,以常规折射元件的曲面提供大部分的聚焦功能,而利用表面上的浮雕位相结构校正像差。

表 4.2 传统光学器件(COE)与二元光学器件(BOE)的特性比较

特性	COE	BOE
光焦度(Power)	$\phi = (n-1)\Delta c$	$\phi = k\lambda$
阿贝数(Abbe number)	$v = \dfrac{n_1 - 1}{n_2 - n_3} > 0$	$v = \dfrac{\lambda_1}{\lambda_2 - \lambda_3} < 0$
部分色散(Partial dispersion)	$p = \dfrac{n_1 - n_3}{n_2 - n_3}$	$p = \dfrac{\lambda_1 - \lambda_3}{\lambda_2 - \lambda_3}$

图 4.27 所示是一个折衍混合系统用于消除系统色差,目前已在红外和紫外波段制成了这种消色差透镜。为了解决大的温度场变化或温度不稳定情况下光学系统不能精确聚焦的难题,可设计一负折射透镜和二元光学透镜组合的消热差系统,如图 4.28 所示。此外,二元光学元件在制作激光束灵巧扫描器、增大显微系统的焦深、提高红外焦平面探测器的光束耦合效率、可见及近红外宽带消反射、光计算与光互连以及惯性约束核聚变(ICF)中光束匀滑等方面均有良好的应用前景。

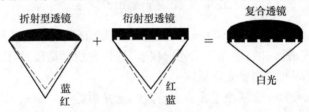

图 4.27 二元光学元件与折射光学元件组合消色差原理图

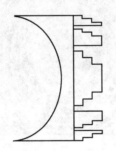

图 4.28 组合消热差元件

如图 4.29 所示为采用二元光学元件进行光束整形的效果,以及可能的行用范围。

传统的折射光学系统或镜头设计中只能通过改变曲面的曲率或使用不同的光学材料来校正像差,而在二元光学器件中,可以调节位相台阶的位置、宽度、深度、形状结构等参数,大大增加了设计的自由度,能设计出许多传统光学所不能的全新功能光学器件,例如可产生一般传统光学器件所不能实现的光学波面,包括非球面、环状面、锥面等。二元光学器件的发展已经经历了三代,第一代就是利用单个二元光学器件改进传统光学系统,提高性能,主要用于像差校正和消色差、波面整

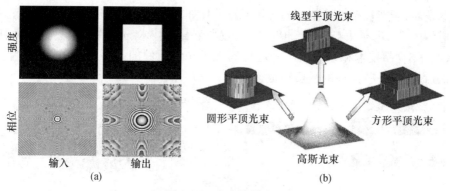

图 4.29　光束整形应用

(a) 整形效果；(b) 整形应用范围。

形等；第二代主要是阵列器件与光电结合器件，应用于光通信、光学信息处理、光存储等领域；第三代是多层或三维集成光学系统，在成像和光互连中进行光束变换与控制。随着设计理论、加工工艺、复制工艺等的不断完善，在可预见的将来，二元光学必将获得越来越广泛的应用。

如图 4.30 所示的平面集成光学矢量矩阵乘法器(德国)可用于数字矩阵运算，该乘法器正是借助于平面微光学和衍射光学元件才能实现的，可见衍射光学元件的重要性。

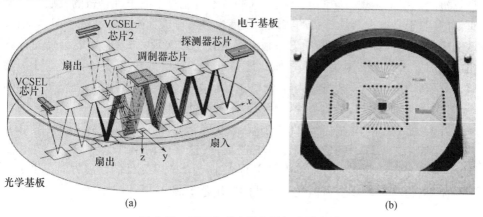

图 4.30　平面集成光学矢量矩阵乘法器

(a) 结构图；(b) 实物外形。

4.7　总结及展望

由于篇幅有限，不可能将微光学和衍射光学元件所涉及的全部原理、方法和技术在本章中一一列出，所能列出的参考文献也非常有限。同时，这个领域的发展非常迅速，各种新技术和新方法的突破，都有可能推动微光学和衍射光学元件的相关

113

技术发展,当然包括设计新型的应用元件。比如,微透镜阵列的制作工艺研究也还在进行中[40],电子束/离子束直写技术、激光束直写技术、光刻技术、刻蚀技术、LI-GA 技术、复制技术和镀膜技术等均可实现微光学元件的制备。而采用新的技术方法后,甚至一些柔性的微透镜也得到了实现[41],如图 4.31 所示。

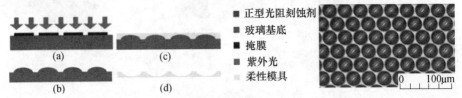

■ 正型光阻刻蚀剂
■ 玻璃基底
■ 掩膜
■ 紫外光
　柔性模具

0　　100μm

图 4.31　一种柔性微透镜的制作工艺及显微图像[41]

　　衍射光学元件正向着更精细尺度、更多任意形状、更多功能的方向发展。衍射光学元件的发展,需要在制备技术、支撑理论、数学分析方法上获得更多的支持。例如,计算全息理论和算法、周期性微结构的电磁理论、复杂结构的光学分析方法、近场光学理论和方法等,都需要协同发展。

　　微光学和衍射光学元件理论和技术的发展,给光计算机的实现带来无限遐想,也使得光计算机的实现才有了最主要的根基。如同完全意义上的电子计算机的实现,为处于机械计算机的"外壳"和"骨架"中一样,光计算机的实现绝不会在电子计算机的框架下实现。印制电路板?那些技术可能对于电子计算机的发展是至关重要的,对于光电混合计算机的实现和发展也会是有极大推动意义的。但是,如果认为未来的光计算机也会依赖于印制电路板技术来实现,那就有可能会将光计算机的发展引入歧途。因为光学是如此地易于在三维空间中实现各种计算处理功能,而且自由度与电子电路相比有很大的提高,如果将其限制于印制电路板一样的结构中,无异于扼杀了光学实现计算所带来的方便和优越性。

　　要发展微光学和衍射光学元件领域,近场光学原理和技术、矢量光学原理和方法,甚至纳米光学理论的发展将是非常必要的,这些倾向于理论领域的研究和发展,将为微光学的发展内容提供更坚实的基础,为微光学元件的发展方向提供更全面的指导,也将进一步扩大微光学元件的应用范围。

参 考 文 献

[1] Jürgen Jahns, Sing Lee. Optical Computing Hardware. Academic Press, 1993.

[2] H. P. 赫尔齐克 主编. 微光学元件、系统和应用. 周海宪,王永年,等译. 北京:国防工业出版社,2002 年 8 月.

[3] 金国藩,严瑛白,邬敏贤,等. 二元光学. 北京:国防工业出版社, 1998.02.

[4] Michael Bass , Virendra N Mahajan. Handbook of Optics, Mc Graw Hill,2010.

[5] Shanalyn A. Kemme. 微光学和纳米光学制造技术.周海宪,程云芳,译. 北京:机械工业出版社,2012 年 9 月.

［6］Hans Peter Herzig. Elements, systems and applications. Taylor &Francis Ltd 1997.

［7］Dror G Feitelson. Optical Computing_A Survey for Computer Scientists. The MIT Press, 1988.

［8］Victor A Soifer. Methods for Computer Design of Diffractive Optical Elements. John Wiley&Sons,2001.

［9］Belyakov V A. Diffractivion Optics of Complex – Structured Periodic Media. Springer – Verlag,1992.

［10］Enrique Parra, John R Lowell. Toward Applications of Slow Light Technology. Optics and Photonics News, 18 (11)：40 – 45 (2007).

［11］Peng P C, Lin C T, Kuo H, et al. Tunable slow light device using quantum dot semiconductor laser. OPTICS EXPRESS, 14(26)：12880 – 12886 (2006).

［12］Daryl M Beggs, Thomas P White, Liam O'Faolain, Thomas F Krauss. Ultracompact and low – power optical switch based on silicon photonic crystals. OPTICS LETTERS, 33(2)：147 – 149 (2008).

［13］Vcldkamp W B, McHugh T J. Binary optics. Scientific American, 266(5)：92 – 97(1992).

［14］Leger J Holz M, Swanson G, et al. Coherent laser beam addition：An application of binary optics technology. Linclin Lab. J. 1(2)：225 – 246(1998).

［15］Veldkamp W B. Overview of micro optics：past, present, and future. proc. of SPIE,1544：287 – 299(1991).

［16］Gallagher N C. Binary optics in the'90s. proc. of SPIE, 1396：722 – 733(1990).

［17］Veldkamp W B. Binary optics：the optics technology of the 1990s. CLEO,USA. 1990：21.

［18］吕乃光,陈家璧,毛信强. 傅里叶光学. 北京:科学出版社,1985.

［19］陈晃明. 全息光学设计. 北京:科学出版社,1987.

［20］于美文. 光学全息及信息处理. 北京:国防工业出版社,1984.

［21］苏显渝,李继陶. 信息光学. 北京:科学出版社,1999.

［22］Bernhardt M, Wyrowski F,Bryngdahl O. Appl. Opt. 30, 4629 – 4635(1991).

［23］Boivin L P. Appl. Opt. 11, 1782 – 1792(1972).

［24］Born M,Wolf E. Principles of Optics. Pergamon Press, Oxford(1980).

［25］Brodie I,Muray J J. The physics of microfabrication. Plenum Press, New York(1982).

［26］Bryngdahl O,Wyrowski F. In：Progress in Optics, Vol. 28 (E. Wolf, ed), North Holland, Amsterdam (1990).

［27］Caulfield H J, ed. Principles of Optical Holography. Academic Press, New York(1979).

［28］Dammann H. Optik 31, 95 – 104(1970).

［29］Dammann H, Gortler K. Opt. Comm. 3, 312 – 315(1971).

［30］Goldman L S,Totta P A. Solid State Technol. 91 – 97(1983).

［31］Goodman J W. Introduction to Fourier Optics. McGraw – Hill, San Francisco(1968).

［32］Hariharan P. Optical Holography. Cambridge University Press,1984.

［33］Hutley M C. Diffraction Gratings. Academic Press, New York, 1982.

［34］Lee S H. Optical Information Processing：Fundamentals. Springer Verlag, Berlin,1981.

［35］Lee W H. In：Progress in Optics, Vol.16. (E. Wolf, ed.), North Holland, Amsterdam, 1978.

［36］Mait J N. Opt. Lett. 14, 196 – 198(1989).

［37］Veldkamp W B, Leger J R, Swanson G J. Opt. Lett. 11, 303 – 306(1986).

［38］Voshchenkov A M. Int. J. High Speed Electrons 1, 303 – 345(1990).

［39］Zarschizky H, Karstensen H, Gerndt C, Klement E, Schneider H W. Proc. SPIE 1389, 484 – 495(1990).

［40］叶嗣荣,周家万,刘小芹,等. 玻璃微透镜阵列的制作工艺研究. 半导体光电,32(2):216 – 219(2011).

［41］李凤,高益庆,钟可君. 柔性凹微透镜阵列的制作、测试与形变分析. 南昌航空大学学报(自然科学版), 26(4):31 – 35(2012).

第5章 光学存储器件

5.1 概　述

对于一个完整的光计算系统,光学存储是必需的。光学存储需要体现出比目前的电磁存储更好的性能,如存储密度、读写速度等。目前的二维面存储技术如磁存储、传统光盘存储和半导体存储等仍在不断改进以满足对存储系统更大和更快等要求,然而这些存储技术正逐步接近其物理极限。以双光子吸收三维存储、体全息存储和超分辨近场结构光存储为代表的光学存储技术在存储密度和存取速度方面有极大的优势和发展潜力,已成为近年来的研究热点。

基于双光子吸收的存储是一种三维光学存储技术。双光子吸收就是在强激光场作用下,介质中的分子同时吸收两个光子而达到激发态的过程。双光子激发过程的跃迁几率正比于入射两束光强度的乘积,故只有在光强度极高的两光束聚焦区域才能发生双光子激发。信息只能记录在两光束相交的地方,使得三维体积中的任何一点都可以独立地被寻址,层与层之间的串扰极小。此外,由于到达激发态所需的光子能量为单光子吸收所需能量的一半,因此可用红外或近红外激光做光源,提高在吸收材料中的穿透力,实现在材料深层进行观察。

全息存储是基于全息理论的光学信息存储技术。特别是体全息存储技术,具有容量大、数据传输率高、数据寻址时间短、具有内容寻址功能、存储冗余度高等方面的特点,成为国内外研究的热点。近几年,体全息存储技术开始迈向商用化,美国 InPhase 公司 2002 年开发出直径为 12cm,容量为 100GB 的有机盘片,2003 年推出数据传输速度为 20MB/s,存储容量为 200GB 的存储器 Tapestry[1], 2010 年其容量已达到 $560Gb/in^2$,数据传输率达到 $198MB/s$[2]。2004 年,日本 Optware 公司基于现有 CD 和 DVD 存储技术,采用有机盘片材料,研制出大容量的全息光盘(HVD)。可以预计,在未来 $2\sim3$ 年内,全息光盘的面密度有望提高到 $1Tb/in^2$,数据传输率达到 $300\sim500MB/s$ 或者更高水平。

超分辨近场结构(Super - REsolution Near - field Structure,Super - RENS)光存储技术是近年提出来的一项新型光存储技术,它结合了近场光存储技术的优点,通过在普通结构光盘内部添加非线性掩膜层的方法,实现了超越光学衍射极限的超高密度存储。Super - RENS 的提出为高密度光存储开创了一个新的方向,采用这种技术,光盘的存储密度有望突破 Tb/in^2 量级[3],为解决日益增长的超大存储容量需求提供了一条可行的技术路线。

提高光存储密度和容量的技术路线还有很多,如多维存储、多阶存储、光谱烧孔技术等等[4,5]。随着高密度光存储技术研究工作的发展,光存储将不断拓展存储容量和数据传输速度以满足不断增长的社会需求。本章将重点讨论这些光学存储相关领域的基本机理和方法。还将讨论光存储中的二维光学平面调制器件—空间光调制器的基本原理和应用方法,并对未来的发展趋势稍作展望。

5.2 双光子吸收原理及其应用[6]

5.2.1 双光子过程

双光子过程的基本理论建立于 20 世纪 30 年代前期,1931 年 Maria Goeppert - Mayer 最早从理论上预言了双光子吸收的存在,并用二阶微扰理论导出双光子过程的跃迁几率[7]。双光子跃迁的几率可以表述为三个参数的函数:谱线轮廓、对所有可能的双光子过程都适合的跃迁概率(图 5.1 代表四个这样过程的示意图)、光强。这些因素与 P_{if} 的关系可以用下式表示:

$$P_{if} \cong \frac{\gamma_{if}}{[\omega_{if} - \omega_1 - \omega_2 - v \cdot (k_1 + k_2)]^2 + (\gamma_{if}/2)^2} \cdot$$

$$\left| \sum_k \frac{R_{ik} \cdot e_1 \cdot R_{kf} \cdot e_2}{(\omega_{ki} - \omega_1 - k_1 \cdot v)} + \frac{R_{ik} \cdot e_2 \cdot R_{kf} \cdot e_1}{(\omega_{ki} - \omega_2 - k_2 \cdot v)} \right|^2 \cdot I_1 I_2 \qquad (5-1)$$

等式(5-1)由三个因式组成:第一个因式描述了双光子跃迁的光谱轮廓。对应于中心频率为 $\omega_{if} = \omega_1 + \omega_2 + v(k_1 + k_2)$ 的单光子跃迁,其均匀宽度为 γ_{if}。如果两束光波是平行的,和 $|k_1 + k_2|$ 成正比的多普勒展宽成为最大。当 $k_1 = k_2$ 时,多普勒展宽消失,得到一个洛伦兹曲线。第二个因式描述了双光子跃迁的跃迁概率。这是矩阵元 $R_{ik}R_{kf}$ 乘积的总和,这些矩阵元是从最初能级 i 到中间分子能级 k 的跃迁,以及中间能级 k 到最终能级 f 的跃迁。求和扩展到所有的分子能级均。通常用一个虚的能级来描述双光子跃迁,符号表示为 $E_i \rightarrow E_v \rightarrow E_f$。因为以下两种情况:

$$E_i + \hbar\omega_1 \rightarrow E_v, E_v + \hbar\omega_2 \rightarrow E_f \qquad (5-2)$$

或者,

$$E_i + \hbar\omega_2 \rightarrow E_v, E_v + \hbar\omega_1 \rightarrow E_f \qquad (5-3)$$

会导致同样观察结果,因而从能级 $E_i \rightarrow E_f$ 的概率等于两个概率幅度的和的平方。为增加跃迁的概率,可以选择光子频率 ω_1 和 ω_2 使得虚能级接近实际的分子能级。因此比起两个相同的光子,用两个频率为 $\omega_1 + \omega_2 = (E_f - E_i)/\hbar$ 的不同能量的光子对跃迁到最终能级 E_f 通常更为有利。第三个因式表明跃迁的几率依赖于光强 I_1 和 I_2 的乘积。在两个光子具有相同波长的情况下,跃迁的几率依赖于 I^2。因此利用高强度激光会有利,比如皮秒和亚皮秒脉冲。

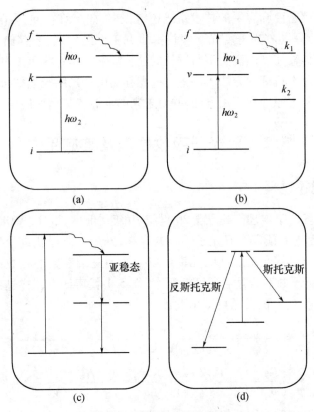

图 5.1　双光子过程示意图

（a）逐步连续的双光子吸收；（b）通过虚能级的双光子吸收；

（c）单光子激发的双光子发射；（d）喇曼效应双光子发射。

图 5.1 说明了双光子过程可能的四种方式。图 5.1(a) 对应于一个逐步连续的双光子吸收过程。这种情况下，每个光子单独吸收都是允许的。第一个光子的吸收发生在一个实际的能级（从基态到第一个允许的能态），因此这个光子将被其传输路径上第一个原子或分子吸收，这通常位于材料表面。第二个光子的吸收过程是类似的，也就是说，将被光束传输路径上第一个遇到的分子优先吸收，这个分子在表面或者表面附近。然后随着强度的降低光束将传播到内部并且被材料内部的分子进一步吸收。如果第二个光子的波长很合适，在能量上比基态到第一个允许的能态间隙小，则第二个光子将把已吸收第一个光子的分子或原子激发到更高一级能态上。这是非线性光谱学和光物理学中一个有趣而重要的科学事实，但它不能用于真正的三维体存储。这是因为，无法在材料表面分子不参与吸收的条件下使光与材料内部的分子优先发生作用。

第二个关于双光子吸收的图解（图 5.1(b)）使在内部优先于表面激发分子成为可能。这种情况下，基态和第一激发态之间没有实际能级。如果两束光的波长比较长，能量比基态和第一激发态之间能量间隙小，因而单独一束光都无法被吸收;也就是说,单独一束光在材料中是透明的。但如果这两束光中光子的能量和相等或者大于跃迁能量间隙,则可以在两束光重叠的区域发生双光子吸收。因而可以由两光束重叠的位置和宽度实现对材料内部三维空间的任意写入,即可实现三维体存储。

图 5.1 中的另外两个过程展示了在单光子激发和拉曼效应中发生双光子发射的情况。这两种情况与双光子吸收无关因而没有进一步讨论。必须注意所有的双光子跃迁都持有同样的物理思想,这一点就是不考虑发生的次序,可能是通过在真实能级间连续进行也可能是通过虚拟能级的过程。

这里描述双光子吸收的具体过程。两束光的光子能量都比基态 S_0 和允许的第一电子能级 S_1 之间的能量间隙要小。因此,这样一束光在传播过程中观察不到吸收。使这样两束光在存储介质内部相遇,它们的有效能量等于两个光子能量 $E_1 + E_2$。因此如果能量间隙 $E_{S_1} - E_{S_2}$ 等于或者低于 $E_1 + E_2$,吸收将发生。在两束光互相作用的点,吸收将诱导一个物理或者化学的变化,这个变化使这一很小的区域区别于存储介质体积内没有激发的其他任何部分。这种方式可被利用做三维光存储的读出和写入形式。实现这种方式的读写光束的功能必须包含下面两个方面:①要在介质中传播,②要在介质内任意选择的点被吸收,而不会对存储介质中其他区域造成影响。

5.2.2 利用双光子过程进行 3D 读写

与目前的电光存储装置相比,三维存储具备以下几点优势[8,9]:①极大的存储容量, $\sim 10^{13}$ bit/cm^3;②可以随机和并行的存取;③非常快的光写入和读出速度;④尺寸小($\sim$ cm^3)、成本低;⑤没有机械及运动部件;⑥相邻数据块之间串扰极小;⑦极高的读出灵敏度。

在三维存储介质中实现存储、读出、擦除信息的具体操作介绍如下。

(1)写入:信息可以被记录在三维存储介质中任意指定的位置。

(2)读出:查明存储器内什么地方存在、什么地方不存在存储信息,实现信息检索和提取。

(3)擦除:擦除掉存储器中任意一个位置记录的信息,使其可用来记录新的数据。

通常情况下信息是以二进制代码的形式存储的。二进制的两个状态 0 和 1 可通过光化学变化实现,这种变化导致被用于存储介质的特殊分子群的两个截然不同的结构。例如,光变色材料螺旋苯吡喃(Spirobenzopyran,SP)在双光子吸收后发生分子构架的变化。一些螺旋苯吡喃的结构在图 5.2 中被示出。螺旋苯有两种不同的结构:最初的螺吡喃(Spiropyran),它具有一个闭环结构,称为关状态。螺吡喃可以在紫外光的激发下转换成部花菁(Merocyanine),转变为一个开环的结构,称为开状态。这两种不同的形式有着明显不同的结构以及完全不同的吸收和发射光谱,为以二进制形式进行三维信息存储提供了两个需要的状态。特别的,在二进制中可将螺吡喃状态定为 0 而部花菁状态定为 1。

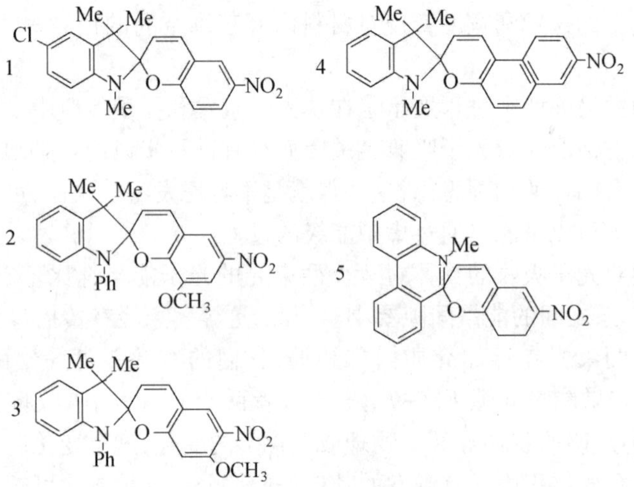

图 5.2　用于 3D 光存储的螺吡喃结构

　　三维信息存储设备的核心组成是光致变色分子、基底材料,以及两束利用双光子过程提供读写方式的激光光束。两束光束可以有相同的或不同的波长。依赖于材料和过程,需要的波长很可能不一样,在这种情况下利用染料激光器和其他可调激光光源的优势就显而易见了。另一种实现波长可调的方法可能涉及到非线性晶体中二次或者更高的谐波效应以及在气体和液体中产生的受激拉曼效应。

　　1. 写入 3D 信息

　　如果直接在 SP 分子记录介质中写入信息,需要写入光光谱在紫外波段。这是因为 SP 材料吸收峰在约 260nm 和 355nm,如图 5.3 所示。利用双光子吸收过程,可以采用多种写入波长组合。例如一个 1064nm 的光子和一个 532nm 的光子,它们的能量和等效于 355nm 的光子;或者是两个 532nm 的光子,等效于 266nm 的光子。355nm 和 266nm 正好是 SP 材料吸收谱峰值所在波长。但需要注意到,由一束光单独诱导产生双光子吸收也是可能发生的。只要单束光的能量足够强,这种情况就会发生,由此会导致背景噪声。对共线且沿相反方向传播的光束其背景噪声和信号的比率为 1:3。因为双光子吸收依赖于强度的平方,所以一束光的效果近似于两束光组合的 1/4(假设两束光的强度相同)。

　　这个问题可以通过利用两束不同波长的光来消除,其中单独的一束光不能诱导任何背景噪声,也就意味着它的波长比引起双光子跃迁需要的波长要长。例如,当一束光为 1064nm,那么嘌呤分子发生吸收的能量是其该光波能量的三倍和四倍而不是两倍,从而不会发生单束光诱导的双光子吸收。但 1064nm 的光和 532nm 的光结合在一起时,就可以将嘌呤分子激发到位于 355nm 处的第一激发态。背景噪声可以通过增强 1064nm 光波的强度以及降低 532nm 光波的强度而大幅度的减弱。实际上,532nm 光波的强度需要降低到其单独的双光子吸收过程不明显的程度,同时 1064nm 光波的强度按比例增大到两光波强度和足以产生所需要的双光子吸收,从而实现高信噪比的信息写入。

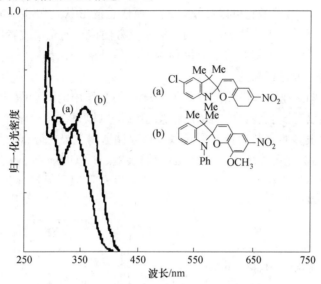

图 5.3　聚甲基丙烯酸甲酯(PMMA)中 1SP 和 2SP 的吸收谱

图 5.4 显示了双光子过程的能级图、写入和读出的示意图,以及写入和读出状态下 SP 的分子结构。

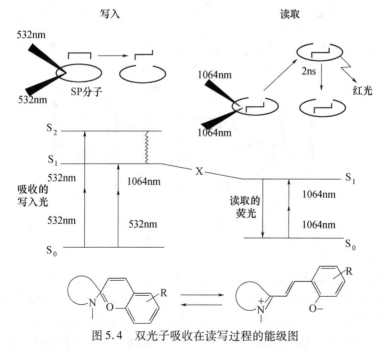

图 5.4　双光子吸收在读写过程的能级图

121

如图 5.5 所示,通过沿着样品体轴向传导光束,记录的空间图像以有色点的形式实现。这是由于已被写入的区域处于"读出"结构(即 SP 转化为包含开环的部花菁结构),而"读出"结构的 SP 材料在 500nm 处存在光谱吸收。这里讨论的存储器是立方体结构的,但是它可以被设计成其他任意的形状。大部分情况下写入光都是以相互垂直的方式传播的。但两束沿相反方向传播的光束或者以任意方式相遇的光束都可以实现类似的结果。每种构造与另外的相比都有它们自己的优势,但从物理本质上都是相同的。

图 5.5 是两束垂直和沿相反方向传播脉冲相互作用的示意图,图 5.6 显示了用于实现三维读写实验装置的图示。信息不仅可以以每次一个字节的方式存储,还可以是包含很多兆字节的页面形式以及在存储器内成层次分布的几页。写入过程中 SP 材料的荧光可能增加复杂性,因为如果被邻近 SP 分子吸收会诱导写入错误信息或发生串扰。在实验所采用的螺旋苯中没有发现写入过程的荧光,即使是在液氮的温度条件下。

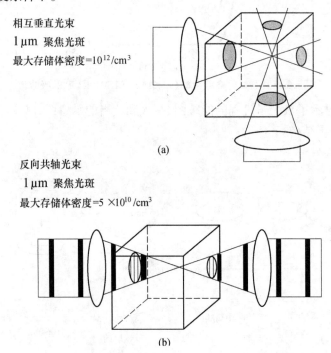

图 5.5　正交(a)和共轴(b)写入和读出结构示意图

2. 读出 3D 信息

把存储器中已写入的信息读出的过程和信息写入的过程是类似的,除了"读出"结构的 SP 材料比写入结构吸收波长更长的光子。因此读出过程所采用的激光波长必须比用于写入光波波长要长。当已写入的分子被双光子吸收过程所激发,这个分子在 5ns 内发出受激荧光。这个荧光的波长比写入和读出结构的吸收

122

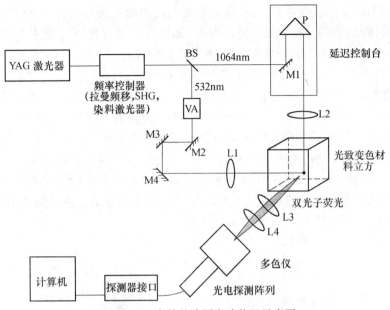

图 5.6　3D 存储的读写实验装置示意图

BS—分束镜；P—棱镜；M—反射镜；L—聚光透镜；VA—可调衰减器。

波长都长。这种荧光可被光电二极管或者电荷耦合器件(CCD)所探测到,并在二进制中编码为 1。选择可以提供光谱分隔比较大的材料极其重要,因为这样才能保证只有已被写入的分子将吸收读取光,从而仅仅在被读取的已写入区产生受激荧光。

由写入结构的 SP 材料发射的荧光光谱如图 5.7 所示。图 5.8 证实了这种过

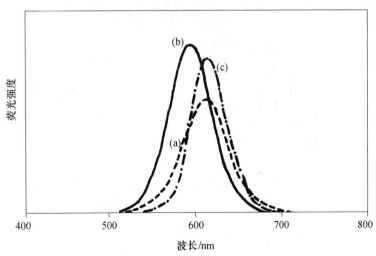

图 5.7　液态单体和固态聚合体的 1SP 荧光光谱

(a) HEMA；(b) PHEMA；(c) PMMA。

程确实因为双光子吸收才发生的,荧光强度与读出激光功率的关系在对数坐标中绘制出来,得到的斜率接近2。另一方面,如果分子没有被写入则不会观察到荧光;因为读出光束的双光子能量不足激发最初的没有写入的分子(参见图5.4中的能级),同时"关"状态的 SP 分子本身不发荧光。邻近的已写入的螺旋苯分子对读出荧光的自吸收过程对读出过程没有影响,因为读出荧光谱的主要部分波长比已写入分子的吸收谱要长,不会发生重叠。由邻近已写入区域吸收少量荧光产生的信号不是太弱而不能被探测到,就是能够通光电子鉴别器的方法很容易地消除。读出是基于荧光的零背景噪声过程,因而这个方法具有读出灵敏度高的优点。极低强度的荧光测量可以利用具备单光子探测能力的光电倍增管或者 CCD 实现。荧光的衰减寿命为 5ns,这是读出速度的极限。图 5.9 显示了通过两个 1064 光子激发"读出"结构 1SP 所获得的荧光的寿命。

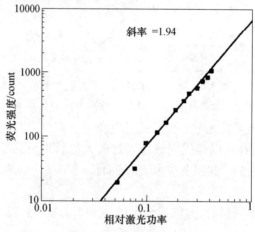

图 5.8　激光光强与荧光关系图

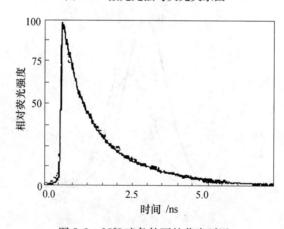

图 5.9　25℃暗条件下的荧光延迟

3. 擦除 3D 信息

擦除信息可以通过把存储器装置的温度升高到 50℃ 来实现,也可以通过红外线的照射实现。通过升高温度把已写入的分子提升到超过区分读出和写入分子的能级差,可以使已写入分子回复到最初的形式,因此信息被擦除,三维存储器准备好存储新的数据。用(红外线)光漂白样品,擦除的周期可以被缩短很多。用温度方法擦除的局限在于不能擦除三维存储器中特定区域的信息。然而,利用光擦除方法就能实现对指定区域的擦除,并且不会影响到存储器其他任何区域。

我们已经描述了利用双光子过程写入读出和擦除信息的方法。描述的是针对三维空间中单一的点,但是这种方法的一个十分重要的能力是能同时读写大量的信息,同时并行地写入和访问信息可能通过把激光分成很多束光来实现,这些光束按相反方向或者相互垂直同时穿过存储器。另外一个研究非常活跃的途径是利用锁模的脉冲半导体激光器,将其放置于存储器的两端或者相互垂直。虽然半导体激光器的模式锁定十分困难,但这项技术也发展得足够好以在相当短的时间内得到高强度激光。利用高强度短脉冲的半导体激光器将使得三维存储所要求的尺寸和功率大大减小,使得这些装置在需要大存储容量、高速并行访问能力存储器的领域具有广泛的应用前景。

5.3 光折变效应及空间光调制器

5.3.1 光折变效应及光折变晶体

光折变晶体是实时光信息处理和全息数据存储应用中最诱人的材料之一,它同时具有电光效应和光电导特性,集光电探测功能和电光调制功能于一体。光折变晶体可以构成单一工作介质的空间光调制器,由于结构简单、工艺可控性强,同时具有对比度及空间分辨率高,以及具备三维全息图像存储等优点,因而得到了广泛重视[10]。

光折变效应(Photorefractive Effect, 或 Optical Damage)最早在 $LiNbO_3$ 上得到发现,并陆续在其他一些铁电氧化物(包括钛铁矿、钙钛矿、钨青铜材料等,如 $LiTaO_3$,$BaTiO_3$,$KNbO_3$,SBN 等晶体和材料)、软铋矿(立方晶系,如 $Bi_{12}SiO_{20}$(BSO),$Bi_{12}GeO_{20}$(BGO),$Bi_{12}TiO_{20}$(BTO)等)、半导体材料(如 CdS,GaAs,InP,ZnTe 等)以及半导体材料制备的多量子阱材料中发现[11,12]。由于光折变晶体具备光电及电光效应特性,可以同时担当光电探测器及电光调制器的作用,可以作为光体全息存储器件、多波耦合器件、光开关及光调制器材料等[13-16],因此在光学信息处理及光计算中可发挥重要作用。

在众多的光折变晶体中,BSO 晶体($Bi_{12}SiO_{20}$,硅酸铋)具有较好的光电及电光综合性能[10,11],具备迄今为止光折变晶体中(除了 GaAs 等复合半导体材料)最快的响应速度,故在光计算、存储,以及其他的光信息处理方面得到了较好应用[17-19]。室温下,BSO 光折变晶体的部分基本性能参数如表 5.1 所列[10]。

表 5.1 室温下 BSO 光折变晶体的部分基本参数

晶体对称性	立方,23 点群	折射率(633nm)	2.54
熔点(℃)	900	介电常数	56
密度/(g/cm3)	9.2	电光系数 $\gamma_{41}/(pm/V)$	5.0
硬度	4.5	暗电阻率/(Ω·cm)	$5.0 \times 10^{13 \sim 15}$
声速/(m/s)	1622	损耗系数	0.0015
透过波段/nm	450~7500	带隙/ev	3.15~3.25
晶格常数/Å	9.14	旋光率(633nm,(°)/mm)	21
电子迁移率/(cm²/V·s)	0.1	光谱透过率(633nm)	>69%
暗电导类型	P	主要可移动光生载流子	电子

BSO 晶体的带隙能量为 3.15~3.25ev,对应的光波长为 385~395nm,因此近紫外光或蓝紫光照射均可在 BSO 晶体内显著激发出载流子对(电子—空穴对)。BSO 晶体的透过波段为 450~7500nm,涵盖大部分的可见光及红外波段。5.0pm/V 的电光系数在光折变晶体中也是处于较好的水平,其相应的 $n^3\gamma_{41}/\varepsilon$ 值达到了 1.4 pm/V,与复合半导体材料 GaAs 的 $n^3\gamma_{41}/\varepsilon$ 值处于同一数量级。在常温下,无掺杂 BSO 晶体的电子迁移率约为 0.1 cm²/(V·s),在足够的偏置电压下,电子在 BSO 晶体内迁移 500μm 的距离(BSO 晶体薄片的常规厚度)仅需不到 0.1 ms 的时间,很好地满足基于视频流的很多图像处理应用。

如果入射到光折变晶体上的光子能量在晶体带隙能量附近,这些光子将被光折变晶体吸收,并激发出电子—空穴对[11,20],某一区域内电子—空穴对的浓度随着这一区域所吸收的光子数量的增多而增大。在电场力或电荷库仑力的作用下,从电子—空穴对中得到分离的电荷(电子或空穴)发生迁移或扩散,最终形成晶体内部的局部空间电荷分布,产生局部空间电荷场。空间电荷场的强度与电荷浓度成比例,从而与光波场的空间强度分布有确定的对应关系。通过电光效应(普克尔斯效应或克尔效应),所产生的空间电荷场分布对晶体的介电常数张量进行调制,使得晶体的双折射率分布根据空间电荷场的空间分布得到调制,实现对通过晶体的光波场的位相或振幅调制。

图 5.10 所示为光折变晶体记录双光束干涉形成的干涉条纹,并在晶体内形成体光栅的过程和情形。

由图 5.10 可见,光生电子在晶体内的迁移方向相对于光束入射方向为横向,且主要基于漂移和扩散,大部分最终在干涉图样的暗区(无光照区域)被杂质陷阱俘获形成空间电荷分布。空间电荷分布的建立一直持续到所形成的空间电荷电场

126

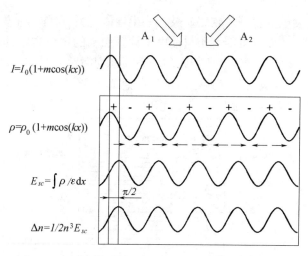

$$I=I_0(1+m\cos(kx))$$

$$\rho=\rho_0(1+m\cos(kx))$$

$$E_{sc}=\int \rho/\varepsilon\,\mathrm{d}x$$

$$\Delta n=1/2n^3E_{sc}$$

图 5.10　光折变晶体记录干涉条纹并形成体光栅过程

达到平衡,此时晶体内部电流处处为零,最终晶体内的电子与空穴的合成空间电荷分布 ρ 与干涉图样分布 I 保持相同空间相位。合成空间电荷分布将在晶体内形成相应的局域内建电场分布 E_{sc},局域内建电场通过线性电光效应在晶体内形成体全息折射率光栅,局域内建电场分布 E_{sc} 与折射率分布将保持空间同相,且与空间电荷分布有 $\pi/2$ 的空间相移。晶体内的体全息折射率光栅分布形成后,通过线性电光效应对通过此区域的光波场进行调制。

在外加横向电场的情况下,图 5.10 所示的空间电荷分布、相应的空间电场分布及折射率变化分布根据电场的方向和强弱有相应的横向位移,使得空间电荷分布与干涉图样分布之间存在空间相移,且可能不是 $\pi/2$。

如需对晶体内的信息(折射率分布)进行擦除,则以均匀光束照射,在光子激发产生的均匀分布的电子—空穴对帮助下,使晶体内的电子和空穴结合并使得空间电荷分布趋于消失,导致晶体内部所有空间区域恢复电中性状态,达到对写入信息进行擦除的目的。

由于很多的光折变晶体暗电阻率很高(或暗电导率很低),因此,在没有光照的条件下或照射的光子无法在晶体内激发出电子—空穴对的情况下,形成的空间电荷分布能够维持较长时间,使得光折变晶体可应用于光学信息全息存储。当写入光的光子能量不足以使得全部光子在很靠近表面的晶体表层区域吸收并激发载流子时,可以通过采用波前复用及角度复用技术,在块状光折变晶体上实现布喇格匹配的三维(体)全息光学存储,使得光折变晶体的存储能力大幅度提高。迄今为止,光折变晶体是无需经过复杂制备从而能够实现体全息存储的较好的光学材料之一。

光折变晶体具备的光电及电光效应特性使得该晶体在电光开关及全光开关方面具有较好的应用前景。铌酸锂($LiNbO_3$,LN)等光折变晶体均已在光开关方面有成功的应用,光灵敏度更好的软铋矿及一些半导体材料,可作为主要工作介质应用于全光开关器件,从而有可能克服目前电子计算面临的主要难题,即电路的 *RC* 时间常数对运算速度的限制以及所带来的一系列匹配问题。

由于光折变晶体具有的布喇格匹配体全息光栅形成能力,使得一些光折变晶体可用于双波耦合及四波混频[10, 20],如图 5.11 及图 5.12 所示。

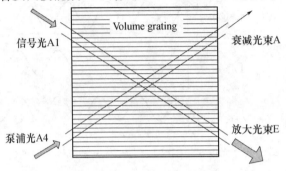

图 5.11　光折变晶体的双波耦合

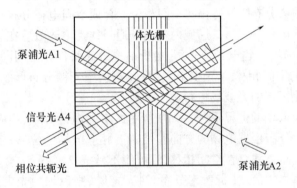

图 5.12　光折变晶体的四波混频

图 5.11 所示的双波耦合过程中,信号光 A1 和泵浦光 A4 之间发生干涉,结果在晶体内形成体折射率光栅分布,使得泵浦光 A4 受到体光栅的布喇格反射而得到放大光束 E。由于体折射率光栅的周期、振幅、位相分布等均与 A1 和 A4 的光束特性有关,因此放大光束 E 实际上耦合有 A1 和 A4 光束的振幅、位相以及两者的光强比值信息等。利用光折变晶体的双波耦合功能能够实现光信息的增强、交换和转向操作。

在如图 5.12 所示的四波混频过程中,除了信号光束 A4 外,还有泵浦光束 A1 及 A2,且三个光束是彼此相干的。在三个光束彼此发生干涉形成并记录于晶体内的四组体折射率光栅的作用下,将发生复杂的混频过程,使得每一路光束均融合有其他两路光束的振幅、位相和彼此之间的光强比值信息等,从而实现光信息的复杂交换操作。因此,光折变晶体有可能在未来光互连中得到应用。

同时,从以下内容还将看到,光折变晶体除了可应用于光学存储及光互连,还可主要作为多功能光寻址空间光调制器,具有光学逻辑运算及光信息调制等功能,从而可以在并行光计算的发展中发挥重要的作用。

5.3.2 光折变光寻址空间光调制器

1. 纵向调制

BSO 晶体本身没有自然双折射现象,在无外场时,为各向同性,而电场存在时,则具有电致双折射现象。根据线性电光效应,晶体双折射率的变化与电场强度呈线性关系。仅考虑线性电光效应时,晶体的逆介电常数张量 $\boldsymbol{\eta}$ 与电场强度 $\boldsymbol{E}$ 的关系如式(5-4)所示[19]。

$$\eta_{ij}(\boldsymbol{E}) = \eta_{ij}(0) + \sum_k \gamma_{ijk} E_k \quad (i,j = x,y,z) \qquad (5-4)$$

其中,η_{ij} 为逆介电常数张量 $\boldsymbol{\eta}$ 的各分量;$\boldsymbol{E}$ 为晶体内合成电场;γ_{ijk} 为线性电光系数。

由于晶体的介电常数张量 $\boldsymbol{\varepsilon}$ 为对称张量,在主轴坐标系中,逆介电常数张量 $\boldsymbol{\eta}$ 表示为

$$\boldsymbol{\eta} = \varepsilon_0(\boldsymbol{\varepsilon}^{-1}) = \varepsilon_0 \begin{pmatrix} \dfrac{1}{\varepsilon_x} & 0 & 0 \\ 0 & \dfrac{1}{\varepsilon_y} & 0 \\ 0 & 0 & \dfrac{1}{\varepsilon_z} \end{pmatrix} \qquad (5-5)$$

由于 BSO 晶体具有立方晶系结构及"23"的晶格点阵对称性,其线性电光系数矩阵为

$$\boldsymbol{\gamma} = \begin{pmatrix} \gamma_{111} & \gamma_{112} & \gamma_{113} \\ \gamma_{221} & \gamma_{222} & \gamma_{223} \\ \gamma_{331} & \gamma_{332} & \gamma_{333} \\ \gamma_{231} & \gamma_{232} & \gamma_{233} \\ \gamma_{131} & \gamma_{132} & \gamma_{133} \\ \gamma_{121} & \gamma_{122} & \gamma_{123} \end{pmatrix} \Rightarrow \begin{pmatrix} \gamma_{11} & \gamma_{12} & \gamma_{13} \\ \gamma_{21} & \gamma_{22} & \gamma_{23} \\ \gamma_{31} & \gamma_{32} & \gamma_{33} \\ \gamma_{41} & \gamma_{42} & \gamma_{43} \\ \gamma_{51} & \gamma_{52} & \gamma_{53} \\ \gamma_{61} & \gamma_{62} & \gamma_{63} \end{pmatrix} \Rightarrow \begin{pmatrix} 0 & 0 & 0 \\ 0 & 0 & 0 \\ 0 & 0 & 0 \\ \gamma_{41} & 0 & 0 \\ 0 & \gamma_{52} & 0 \\ 0 & 0 & \gamma_{63} \end{pmatrix} \qquad (5-6)$$

式中,γ_{ijk} 的下标 i、j、k 的可能值为 1、2、3,分别与 x、y、z 相对应;符号 $\Rightarrow$ 后为将 γ_{ijk} 的下标进行合并后的表达式,即(1,1)→1,(2,2)→2,(3,3)→3,(2,3)→4,(1,3)→5,(1,2)→6。可见,对于 BSO 晶体,具有立方晶系结构及"23"的晶格点阵对称性,仅有 3 个系数 γ_{41}、γ_{52} 及 γ_{63} 不为 0,相等并均为 5.0pm/V,对基于偏振态调制进行光学调制研究及应用时非常有利。

当外电场 E 沿晶轴 z 方向时,得到有关晶体的逆介电常数张量的一组方程为

$$\begin{cases} \eta_{11}(\boldsymbol{E}) = \eta_{11}(0) = \dfrac{1}{n^2} \\[2mm] \eta_{22}(\boldsymbol{E}) = \eta_{22}(0) = \dfrac{1}{n^2} \\[2mm] \eta_{33}(\boldsymbol{E}) = \eta_{33}(0) = \dfrac{1}{n^2} \\[2mm] \eta_{23}(\boldsymbol{E}) = \eta_{32}(\boldsymbol{E}) = \eta_{23}(0) = 0 \\[2mm] \eta_{13}(\boldsymbol{E}) = \eta_{31}(\boldsymbol{E}) = \eta_{13}(0) = 0 \\[2mm] \eta_{12}(\boldsymbol{E}) = \eta_{21}(\boldsymbol{E}) = \eta_{12}(0) + \gamma_{41}E_z = \gamma_{41}E_z \end{cases} \tag{5-7}$$

从而得到折射率椭球方程为

$$\frac{x^2}{n^2} + \frac{y^2}{n^2} + \frac{z^2}{n^2} + 2\gamma_{41}E_z xy = 1 \tag{5-8}$$

以上关系式中,n 为无外电场时的晶体折射率。将 xyz 坐标轴绕 z 轴旋转 $\pi/4$ 后,得到外电场中的感应坐标轴 $x'y'z'$。在该坐标系中,折射率椭球方程变为

$$\left(\frac{1}{n^2} + \gamma_{41}E_z\right)x'^2 + \left(\frac{1}{n^2} - \gamma_{41}E_z\right)y'^2 + \left(\frac{1}{n^2}\right)z'^2 = 1 \tag{5-9}$$

得到三个主折射率的近似表达式为

$$\begin{cases} n_{x'} = n - \dfrac{1}{2}n^3\gamma_{41}E_z \\[2mm] n_{y'} = n + \dfrac{1}{2}n^3\gamma_{41}E_z \\[2mm] \qquad n_{z'} = n \end{cases} \tag{5-10}$$

从式(5-10)可以看出,纵向主轴方向(z 方向)的折射率没有发生变化,而横向主轴方向(x 和 y 方向)的折射率发生了变化。此时如光波沿 z 主轴方向传播,受到纵向线性电光调制,晶体的两个横向主轴方向的双折射率为

$$n_{y'} - n_{x'} = n^3\gamma_{41}E_z \tag{5-11}$$

如果使线偏振读出光的偏振方向与 x' 轴重合,则光波经过晶体薄片一次由于电场产生的两个偏振正交方向(两个本征模)的位相延迟为

$$\varphi = \pm \frac{\pi}{\lambda}n^3\gamma_{41}E_z d = \pm \frac{\pi}{\lambda}n^3\gamma_{41}V \quad (V = E_z d) \tag{5-12}$$

式中,d 为晶体薄片厚度。获得位相延迟 $\phi = \pm\pi$ 的半波电压 $V_{\pi\varphi}$ 为

$$V_{\pi\varphi} = \frac{\lambda}{n^3\gamma_{41}} \tag{5-13}$$

对于 BSO 晶体,根据其特性参数,在波长 $\lambda = 633\text{nm}$ 处,相应的半波电压约为 3900V。

130

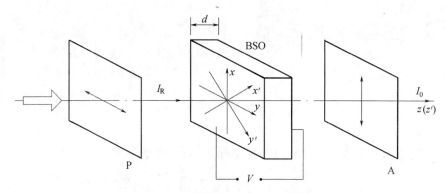

图 5.13　BSO 的纵向线性电光效应振幅(光强)调制光路

图 5.13 所示为 BSO 晶体薄片(厚度为 d)的纵向线性电光振幅(光强)调制光路,当以线偏振光输入,且偏振方向如图所示沿 y 方向(y 方向为感应坐标轴 x' 及 y' 的角平分线方向)时,获得的偏振光两个本征模之间的位相差 $\varphi_{x'y'}$ 为

$$\varphi_{x'y'} = \frac{2\pi}{\lambda}d(n_{y'} - n_{x'}) = \frac{2\pi}{\lambda}dn^3\gamma_{41}E_z \qquad (5-14)$$

输入的单位光强线偏振光的光场复振幅可在感应坐标系 $x'y'z'$ 内以琼斯矩阵表述为

$$A = \frac{1}{\sqrt{2}}\begin{bmatrix} 1 \\ 1 \end{bmatrix} \qquad (5-15)$$

在感应坐标系 $x'y'z'$ 上,光束经过施加纵向电场的 BSO 晶体薄片受到的复振幅调制可用琼斯矩阵表示为

$$M = \begin{bmatrix} \exp\left(\mathrm{j}\dfrac{\varphi_{x'y'}}{2}\right) & 0 \\ 0 & \exp\left(-\mathrm{j}\dfrac{\varphi_{x'y'}}{2}\right) \end{bmatrix} \qquad (5-16)$$

则线偏振光经过施加纵向电场的 BSO 晶体薄片后,出射光复振幅可用琼斯矩阵表示为

$$A_{BSO} = M \cdot A = \frac{1}{\sqrt{2}}\begin{bmatrix} \exp\left(\mathrm{j}\dfrac{\varphi_{x'y'}}{2}\right) & 0 \\ 0 & \exp\left(-\mathrm{j}\dfrac{\varphi_{x'y'}}{2}\right) \end{bmatrix} \cdot \begin{bmatrix} 1 \\ 1 \end{bmatrix} = \frac{1}{\sqrt{2}}\begin{bmatrix} \exp\left(\mathrm{j}\dfrac{\varphi_{x'y'}}{2}\right) \\ \exp\left(-\mathrm{j}\dfrac{\varphi_{x'y'}}{2}\right) \end{bmatrix} \qquad (5-17)$$

而检偏器 A 的作用在感应坐标系 $x'y'z'$ 内可用琼斯矩阵表示为

$$P = \frac{1}{2}\begin{bmatrix} 1 & -1 \\ -1 & 1 \end{bmatrix} \qquad (5-18)$$

线偏振光经过检偏器 A 后,光场复振幅在感应坐标系 $x'y'z'$ 内可用琼斯矩阵

表示为

$$A_{out} = P \cdot A_{BSO} = \frac{1}{2}\begin{bmatrix} 1 & -1 \\ -1 & 1 \end{bmatrix} \cdot \frac{1}{\sqrt{2}}\begin{bmatrix} \exp\left(j\frac{\varphi_{x'y'}}{2}\right) \\ \exp\left(-j\frac{\varphi_{x'y'}}{2}\right) \end{bmatrix} = \frac{j}{\sqrt{2}}\begin{bmatrix} \sin\left(\frac{\varphi_{x'y'}}{2}\right) \\ -\sin\left(\frac{\varphi_{x'y'}}{2}\right) \end{bmatrix}$$

$$(5-19)$$

经过坐标系转换后,式(5-19)在坐标系 xyz 中可表述为

$$A_o = T \cdot A_{out} = \frac{j}{\sqrt{2}}\begin{bmatrix} \cos\left(-\frac{\pi}{4}\right) & \sin\left(-\frac{\pi}{4}\right) \\ -\sin\left(-\frac{\pi}{4}\right) & \cos\left(-\frac{\pi}{4}\right) \end{bmatrix} \cdot \begin{bmatrix} \sin\left(\frac{\varphi_{x'y'}}{2}\right) \\ -\sin\left(\frac{\varphi_{x'y'}}{2}\right) \end{bmatrix} = \begin{bmatrix} j\sin\left(\frac{\varphi_{x'y'}}{2}\right) \\ 0 \end{bmatrix}$$

$$(5-20)$$

其中,T 为坐标系 $x'y'z'$ 与 xyz 之间的转换矩阵,

$$T = \begin{bmatrix} \cos\left(-\frac{\pi}{4}\right) & \sin\left(-\frac{\pi}{4}\right) \\ -\sin\left(-\frac{\pi}{4}\right) & \cos\left(-\frac{\pi}{4}\right) \end{bmatrix} \qquad (5-21)$$

结合式(5-13)、式(5-14)及式(5-18),在不考虑其中可能发生的光强损耗情况下,最终输出线偏振光的光强为

$$I_o = \sin^2\left(\frac{\varphi_{x'y'}}{2}\right) = \sin^2\left(\frac{\pi}{\lambda}dn^3\gamma_{41}E_z\right) = \sin^2\left(\frac{\pi}{2}\cdot\frac{V}{V_{\pi\varphi}}\right) \qquad (5-22)$$

因此,当施加纵向电场的 BSO 晶体薄片受到具有横向强度分布的写入光束(假设光子能量在晶体带隙能量附近,如 $\lambda < 405\text{nm}$ 的蓝紫光及紫外光)照射后[20,22],有光照 I_W 的区域(如图5.14中的 A' 及 B' 区),吸收的光子在晶体内激发产生电子—空穴对,这些电子—空穴对在外电场的作用下发生分离,且分离出的电子在电场作用下迁移,最终在晶体内或晶体端面形成空间电荷分布。

由于光生电子的迁移,在晶体薄片内的连线方向 AA' 及 BB' 上形成了与原电场方向相反的附加电场 E_{A1} 和 E_{A2}。如 B' 处的入射光强 I_W 比 A' 处强,则 B' 处的电子—空穴对数量(或浓度)将比 A' 处多(或高),故 BB' 连线方向上的附加电场 E_{A2} 将比 AA' 连线方向上的附加电场 E_{A1} 大,即 $E_{A2} > E_{A1}$。从而,BB' 连线方向上的总电场比 AA' 连线方向上的总电场小,即 $(E - E_{A2}) < (E - E_{A1})$,其余没有光照的区域,其总电场维持初始状态。因此,晶体内相应的双折射率空间分布依赖于写入光束的横向光强分布情况。

以上过程称为 BSO 晶体薄片用于纵向光调制时的写入过程。

写入过程完成后,可按照如图5.13所示的光路以一束较长波长的单色线偏振

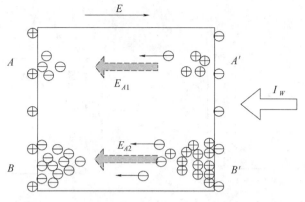

图 5.14　晶体内电子及空穴的分离、迁移和分布

平行光束(如 $\lambda > 600nm$ 的红光)作为入射读出光(某些情况下需要保持工作电压不变)。由于较长波长的光子基本不会在晶体内激发出电子—空穴对,因此不会对晶体内在写入过程形成的电场分布及双折射率空间分布造成破坏。在经过 BSO 晶体薄片时,读出线偏振光可分解成分别沿 x' 轴及 y' 轴的两个本征分量。根据晶体的线性电光调制原理,由于晶体薄片内的空间双折射率分布,这两个本征分量经过晶体薄片后得到的位相延迟量不同,从而造成偏振态的变化,偏振态变化量依不同区域的电场强度及双折射率分布情况而变。如果令该光束通过检偏器,则可获得如式(5 – 22)横向光强分布的读出光束,获得了写入光束的横向光强分布信息。

读出操作完成后,以一束短波长(如 $\lambda \leqslant 405nm$)的均匀光束照射经过写入和读出过程的 BSO 晶体,并同时将晶体薄片两端电场撤除(如将两端电极短路),晶体内分布的电子将在库仑力的作用下发生迁移并与空穴得到重合,使得晶体内的空间电荷分布消失,恢复电中性状态,完成晶体内存储信息的擦除。擦除操作完成后,就可以进行下一次的写入和读出操作。

可见,BSO 基光寻址空间光调制器的一个完整工作循环包括写入(某些操作模式还需要首先进行激发)、读出及擦除操作,其中还将需要直流电源及电路的开关操作相配合。

一般,BSO 晶体按[100]或[110]方向生长,在用于纵向调制时,一般采用[001]切割,即使得光轴(z 轴)与晶体薄片的光入射表面垂直。

2. BSO 基光寻址空间光调制器

采用 BSO 光折变晶体作为单一工作介质时,按照读出光的方式不同,光寻址空间光调制器一般可以分为透射式和反射式两种类型,如图 5.15 所示。

采用透射式的结构时(图 5.15(a)),写入光 I_W 和入射的读出光 I_{RI} 将从光寻址空间光调制器的同一入射面入射,由于在这种情况下写入光的波长将不同于读出光的波长,因此这种结构不利于器件的光学镀膜设计加工以及光学系统中对不同波长光的隔离。而对于如图 5.15(b)所示的反射式结构,写入光 I_W 和入射读出

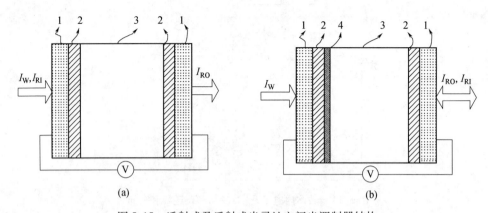

图 5.15　透射式及反射式光寻址空间光调制器结构

（a）透射式；（b）反射式。

1—透明电极；2—绝缘层；3—BSO 晶体薄片；4—介质反射层；

I_W—写入光；I_{RI}—入射读出光；I_{RO}—出射读出光。

光 I_{RI} 分别从光寻址空间光调制器的不同表面入射,介质反射层(一般可设计为对长波长的红光具有很高反射率,而对短波长的蓝紫光具有较低的反射率)使得写入光和读出光这两种不同波长的光能够在外围光路中完全隔离,从而有利于光学镀膜加工和在光学系统中的应用。

更重要的是,根据 BSO 晶体等诸多光折变晶体的特性及其纵向电光调制原理,要求符合最佳光学调制效果的工作电压一般是电压值较高的半波电压附近(如对于 633nm 读出光,无掺杂 BSO 晶体的半波电压为 3900V)。此类空间光调制器工作过程时均需要工作电压的快速开关切换,为了降低高速开关切换操作会给应用系统带来的严重电磁干扰以及实现空间光调制器的快速调制,有必要降低实际工作电压。对于反射式结构,式(5-22)变为

$$I_o = \sin^2\left(\frac{\varphi_{x'y'}}{2}\right) = \sin^2\left(\frac{\pi}{\lambda}2\mathrm{d}n^3\gamma_{41}E_z\right) = \sin^2\left(\frac{\pi}{2}\cdot\frac{2V}{V_{\pi\varphi}}\right) \qquad (5-23)$$

根据式(5-23),对于反射式结构,在同样的晶体薄片厚度下,仅需要相当于采用透射式结构一半的工作电压即可达到相同的光调制效果。因此,反射式结构更有利于降低电源控制系统的设计要求,并有利于提高空间光调制器的工作效率和工作速度。

而且,BSO 晶体等软铋矿光折变晶体材料都存在较大的旋光率[10],如室温下,BSO 晶体在 633nm 波长处的旋光率达到了 21°(左旋),这种旋光效应在实际应用中将会带来一定的负面影响。而如果采用反射式结构,读出光在晶体内来回两次反向传播将直接消除旋光效应的影响。表 5.2 为 1mm 厚的 BSO 晶体在不同波长下测量得到的旋光率。

表 5.2　不同波长条件下 BSO 晶体的旋光率

λ/nm	480	520	560	600	630	680	720
$\rho/(°/mm)$	47.7	37.5	29.5	26.3	21.2	16.5	14.8

根据绝缘层的配置不同,反射式结构可分为对称型与非对称型两种,分别如图 5.16(a)、(b)所示。在对称型结构中,由于晶体薄片两个入射面均与电极之间隔有绝缘层,因此在空间光调制器工作过程中均不会在晶体薄片与电极之间有电荷交换发生,晶体薄片内的总电荷量保持不变(为零)。而在非对称结构中,将仅有一层绝缘层,此绝缘层一般在读出表面,如图 5.16(b)所示。对于非对称结构,在写入光入射时,如果波长条件使得有部分光子能够在靠近右侧电极的晶体内得到吸收,那么根据光电导效应,此时由于右侧电极与 BSO 晶体薄片之间没有绝缘层的阻隔,右侧电极上的电子能够进入晶体内部,或晶体内的光生电子能够迁移到电极并被收集,使得晶体内的总电荷量发生变化。以下实验还将发现,由于在非对称结构中晶体薄片能够和电极发生电荷交换,写入速度和擦除速度都可以有较大幅度的提高,使得非对称结构比对称结构在工作速度上具有优势。而且,在相同条件下,非对称结构与对称结构的信息保持时间基本相当。

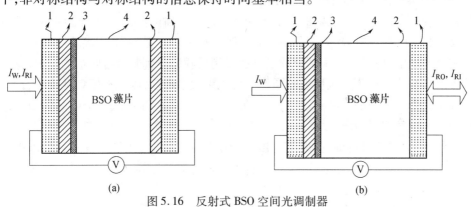

图 5.16　反射式 BSO 空间光调制器

(a)对称结构;(b)非对称结构。

1—透明电极;2—绝缘层;3—介质反射层;4—BSO 晶体薄片。

5.3.3　光折变空间光调制器的图像操作

1. 不同厚度及不同读出光相干性条件下

采用非对称反射式空间光调制器结构,Parylene 绝缘层厚度为 $20\mu m$,BSO 晶体薄片厚度分别为 $1000\mu m$(平板型)及 $500\mu m$(楔型),读出光分别为非相干光(用 633nm 中心波长干涉滤光片对氙灯光进行滤光获得)及相干光(He-Ne 激光),图 5.17 所示为上述条件下获得的读出图像。实验时,用于写入的数字透过板(即手刻写的"969"三个数字)尺寸为 $9mm \times 4.5mm$,写入时采用的写入波长均为 405nm,光强为 $25\ mW/cm^2$,曝光时间为 25ms,工作电压为 2600V。在进行实验时,数字透过板置于空间光调制器写入表面前约5mm的距离,受到平行光写入光照射成像于空间光调制器上。

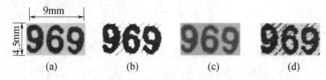

图5.17　非相干及相干读出图像

(a) 500μm厚度的BSO晶体薄片,非相干;(b) 500μm厚度的BSO晶体薄片,相干;
(c) 1000μm厚度的BSO晶体薄片,非相干;(d) 1000μm厚度的BSO晶体薄片,相干。

可见,无论是非相干读出光条件下或相干读出光条件下,BSO晶体薄片厚度为500μm时的读出图像清晰度均优于厚度为1000μm时的读出图像。而且,在采用平板型BSO晶体薄片结构时,相干光读出图像存在较明显的干涉条纹干扰,而在采用楔型BSO晶体薄片结构时,这种干涉条纹干扰明显减弱。这是因为,在采用平板型BSO薄片结构时,读出光束在各个结构层表面的菲涅耳反射光和从高反膜反射的图像读出光之间发生干涉,从而使得读出图像受到干涉条纹的明显影响;而在楔型结构中,由于晶体薄片前后表面的反射光产生偏离,读出光束在各个结构层表面发生菲涅耳反射的反射光和从高反膜反射的图像读出光之间不会发生干涉,因此探测到的读出图像几乎没有受到干涉干扰。但是,由于高反膜尚不能保证完全的反射,使得尚有小部分读出光透过高反膜并受到其后各膜层的反射,微弱的反射光与从高反膜一次反射的图像读出光束发生干涉,因此在楔型结构中,读出图像也会受到轻微的干涉干扰,但是这种干扰相对于采用平板型BSO晶体薄片结构的情况已经明显减弱。

同时,由图中可看到,在采用非相干光作为读出光时,几乎观察不到干涉条纹的干扰,这是由于在非相干读出时,在各表面发生的菲涅耳反射光与从高反膜反射的图像读出光之间不会发生明显的干涉。

2. 不同厚度及不同工作模式(电极连接方式)条件下

图5.18~图5.21所示为在写入光较弱条件下,BSO晶体薄片厚度分别为500μm(楔型结构)及1000μm(平板型结构)时,绝缘层厚度为20μm的非对称空间光调制器的写入过程。此时写入光波长均为405nm,光强度调整为约50μW/cm²,并采用保持写入光持续入射的情况下连续读出,得到不同电极连接方式下所获得的读出图像的变化。在所有几个实验中,高压电源的电压均保持为2600V,且均采用He-Ne激光作为相干读出光。

以上所获得的实验结果中,图5.18及图5.20为采用500μm厚度的楔型BSO晶体薄片构造的非对称反射式光寻址空间光调制器进行实验时,写入表面一侧的电极分别接电源负极(或接地)和电源正极所获得的读出图像。图5.19及图5.21中的读出图像分别对应于采用1000μm厚度平板型BSO晶体薄片构造的非对称反

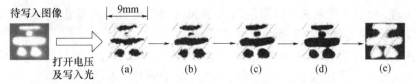

图 5.18　读出图像变化过程(500μm 厚度,写入表面一侧电极接负极)

(a) 0.5min; (b) 1.0min; (c) 2.0min; (d) 3.0min; (e) 关闭电压及写入光。

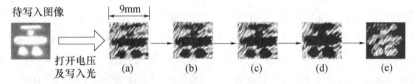

图 5.19　读出图像变化过程(1000μm 厚度,写入表面一侧电极接负极)

(a) 1.0min; (b) 1.6min; (c) 2.4min; (d) 4.0min; (e) 关闭电压及写入光。

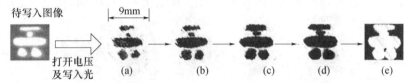

图 5.20　读出图像变化过程(500μm 厚度,写入表面一侧电极接正极)

(a) 2.2s; (b) 4.1s; (c) 5.9s; (d) 8.0s; (e) 关闭电压及写入光。

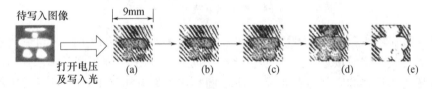

图 5.21　读出图像变化过程(1000μm 厚度,写入表面一侧电极接正极)

(a) 2.0s; (b) 4.0s; (c) 5.9s; (d) 8.2s; (e) 关闭电压及写入光。

射式光寻址空间光调制器进行实验时,写入表面一侧的电极分别接电源负极(接地)和电源正极的情况。

　　进行以上实验时,在写入与读出同步进行,且在此过程中保持写入光持续照射,得到外电场存在时的图像写入结果。在将工作电压撤离的同时(仅断开,不将空间光调制器的两个电极短接),也将关闭写入光,从而得到无外场及写入光照下的读出图像,即各图中的(e)幅图像。

　　从各图对比可见,采用楔型结构的 BSO 薄片确实有效降低了空间光调制器各膜层表面反射光的干扰。在相同的工作条件下,在 BSO 晶体薄片厚度为 500μm 时,写入响应时间将短于厚度为 1000μm 时,因此能够在较短曝光时间内达到最佳写入效果(如图 5.18(d),图 5.19(d),图 5.20(d)及图 5.21(d)所示)。在相同的工作条件下,在将空间光调制器靠近写入表面一侧的电极接电源正极时,写入速度将大大高于其接电源负极(或接地)时。对比图 5.18 和图 5.20,以及图 5.19 和图

5.21发现,在空间光调制器的靠近写入表面一侧的电极接电源正极时,其写入的图像较模糊,曝光区域产生较明显的扩散。

将电压撤除后,读出的图像相对于写入过程的读出图像是反相的,这是因为晶体薄片内的载流子迁移形成的空间电荷场没有随着外间电场的撤除而立即消除。

3. 不同工作电压及电压组合方式条件下

对于 BSO 晶体薄片厚度为 1000μm(平板型结构),绝缘层厚度为 20μm 的非对称空间光调制器,当写入及读出时工作电压保持相同时,获得不同工作电压条件下的最佳读出图像如图 5.22 所示。实验时,使得写入表面一侧的电极接地,工作电压分别为 1500V、2000V、2600V、3000V 及 3500V,写入光波长为 405nm,写入光强度为 50μW/cm²,读出光采用 He - Ne 激光。可见,工作电压为 1500V 及 2000V 时,读出图像均有写入不够充分的现象,而当工作电压为 3000V 及 3500V 时,读出图像反而不太清晰,有过度写入导致的扩散现象;当工作电压为 2600V 时,读出图像较清晰。

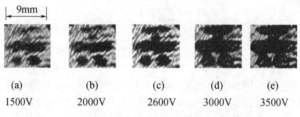

| (a) | (b) | (c) | (d) | (e) |
| 1500V | 2000V | 2600V | 3000V | 3500V |

图 5.22 不同工作电压下获得的最佳读出图像

在工作电压分别为 1500V、2000V、2600V、3000V 及 3500V 时,达到最佳效果的曝光时间均比较接近,这可能是由于在不同的外电场下,要达到晶体薄片内部电场平衡所需迁移的空间电荷数量有所不同。在工作电压为 1500V 时所需迁移的空间电荷数量将小于工作电压为 3500V 时,但是,在工作电压为 1500V 时,晶体薄片吸收光子所产生的电子—空穴对能够被最终分离并迁移的数量将小于工作电压为 3500V 时。在较高的工作电压下,载流子(对于 BSO 晶体将是电子)在晶体内的迁移速率[23]比较高,因此以较短的时间到达最终分布区域。综合电子—空穴对实际分离数量、所需迁移的电子数量以及电子迁移速率,在相同的写入光条件而不同的工作电压下,空间光调制器的 BSO 晶体薄片内实际达到电场平衡所需的时间是相当的。因此,当写入过程与读出过程采用不同的工作电压,及采用不同的电压组合方式时,就会有不同的实验结果。

图 5.23 所示为写入过程与读出过程施加不同电压所获得的实验结果。实验使用的 BSO 晶体薄片为 1000μm 厚,采用平板型结构,绝缘层厚度为 20μm,写入及读出过程中空间光调制器写入表面一侧的电极接电源负极,在与获得图 5.23 的实验条件相同的写入光条件下,写入过程施加较高的电压(如图中所示),而读出过程则施加 2600V 电压。

在写入电压为 2800V 时,获得如图 5.23(a)所示的读出图像需要的写入时间

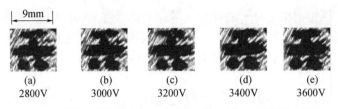

| 9mm |

| (a) | (b) | (c) | (d) | (e) |
| 2800V | 3000V | 3200V | 3400V | 3600V |

图 5.23   写入过程及读出过程采用不同工作电压的读出图像

为 3min,而在写入电压为 3000V、3200V、3400V 及 3600V 时,获得如图 5.23(b)~
(e)所示的读出图像仅分别需要 2.8min、2.5min、2.3min、2.1min 及 2.0min。可
见,将写入过程的电压设置为比读出电压高,在某种程度上可以缩短空间光调制器
的工作时间。但是,实验中发现,如果在较高的写入电压下使得写入时间稍微加长
直至晶体薄片内的电场达到平衡,那么在读出过程中将电压降低到读出电压
2600V 左右时,读出图像将会因为晶体薄片内部空间电荷的重新分布而受到某种
程度的破坏,造成读出图像的模糊。因此,在采用较高写入电压工作时,一般无需
等到晶体薄片内的电场达到平衡即可进入读出过程,读出过程采用较低的电压。

5.4   光学全息存储

5.4.1   光学全息存储概述

自 20 世纪 60 年代随着激光全息照相术出现以来,全息存储技术就成为一种
具有广阔应用前景,而又充满挑战的信息存储技术。由于采用光学全息方法,不仅
可记录物体光波的光强信息,且可记录光波的相位等信息,因此较之其他的信息存
储技术,光学全息存储技术无论在存储密度上,还是在信息读写速度上,均具有无
可比拟的优势:

(1)存储密度高。通过在二维面上或三维空间进行立体存储,可实现海量高
密度存储。

(2)光学全息信息存储可靠性高。全息信息冗余度大,与按位存储的光盘机
磁盘不同,全息信息存储以分布式的方式存储信息,每一信息位都有一定的备份量
存储在全息图的整个表面或整个体积中,全息图上的尘埃和划痕等局部缺陷对存
储信息的破坏性影响很小,使得信息的存储安全性很高。

(3)读写速度快。由于全息存储器是以页作为读写单位,不同页面的数据可
以同时并行读写,因此其存储和读出速度将相当迅速。据估计,未来全息存储可以
实现超过 100GB/s 的读写速度。

(4)信息存储的安全性高。全息图存储时,可结合利用加密编码,实现全息图
的加密存储,从而增加了信息存储的安全性。

(5)多功能和无接触存储的实现。在高性能光计算中,具备内容自动检索、内

容匹配定位、联想记忆等多种功能的光学存储技术将是必需的,而全息存储技术则可实现这些功能于一体。同时,由于采用光束读写,无机械直接接触,在提高数据传输速率和存取速率的同时,还可大幅减少机械摩擦引起的热量产生,保证存储器的长寿命。

因此,无论是光通信网络的发展,还是高性能巨型计算机以及光计算等新概念计算的发展,均需要光全息存储这样具备大容量、高速度、大规模并行和高度安全性的信息存储技术。

典型的光学全息存储包括:

(1) 平面全息图(二维全息图):含菲涅耳全息图存储、夫琅和费全息存储和傅里叶变换全息图存储;

(2) 体积全息图(三维全息图):含透射型体积全息图和反射型体积全息图存储,可采用不同角度的参考光实现多重像的存储。

5.4.2 光学体全息存储

和传统技术有所不同,体全息存储技术是把信息存储在介质的三维体积中,而非平面上。所以,存储密度有极大的提高。这种技术充分利用了存储介质的光折变性质,用来记录两束光的相干条纹。被记录的条纹信息在存储介质内部形成体光栅,使得信息得以保存。基于体光栅对于入射光的选择性,可以在存储介质的同一体积内部,反复记录不同的全息图,从而实现存储空间的复用,存储容量得到极大的提高。

存储介质体积的复用不仅可以有效提高存储容量,同时也有助于加速信息的读出。由于大量的信息是以体光栅的形式存储于介质内部的同一个点,所以在读取过程中,可以通过全息参考光实现信息的并行读出,而非传统光学存储技术的串行,进而大大提高了信息的读取速率。

1. 全息记录与再现

体全息存储的过程实质上是一个相干光两步成像过程。首先是在存储介质上记录物光和参考光的干涉场,然后用读出光去再现被记录的物光波前。记录内容:三维空间干涉曲面。

典型的邻面入射式全息存储构成原理如图 5.24 所示,物光束经过空间光调制器(SLM)而携带信息,参考光束以特定方向直接到达记录介质。不同的数据图像与不同的参考波面一一对应,在两相干光束相交的介质体积中形成干涉条纹。在写入过程中,材料对干涉条纹照明的响应而产生折射率分布,因而在材料中形成类似光栅结构的全息图。读出过程利用了光栅结构的衍射,用适当选择的参考光(是写入过程中某一参考光的复现)照明全息图,使衍射光束经受空间调制,从而几乎是精确地复现出写入过程中此参考光相干涉的数据光束的波面。这就是全息图存储信息的基本原理。

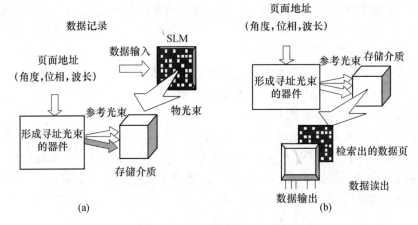

图 5.24　体全息存储构成原理示意图

体全息存储分为透射式全息存储和反射式全息存储。两种存储类型的重要区别在于记录过程中物光和参考光之间的相对位置,如果物光和参考光位于晶体的同侧,则所采用的光路为透射式光路;如果物光和参考光位于晶体的两侧,则所采用的光路为反射式。两种存储类型全息图干涉面记录情况见图 5.25(a)和(b)。

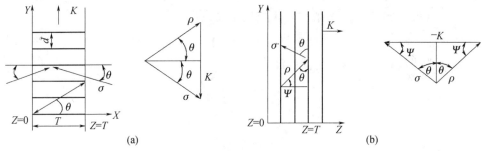

图 5.25　透射式和全息图干涉面记录
(a) 透射式; (b) 反射式。

假设在透射式全息存储的过程中,物光和参考光所形成的干涉面的方向垂直于全息图表面,如图 5.25(a),则干涉面的光栅矢量 K 平行于全息图表面。如果再现光波矢量和衍射后光波矢量分别为 ρ 和 σ,图 5.25(a)就表示满足布喇格入射时,ρ、σ 和 K 之间的矢量三角关系:$\sigma = \rho - K$。

与透射式全息存储类似,当一个反射式全息图被一束自左向右传播的光束照射时,衍射后光束的传播方向是从右向左,如图 5.25(b)。假设干涉面是不倾斜的,则光栅矢量 K 垂直于光栅表面,即再现光矢量 ρ_l 与光栅平面有一个夹角 θ。图 5.25 中的矢量图就表示了布喇格角入射时各种矢量之间的关系式:$\sigma = \rho_l - K$。

反射式全息存储光线的传播过程非常类似于晶体中晶面的布喇格反射,每一层干涉面只反射再现光波的一部分,并且,只有在一个合适的角度,衍射后的子波光线才会使相长干涉。在反射全息图中,满足布喇格条件的只有一个反射角,因此,不会有共轭再现,再现图像的串扰会得到抑制。

2. 光折变晶体实现体全息存储

光折变效应晶体材料目前被广泛用作大容量体全息存储的记录介质。光折变效应是发生在电光材料内部的一种复杂的光电过程。在光辐照下,具有一定杂质或缺陷的电光晶体内部形成与辐照光强空间分布对应的空间电荷分布,并且由此产生相应的空间电荷场。此电场通过现行电光效应,在晶体内形成折射率的空间调制即位相光栅;与此同时入射光又被自身写入的位相光栅衍射。由此可见,光折变晶体内的折射率位相光栅属于动态光栅,适合于进行实时全息记录。

折射率光栅的动态建立过程可表示为

$$\Delta n(t) = \Delta n_{\max}(1 - e^{-\frac{t}{\tau_W}}) \tag{5-24}$$

式中,τ_W 是晶体的写入时间常数,反映了晶体的响应速度,是饱和折射率调制度,即在写入时间 t 远大于光栅写入时间常数后,晶体折射率变化的幅值。光折变晶体记录干涉条纹并形成体光栅过程如图 5.26 所示。

以物光波和参考光波都是平面波为例,θ_r 和 θ_s 分别是参考光和物光在介质内的入射角,见图 5.26。根据光的干涉原理,在记录介质内部应形成等间距的平面族结构,即体光栅。条纹面应处于 R 和 O 两光束夹角的角平分线,它与两束光的夹角 $\theta = (\theta_r - \theta_s)/2$。体光栅常数 Λ 将满足关系式

$$2\Lambda\sin\theta = \lambda \tag{5-25}$$

式中,λ 为光波在介质内部传播的波长。

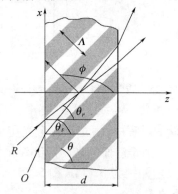

图 5.26　光折变晶体内体光栅记录的几何关系

体积全息图对光的衍射作用与布喇格(Bragg)对晶体的 X 射线衍射现象所作的解释十分相似,因而常借用所谓的"布喇格定律"来讨论体积全息图的波前再现,把式(5-24)称为"布喇格条件",角度 θ 称为"布喇格角"。具体来说,若把条纹看作反射镜面,则只有当相邻条纹面的反射光的光程差均满足同相相加的条件,

142

即等于光波的一个波长时,才能使衍射光达到极强。因此,只有当再现的光波完全满足该布喇格条件时才能得到最强的衍射光。当写入和读出均使用相同的波长时,若读出的角度稍有偏移,衍射光强将大幅度下降,并迅速降为零。

考虑到读出光对布喇格条件可能的偏离,根据耦合波理论,对于无吸收的透射型位相光栅,衍射效率为

$$\eta = \frac{\sin^2(\nu^2 + \xi^2)^2}{1 + (\xi/\nu)^2} \tag{5-26}$$

其中,参数 ν、ξ 分别由下式给出:

$$\begin{cases} \nu = \dfrac{\pi \Delta n d}{\lambda (\cos\theta_r \cos\theta_s)^2} \\ \xi = \dfrac{\delta d}{2\cos\theta_s} \end{cases} \tag{5-27}$$

式中,λ 是空气中的波长;δ 是由于照明光波不满足布喇格条件而引入的相位失配,当读出波的波长不变,入射角对布喇格角的偏离为 $\Delta\theta$ 时,相位失配因子 δ 可表示为

$$\delta = 2\pi\Delta\theta\sin(\varphi - \theta)/\lambda \tag{5-28}$$

ϕ 为光栅条纹平面的法线方向与 z 轴的夹角。当读出光满足布喇格条件入射时,$\Delta\theta = 0$,可知 $\xi = 0$,此时衍射效率为

$$\eta_0 = \sin^2\nu \tag{5-29}$$

结合式(5-26)可见,在布喇格角入射时,衍射效率将随介质的厚度 d 及其折射率的空间调制幅度 Δn 的增加而增加,当调制参量 $\nu = \pi/2$ 时,$\eta_0 = 100\%$。

根据式(5-25)~式(5-28),可以给出无吸收透射位相全息图归一化的衍射效率 η/η_0(η_0 为满足布喇格条件时的衍射效率)随布喇格失配参量 ξ 的变化曲线,称为选择性曲线。它们将是典型的 sinc^2 函数曲线,其主瓣宽度(2 个一级零点之间的距离)对应的角度差称为选择角。体全息的角度选择性使我们可以利用不同角度入射的光,在同一体集中记录许多不同的全息图,而且记录介质越厚,选择角就越小,因而记录的全息图就越多。例如光折变晶体材料,其厚度在 cm 量级,这时选择角仅有百分之几甚至千分之几度,因而可在这种厚的记录介质中存储大量的全息图而无显著的串扰噪声,这就是大容量存储的依据。

3. 光折变晶体实现体全息存储的典型参考案例

全息存储光路较为简洁,且普遍采用傅里叶全息图存储光路结构(图 5.27),此举可提高存储密度。如图 5.28 所示为一种可用于在光折变晶体内记录并读出数据进行矢量-矩阵乘法的系统构成。一种基于 4-f 光学结构的光折度晶体写入/读出光路结构如图 5.29 所示。

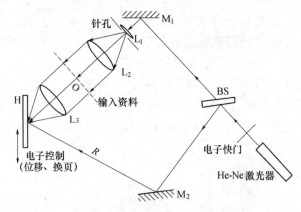

图 5.27　全息存储典型光路结构

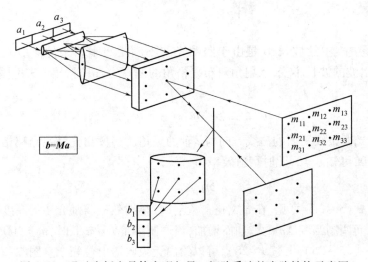

图 5.28　通过光折变晶体实现矢量—矩阵乘法的光路结构示意图

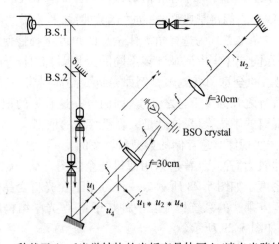

图 5.29　一种基于 4 -f 光学结构的光折变晶体写入/读出光路结构示意图

5.5　近场光学存储

5.5.1　超分辨近场结构光存储概述

　　为了进一步提高光盘存储的密度,传统的方法主要有采用短波长激光器、固体浸没透镜技术和探针近场光记录技术。由于激光器的波长即使从红光减小到紫光(目前只能到蓝光),密度也只能提高几倍,而且小体积短波长激光器制造比较困难,所以采用减小光源波长来提高存储密度的方法受到制约。固体浸没透镜技术是当前比较成熟的一种高密度光存储技术,其优点在于输出功率高、存储速度快,而且可以借鉴现有的相关存储技术。但该方案也存在着不足,因为增大数值孔径是以焦深的减小和失真的加大为代价的,而且包含固体浸没透镜的光学头制作就比较困难,其有效数值孔径也不能无限增大,所以利用固体浸没透镜技术记录光斑的尺寸在实质上还是受到光学衍射极限的制约,存储密度提高有限。对探针近场存储技术来讲,虽然这种技术能够实现超分辨率高密度存储,但是其技术不够成熟,目前仍处于研究阶段并且有许多问题尚未得到解决。例如,读出系统的能量传输效率低、扫描范围小、光学头的超低飞浮动、探针易受污染等,特别是在光盘高速旋转时探针极易损毁盘片,这些缺点都制约了近场存储技术走向实用化和市场化。

　　由于以上技术上的先天不足,大大限制了近场技术在光存储中的应用。超分辨率近场结构光存储正是在这个背景下提出来的,它有效地克服了以上方案的不足,还能够实现超高密度存储,被视为最有希望实现实用化的方案之一。

　　为了解决探针近场存储中高速旋转的探针容易损毁盘片的问题,有人提出将探针尖端和记录介质作为一个整体。在这种系统中,探针尖端外面所包裹的金属处于介质中,这层介质单独从记录层中分离出来,成为一个电介质保护层。原来包裹的金属层也变成了非线性材料,这种结构的最大好处就是,针尖与介质间的空气层变成了固体层。

　　基于以上思路,1998年日本科学家 J. Tominaga 等人首次提出了 Super – RENS 盘片结构,它以相变介质 $Ge_2Sb_2Te_5$ 为记录层材料,以 Sb 为掩膜层(也称为超分辨掩膜层,Super – Resolution Layer),再上下夹以 SiN 为电介质保护层,其基本结构如图 5.30(a) 所示[24]。它们在激光波长为 686nm 和物镜数值孔径为 0.6 的光存储系统中获得了尺寸为 90nm 的记录符和大于 10dB 的载噪比(Carrier – to – Noise Ratio,CNR),突破了衍射极限。当一定功率激光入射到 Sb 层上时,由于激光光束呈高斯分布,位于能量较高的光斑中心区域的 Sb 掩膜瞬间熔化。由于熔化态的 Sb 透过率比晶态的 Sb 高的多,于是在光斑中心形成了一个直径小于激光斑点的透光小孔。当激光光束离开后,熔化态的 Sb 重新迅速结晶,从而完成近场记录过程。在近场区域,到达记录层上光能量的分布基本上为掩膜层孔径的投影,利用该近场光与记录介质相互作用进行信息存储,使记录符的尺寸小于衍射极限,从而提高存储密度。此外,半导体材料如 InSb 也被用作掩膜层材料,由于半导体材料对光束的非线性效应,掩膜层的透过率与光强紧密相关。对于不同的半导体薄膜,其透过率随光强增大或者减小,亦相当于一个"透过率孔径",这样记录层上的光斑的中心出现显著的光强增大(尖峰)或者是光强减小(凹陷)。

随后,有研究小组又提出了一种新的掩膜材料 AgO_x,电介质保护层为 ZnS - SiO_2,得到了 200nm 的记录符和高于 30dB 的 CNR,其典型结构如图 5.30(b) 所示[25,26]。有文献报道称它的原理是利用了 Ag 粒子的散射,而不是掩膜层的透过率孔径造成的[27]。当激光光束入射到 AgO_x 掩膜层之后,光斑中心的 AgO_x 受热分解为 Ag 粒子和 O_2,这种 Ag 粒子即为近场光的发生源。在激光的照射下,银粒子被激发、产生表面等离子体共振增强效应而产生很强的局域散射光,由于记录层和掩膜层很近,散射光在发生衍射之前就与记录层发生作用,从而使记录符的尺寸小于衍射极限。当激光离开之后,Ag 粒子和 O_2 又重新反应生成 AgO_x。

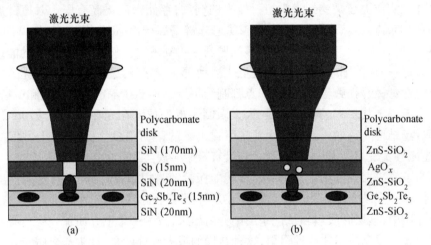

图 5.30   两种超分辨近场结构光盘

实际上,自从超分辨率结构光存储提出以来,陆续出现了以不同材料作为掩膜层设计的超分辨率近场结构光盘。总的来讲,可以分为三大类,一类是以 Sb 为代表的相变材料作为掩膜层材料,称为孔径型超分辨近场结构光盘;另一类是以 AgO_x 为代表的金属氧化物作为掩膜层,称为散射型超分辨近场结构光盘;还有一类是以 InSb 为代表的半导体材料作为掩膜层材料,称为非线性型超分辨近场结构光盘。孔径型超分辨近场结构光盘通过掩膜层光斑中心的微小透光孔径实现超分辨存储,而散射型超分辨率近场结构则通过表面等离子体共振增强效应产生散射实现超分辨存储。对非线性型超分辨近场结构光盘来讲,半导体掩膜的非线性光学响应是实现超分辨存储的原因。

对比超分辨率近场结构与其他近场光存储技术,Super - RENS 具有以下优点:

146

（1）通过调整介质膜的厚度，可以很方便地改变通光孔与记录介质的距离，克服了近场存储近场间距难以控制的问题；

（2）由于超分辨率近场结构光盘的信息记录和读取不需要探针，从而使盘片免于被探针划伤，更不存在探针污染的问题；

（3）由于掩膜层对激光的响应决定了记录符的尺寸，因此可以通过改变入射激光功率方便地改变通光孔的大小，从而改变记录符的大小；

（4）整个近场结构都做在光盘盘片上，可以很好地与现在的光盘存储器保持兼容；

（5）由于探针尖端和记录介质作为一个整体，使得采用大规模并行光读写成为可能，为大幅提高光存储读写速度提供条件。

5.5.2 超分辨存储实现的基本原理[3]

与传统的光盘结构不同，超分辨近场结构光盘盘片在记录层上方的近场范围内增加了一层掩膜层。目前组成掩膜层的材料主要有三种，它们是相变材料、金属氧化物以及半导体材料。对应于不同的掩膜层材料，在激光的照射下，掩膜层中会形成微小孔径或者发生其他物理变化，其超分辨存储的机理也不尽相同。但是大量的实验结果验证了它们具有一个相同点，那就是掩膜层在激光光束的作用下发生非线性光学效应，使激光光束透过掩膜层后急剧减小。下面将分别从超分辨掩膜层所共有的非线性光学效应出发，阐述超分辨存储的机理。

图 5.31 所示为超分辨光存储系统的光场传输示意图，波长为 λ 的激光光束经过透镜后得到的电场强度为 $E_0(r)$，聚焦激光光束经过超分辨掩膜并在光盘记录层被吸收，相当于被数值孔径为 NA 的透镜所接收。该图将实际过程中的反射过程简化为透射来处理，超分辨掩膜在入射和反射过程中的作用以透过率函数 $t(r)$ 来表示，而光盘记录层对光场的反射以透过率函数 $R_d(r)$ 表示，并忽略掩膜层和记录层的距离。根据前面的分析，透过率函数 $t(r)$ 应该描述入射激光的作用下超分辨掩膜层所发生的非线性光学效应，它是一个非线性函数，由掩膜层的自身性质（如材料、厚度等）和掩膜层前表面光场分布共同决定。为简便起见，这里假设

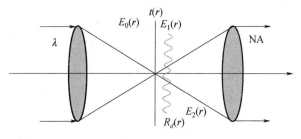

图 5.31 超分辨光存储系统的光场传输示意图

147

$t(r)$ 具有如下形式[28]：

$$t(r) = t_0[1 + g\{E_0(r)\})]$$ (5-30)

式中，t_0 是常数，t_0 表示掩膜的初始透过率，以及没有光入射时掩膜的透过率；$g\{E_0(r)\}$ 描述的是透过率随入射光场的非线性变化关系。

通常情况下，$g\{E_0(r)\}$ 是一个和光强分布 $E_0(r) \cdot E_0^*(r)$ 密切相关的函数，令

$$g\{E_0(r)\} = \alpha \cdot (E_0(r) \cdot E_0^*(r))$$ (5-31)

则

$$t(r) = t_0[1 + \alpha \cdot (E_0(r) \cdot E_0^*(r))]$$ (5-32)

式中，参数 α 是非线性因子。在入射到掩膜层上的光强不足以使掩膜层发生非线性变化，即掩膜层没有发生局域熔化或者金属氧化物没有分解时，$\alpha = 0$；当光强足够大时，$\alpha \neq 0$。α 为正实数时，透射率随着光强的增大而增大，表示光致漂白作用。当 α 为负实数时，透射率随着光强的增大而减小，表示光致变黑作用。由以上假设可知，在掩膜层的作用下，透过掩膜层后的光场分布为

$$E_1(r) = E_0(r) \cdot t(r) = t_0 E_0(r)[1 + \alpha(E_0(r) \cdot E_0^*(r))]$$ (5-33)

对上式进行傅里叶变换可以得到

$$\widetilde{E}_1(\rho) = t_0[\widetilde{E}_0(\rho) + \alpha \cdot \widetilde{G}(\rho) \otimes \widetilde{E}_0(\rho)]$$ (5-34)

其中，$\widetilde{E}_0(\rho)$ 和 $\widetilde{E}_1(\rho)$ 分别表示 $E_0(r)$、$E_1(r)$ 的傅里叶变换；$\widetilde{G}(\rho)$ 表示 $E_0(r) \cdot E_0^*(r)$ 的傅里叶变换。

$$\widetilde{G}(\rho) = \widetilde{E}_0(\rho) \otimes \widetilde{E}_0^*(\rho)$$ (5-35)

不失一般性，假设焦点的光斑为艾里斑，α、t_0 均为 0.5，这样 $\widetilde{E}_0(\rho)$ 成为透镜的孔径函数：

$$\widetilde{E}_0(\rho) = \begin{cases} 1, & \rho \leqslant NA/\lambda \\ 0, & \text{其他} \end{cases}$$ (5-36)

图 5.32 分别比较了光束透过掩膜层前后的光强分布和有、无掩膜时的频谱分布曲线。从图 5.32(a) 可以发现，与没有掩膜情况相比，在有掩膜情况下，经过卷积后频谱展宽了大约 3 倍，意味着有更多高频成像分量（对应于更小的记录符）在其中发挥了作用。同时，图 5.32(b) 也反映了与图 5.32(a) 一致性的规律，经过超分辨掩膜后光斑变窄，意味着在掩膜层后几十纳米的记录层能够形成小于焦点的光斑，有助于在记录层形成很小的记录符，实现更高密度的光存储。

$E_1(r)$ 经过 $R_d(r)$ 调制后的输出电场为

$$E_2(r) = E_1(r) \cdot R_d(r)$$ (5-37)

其频谱 $\widetilde{E}_2(\rho)$ 为

148

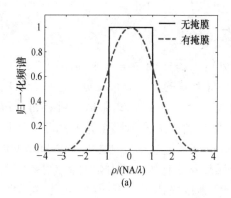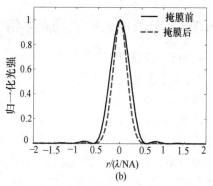

图 5.32　频谱分布图和掩膜前后光强分布示意图

$$\widetilde{E}_2(\rho) = \widetilde{E}_1(\rho) \otimes \widetilde{R}_d(\rho) \qquad (5-38)$$

而对于普通光盘来讲,相应的频谱为

$$\widetilde{E}'_2(\rho) = \widetilde{E}_0(\rho) \otimes \widetilde{R}_d(\rho) \qquad (5-39)$$

由于物镜的孔径的作用,空间频率不大于 NA/λ 的部分能最终被接收成为信号输出。比较式(5-38)和式(5-39),同样由于卷积的作用,而且 $\widetilde{E}_1(\rho)$ 比 $\widetilde{E}_0(\rho)$ 的谱宽,那么更多的记录符的高于 NA/λ 的高频信号被透镜接收。而普通光盘中相同记录符始终是小于或等于 NA/λ 的空间频率部分被透镜接收。也就是说,使用掩膜后,超过光学系统分辨本领的小尺寸记录符的信息也能够同时被透镜采集。总之,超分辨近场结构光存储系统的空间频带比普通结构光盘的频带要宽的多,超过了 NA/2λ,实现了超衍射极限分辨率记录符的写入和读出。

目前的超分辨率结构光盘按掩膜层材料的种类可分为孔径型超分辨近场结构光盘、散射型超分辨近场结构光盘和非线性型超分辨近场结构光盘三种。

孔径型超分辨近场结构光盘通过掩膜层光斑中心的微小透光孔径实现超分辨存储。当一定功率激光照射在掩膜上时,激光光斑的中央区域掩膜的透过率高于其周围区域,这样形成了一个小于光斑直径的透光孔,由于掩膜层和记录层之间的厚度小于近场光传播距离,因此到达记录层的光束变窄。

散射型超分辨率近场结构则通过表面等离子体共振增强效应产生散射实现超分辨存储。金属氧化物薄膜在激光的作用下,发生分解生成微小的金属颗粒,由于金属颗粒的散射作用其附近的记录层光场能量变得集中,导致记录光斑的尺寸减小。

对非线性型超分辨近场结构光盘来讲,半导体掩膜的非线性光学响应是实现超分辨存储的原因,由于光存储系统的空间频带在非线性掩膜层的作用下变得比普通结构光盘的频带宽,并且通过掩膜后的光斑尺寸变小,具体原因可以根据前面的模拟分析得到说明。

149

5.5.3　超分辨掩膜的近场光学特性

上一节从掩膜层的非线性效应出发分析了超分辨存储机理,指出了在有掩膜情况下,光束能量变得更为集中,并且光存储系统的空间频带变宽。这些分析的出发点都是基于掩膜层的非线性透过率假设式(5－29),该式概括了所有超分辨掩膜的特性,而其实际上只是对于描述半导体材料组成的掩膜与光的相互作用比较适用。对于相变材料,如熔化态和固态 Sb 的光强透过率分别为 6.24% 和 2.90%,就不能简单地用式(5－29)描述;对于金属氧化物掩膜,金属颗粒的散射效应激发了超分辨存储,就更不能直接用式(5－29)直接描述了。下面将主要针对孔径型和散射型超分辨掩膜,从分析光束通过掩膜后的近场光场分布的角度,研究超分辨近场结构光盘实现超分辨率存储的原理。

时域有限差分法(Finite － Diference Time － Domain Method,FDTD Method)是求解电磁场问题的一种数值方法,利用该方法对媒质的非均匀性、各向异性、色散性和非线性问题均可精确模拟,特别是处理复杂几何形状物体的电磁场问题时有较大的灵活性和优越性。下面将主要利用 FDTD 方法来模拟超分辨掩膜的近场光场分布。

图 5.33 给出了数值计算模型中所用孔径型和散射型超分辨掩膜的三维示意图。这里假设掩膜材料的折射率为 1.5,厚度为 20nm,长宽足够大。针对孔径型超分辨掩膜,假设掩膜中心半径为 25nm 的圆柱形区域内的材料的折射率为 1;针对散射型超分辨掩膜,假设掩膜中心有三个大小不等的球形颗粒,半径分别为 4nm、4nm 和 8nm,折射率均为 2.5。

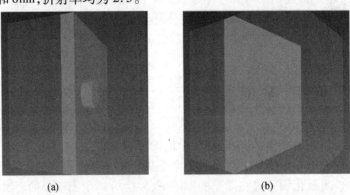

(a)　　　　　　　　　　　(b)

图 5.33　模拟用两种超分辨掩膜三维示意图
(a) 孔径型;(b) 散射型。

数值模拟发现,在单位振幅 y 向(图 5.33 的竖直方向)偏振(即 TE 模式)平面波的入射下,得到超分辨近场空间的光强分布如图 5.34 所示。图中(a)、(b) 分别是孔径型掩膜空间 yoz 平面的光强示意图和掩膜后 10nm、20nm 处总光强在 y 方向上的分布曲线。从图中可见,在圆形孔径的边缘有明显的光场增强效应,孔径后光场的光强呈现高斯分布,且光强随着与掩膜距离的增加而变小。类似的现象在图 5.34(c) 中也可以看到,在球形颗粒的边界上光强得到了增强,图 5.34(d) 显示平面与掩膜相距越远,其上的最大光强越小。如以光斑的半高全宽(FWHM)衡量光斑尺度,由图中可见,经过掩膜后,光斑的尺寸略有减小,但是变化并不是很明显。图 5.34(a) 中孔径的半径为 25nm,掩膜前的光强分布是均匀的,而经过掩膜后,其 FWHM 小于孔的直径,大约为 42nm。图 5.34(c) 中三个颗粒 y 向的的距离(边沿间距)为 28nm,经过掩膜后 FWHM 减小到大约 26nm。由此可见,光束通过这两种材料的掩膜后光斑都得到了一定程度的减小,这些结论与 5.2.2 节所得到的通过非线性掩膜后光斑减小的结论相符。

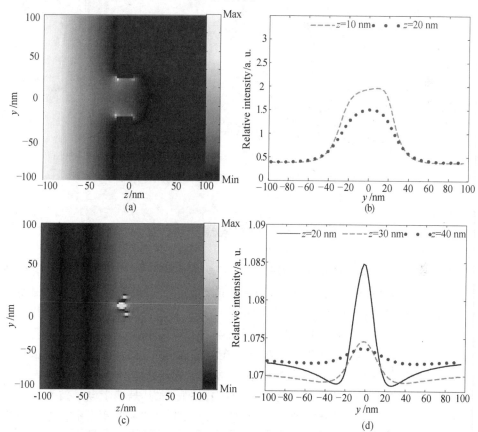

图 5.34　单位振幅 y 向偏振平面波的入射下掩膜后的光场分布

(a)、(c) yoz 平面上的光强分布;(b)、(d) 掩膜后不同距离处的光强分布曲线。

图 5.35 进一步分析了具有不同透光孔径的超分辨掩膜后 20nm 处的光场分布。从该图中可以看到,透光孔径为 50nm 时,掩膜近场的光斑的大小和强度均大于透光孔径为 20nm 时的情况。这说明透光孔径越小,透过的光斑越弱,而且光斑越小。在超分辨近场光盘中记录层位于掩膜层几十纳米后的近场,根据以上分析,

记录层表面的记录光斑的尺寸小于掩膜层表面的物镜聚焦光斑,而且透光孔径越小记录光斑越小,这样记录符尺寸超过光学系统分辨本领,从而获得超高密度光存储。

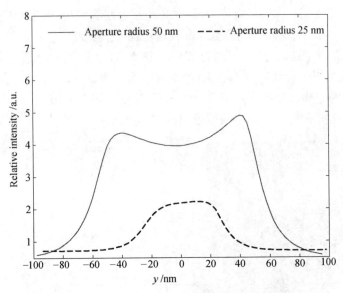

图5.35　不同孔径下掩膜后20nm处的光场分布

5.6　光学存储器件展望

随着海量计算需求的增加以及光计算领域的研究深入,以及高速光学信息处理需求及技术的发展,势必需要具有高性能的光学存储及光寻址空间光调制器来实现二维光信息的存储和转换。其中,光学存储主要需要在读写时间、存储密度、数据传输带宽上寻求突破,并能够实现光机电的大规模集成。同时,随着具有更好性能的软铋矿晶体及 GaAs 等复合半导体光折变晶体的发展,采用光折变晶体的空间光调制器性能将进一步得到提高,从而发挥更大的作用。

光学存储技术的未来发展也将面临严重的挑战,尤其是纳米电子技术的发展和各种新型电子存储技术的发展,使得光学存储的生存和发展变得不确定。但是有一点值得肯定的是,未来的计算机系统中光信号的传输将是主导式的甚至是全部的占有,这就需要数据的整个生存过程都能够通过光信号来实现,而无论是电子存储还是磁存储,都需要经过信号在不同物理信号载体之间的转换,尤其是接口信号也存在转换的必要,这无疑给信号的处理增加了不少时间,从而成为计算机发展的一个瓶颈,目前计算机发展所面临的存储墙问题正是如此,除了因为电信号的串行传输问题,主要还是目前的存储载体的信号传输形式的问题。因此,光学存储技术在将来光计算机中还会占据主要的地位,尤其是在将运算、传输和存储都集为一体的未来光计算系统中,光学存储有可能是核心的单元。

　　无论如何,光学存储技术面临着很多挑战,同样也迎来了发展的机遇,那就是目前计算机计算能力的无限需求和飞速发展,不仅对存储的容量,更是对存储的速度提出了更高要求,从数据传送到存入介质,再到读出介质并传送至运算单元的整个环节,都需要数据能够并行且无缝地进行。也许,只有光学信息处理才能办得到。如图5.36所示为2012年美国纽约大学的科学家通过采用超短波热脉冲存储数据,实现了每秒存储数千Gb数据的硬盘写入速度,比现有的硬盘读写速度提高了上百倍。但是,如何实现如此高速率的数据供给,即如何能够以如此高的速度将数据传输至写入接口和传送离开读出接口,是这项技术面临的一个技术难题,按照目前光计算技术的发展,必须借助于光互连技术才能解决。

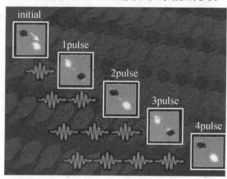

图5.36　超短波热脉冲数据存储技术

参 考 文 献

[1] 曹良才. 随机调制在体全息存储及相关识别系统中的应用. 清华大学博士论文, 2005.

[2] 王鹤群. 第四代光存储技术:美国博尔德召开的 ODS2010 年度学术会议. 记录媒体技术, 2010, 3:9 – 13.

[3] 胡文华. 超分辨近场结构光存储关键问题研究. 国防科学技术大学博士论文, 2010.

[4] 张东玲, 汤清彬, 施德恒. 超高密度光存储技术. 激光杂志, 2006, 4:4 – 9.

[5] 陶世荃. 光全息存储. 北京:北京工业大学出版社, 1998.

[6] Jürgen Jahns, Sing Lee. Optical Computing Hardware. Academic Press, 1994, 287 – 325.

[7] Goeppert – Mayer M. Über Elementarakte mit zwei Quantensprüngen. Ann Phys , 1931, 9 (3): 273 – 95.

[8] Parthenopoulos D A, Rentzepis P M. Three – dimensional optical storage memory. science, 245, 843(1989).

[9] Parthenopoulos D A, Rentzepis P M. Two - photon volume information storage in doped polymer systems. J. Appl. Phys. 1990, 68(11):5814 – 5819.

[10] 李修建. BSO 基光寻址空间光调制器的特性研究. 国防科学技术大学博士论文, 2007.

[11] Micheal Bass, Eric Van Stryland, David R Williams, William L Wolfe. Handbook of Optics. Vol 2. 2nd edition. New York:McGraw – Hill; 1995, p39. 13.

[12] Eknoyan O, Taylor H F, Matous W, et al. Comparison of photorefractive damage effects in $LiNbO_3$, $LiTaO_3$,

and $Ba_{1-x} Sr_x Ti_y Nb_{2-y} O_6$ optical waveguides at 488nm wavelength. Appl. Phys. Lett. , 71 (21): 3051 – 3053.

[13] Yu Wanji, Takumi minemoto. Performances of an all – optical subtracted joint transform correlator that uses a photorefractive crystal. Optical and Quantum Electronics, 2000, 32: 367 – 382.

[14] Rem Tripathi, Joby Joseph, K Singh. Pattern discrimination using wavelet filters in a photorefractive joint – transform correlator. Optics Communications, 1997, 143: 5 – 10.

[15] Iemmi C, Mela C La. Phase – only photorefractive joint transform correlator. Optics Communications, 2002, 209: 255 – 263.

[16] Michael A Krainak, Frederic M Davidson. Two – wave mixing gain in $Bi_{12}SiO_{20}$ with applied alternating electric fields: self – diffraction and optical activity effects. J. Opt. Soc. Am. B, 1989, 6(4): 634 – 638.

[17] Abtine Tavassoli, Michael F Becker. Optical correlation of spatial – frequency – shifted images in a photorefractive BSO correlator, APPLIED OPTICS, 2004, 43(8): 1695 – 1702.

[18] Wanjiyu, Takumi Minemoto. Performances of an all – optical subtracted joint transform correlator that uses a photorefractive crystal, Optical and Quantum Electronics, 2000, 32: 367 – 382.

[19] Archan Kumar Das, Sourangshu Mukhopadhyay. An all – optical matrix multi – plication scheme with non – linear material based switching system, CHINESE OPTICS LETTERS, 2005, 3(3): 172 – 175.

[20] 赵达尊,张怀玉. 空间光调制器. 北京:北京理工大学出版社,1992.

[21] Michael A Krainak, Frederic M Davidson. Two – wave mixing gain in $Bi_{12}SiO_{20}$ with applied alternating electric fields: self – diffraction and optical activity effects. J. Opt. Soc. Am. B, 1989, 6(4): 634 – 638.

[22] Alfred E Attard. Theory of origins of the photorefractive and photoconductive effects in $Bi_{12}SiO_{20}$. J. Appl. Phys, 1991, 58(1): 44 – 55.

[23] Grousson R, Henry M, Mallick S. Transport properties of photoelectrons in $Bi_{12}SiO_{20}$. J. Appl. Phys, 1984, 56(1): 224 – 229.

[24] Tominaga J. An approach for recording and readout beyond the diffraction limit with an Sb thin film [J] Appl. Phys. Lett. , 1998, 73: 2078 – 2080.

[25] Liu W C, Wen C Y, Chen K H, et al. Near – field images of the AgO_x – type super – resolution near – field structure [J] Appl. Phys. Lett. , 2007, 8(6): 685 – 687.

[26] Lin W C, Tasi D P. Nonlinear near – field optical effects of the AgO_x – type super – resolution near – field structure [J] Jpn. J. Appl. Phys. , 2003, 42(2B): 1031 – 1032.

[27] Takashi Kikukawa, Akihiro Tachibana, Hiroshi Fuji,Junji Tominaga. Recording and Readout Mechanisms of Super – Resolution Near – Field Structure Disc with Silver – Oxide Layer [J] Jpn. J. Appl. Phys. , 2003, 42: 1038 – 1039.

[28] Gijs B, Sprait J H M. Optical Storage Read – out of Nonlinear Optical Disks [J] Appl. Opt. , 1990, l29: 3766 – 3768.

第6章 并行光互连

6.1 概 述

在计算机发展的几十年间,电互连在计算机各级互连中占据着主导地位。电互连具有工艺成熟、成本低廉、连接简便等优点,但是随着处理单元对通信速度的要求日益提高,电互连所固有的局限性逐渐显示出来,主要体现在如下几个方面:

(1)带宽限制。从某种意义上来讲,导线是一个低通滤波器,其有限带宽会导致超高频信号的严重失真,导致传输信息能力有限。

(2)时钟歪斜。逻辑时钟信号无失真地传输是数据正确处理的基础。由于导线的有限带宽可引起逻辑门输入信号前沿的畸变,因而可能导致其输出误码。

(3)严重串话。一段导线以超高频传输信号时,由于其辐射能量正比于其传输频率,为高次方关系,故在传输频率高的情况下,就变成了邻近导线的发射天线或接收天线。这种严重的串话可能导致系统无法正常运行。

(4)寄生效应。金属线的分布电感和电容往往会造成误码。

(5)高功耗。每30cm导线充电到1V所需要能量相当于一个电子逻辑开关能量的1000倍。由于在利用金属导线传输信号时,每单位长度线上均需要充电到逻辑电平,故需要较大的能量,且随着信号频率的提高,功耗会急剧上升。

(6)易受电磁场的干扰。

所谓"光互连"是以光的波粒二象性与物质相互作用产生的各种现象实现数据和信号传输和交换的理论和技术。光互连的主要特色之一就是光学信息的并行传输。光互连可具体理解为用光技术实现两个以上通信单元的链接结构。通信单元包括系统、网络、设备、电路和器件等,以实现协同操作。光互连是可能解决巨型计算机(Super Computer)或称超型计算机内部互连网络性能瓶颈的关键技术。

6.2 光交换与光互连网络初步

6.2.1 光交换技术简介

所谓光交换技术就是在光域内实现信息(或信号通道)交换的技术。它的优点在于光信号通过光交换单元时,无需经过光电/电光转换,因此它不受探测器和调制器等光电器件响应速度的限制,它对比特率和调制方式透明,可以大大提高交换单元的吞吐量。目前,光交换的控制部分主要通过电信号来完成,随着光纤通信技术的发展和密集波分复用(DWDM)系统的应用,未来的光交换必将演变成为光控的全光交换。全光网络技术的实现有赖于光开关、光滤波器、新一代 EDFA 等器件和系统技术的发展。光交换中的基本单元是光开关,通过光开关单元的级联组合便可实现全光层的路由选择、波长选择、光交叉连接、自愈保护和光信号的交换和排序等功能。

1. 光交换的性能参数

1) 交换矩阵的大小

光开关交换矩阵的大小反映了光开关的交换能力。光开关处于网络不同位置,对其交换矩阵大小要求也不同。随着通信业务需求的急剧增长,光开关的交换能力也需要大大提高,如在骨干网上要有超过 1000×1000 的交换容量。对于大交换容量的光开关,可以通过较多的小光开关叠加级联而成。

2) 交换速度

交换速度是衡量光开关性能的重要指标。交换速度有两个重要的量级,当从一个端口到另一个端口的交换时间达到几毫秒时,对因故障而重新选择路由的时间已经够了。如对 SDH/SONET 来说,因故障而重新选路时,50ms 的交换时间几乎可以使上层感觉不到。当交换时间到达 ns 量级时,可以支持光互联网的分组交换,这对于实现光互联网是十分重要的。

3) 损耗

当光信号通过光开关时,将伴随着能量损耗。依据功率预算设计网络时,光开关及其级联对网络性能的影响很大。损耗和干扰将影响到功率预算。光开关损耗产生的原因主要有两个:光纤和光开关端口耦合时的损耗以及光开关自身材料对光信号产生的损耗。一般来说,自由空间交换的光开关的损耗低于波导交换的光开关。液晶光开关和 MEMS 光开关的损耗较低,为 1~2dB。而铌酸锂和固体光开关的损耗较大,大约 4dB。损耗特性影响到了光开关的升级,限制了光开关的扩容能力。

4) 交换粒度

不同的光网络业务需求,对交换的需求和光域内使用的交换粒度也有所不同。交换粒度可分为三类:波长交换、波长组交换和光纤交换。交换粒度反映了光开关交换业务的灵活性。这对于考虑网络的各种业务需求、网络保护和恢复具有重要意义。

5) 无阻塞特性

无阻塞特性是指光开关的任一输入端能在任意时刻将光波输出到任意输出端的特性。大型或级联光开关的阻塞特性更为明显,要求具有严格无阻塞特性。

6) 升级能力

基于不同原理和技术的光开关,其升级能力也不同。一些技术允许运营商根据需要随时增加光开关的容量。很多开关结构可容易地升级为 8×8 或 32×32，但不能升级到成百上千的端口，因此只能用于构建 OADM 或城域网的 OXC，而不适用于骨干网上。

7）可靠性

光开关要求具有良好的稳定性和可靠性。在某些极端情况下，光开关可能需要 1s 内完成几千几万次的频繁动作。有些情况（如保护倒换），光开关倒换的次数可能很少，此时，维持光开关的状态是更主要的因素。如喷墨气泡光开关，如何保持其气泡的状态是需要考虑的问题。很多因素会影响光开关的性能，如光开关之间的串扰、隔离度、消光比等都是影响网络性能的重要因素。当光开关进行级联时，这些参数将影响网络性能。光开关要求对速率和业务类型保持透明。

2. 光交换开关的种类

1）光电交换

光电交换的原理是利用光电晶体材料（如锂铌和钡钛）的波导组成输入输出端之间的波导通路。两条通路之间构成 Mach-Zehnder 干涉结构，其相位差由施加在通路上的电压控制。当通路上的驱动电压改变两通路上的相位差时，利用干涉效应就可以将信号送到目的输出端。这种结构可以实现 1×2 和 2×2 的交换配置，特点是交换速度较快（达到 ns 级），但是它的插入损耗、极化损耗和串音较严重，对电漂移较敏感，通常需要较高的工作电压。

2）光机械交换

光机械交换是通过移动光纤终端、棱镜或微镜将光线引导或反射到输出光纤，原理十分简单，成本也较低，但只能实现 ms 级的交换速度。例如 MEMS 光开关（Micro-Electro-Mechanical-Systems，MEMS），它是由半导体材料构成的微机械结构。它将电、机械和光集成为一块芯片，能透明地传送不同速率、不同协议的业务。MEMS 器件的结构很像 IC 的结构，它的基本原理就是通过静电的作用使可以活动的微镜面发生转动，从而改变输入光的传播方向。MEMS 既有机械光开关的低损耗、低串扰、低偏振敏感性和高消光比的优点，又有波导开关的高开关速度、小体积、易于大规模集成等优点。基于 MEMS 光开关交换技术的解决方案已广泛应用于骨干网或大型交换网。由于 MEMS 光开关是靠镜面转动来实现交换，所以任何机械摩擦、磨损或振动都可能损坏光开关。图 6.1 所示是三维的 MEMS 光开关反射镜，图 6.2 所示是三维 MEMS 光开关组装后的图像。

3）液晶光交换

图 6.3 所示为液晶光开关示意图，这种光交换通过液晶片、偏振光束分离器（PBS）或光束调相器来实现。液晶片的作用是旋转入射光的偏振角。当电极上没有电压时，经过液晶片光线的偏振角为 $90°$。当电压加在液晶片的电极上时，入射光束将维持其偏振状态不变。PBS 或光束调相器起路由器作用，将信号引导至目

图 6.1　三维 MEMS 光开关反射镜

图 6.2　三维 MEMS 光开关组装后的图像

的端口。对偏振敏感或不敏感的矩阵交换机都能利用此技术。这种技术可以构造多通路交换机,缺点是损耗大,热漂移量大,串音严重,驱动电路也较昂贵。

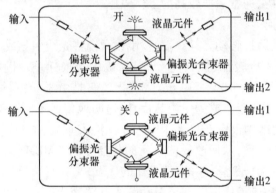

图 6.3　液晶光开关示意图

液晶光开关的工作状态基于对偏振的控制:一路偏振光被反射,而另一路可以通过。典型的液晶器件将包括无源和有源两部分。无源部分,如分路器将入射光分为两路偏振光。有源部分根据电压改变入射光的偏振态。由于电光效应,在液晶上施加电压将改变非常光的折射率,从而改变非常光的偏振状态。液晶的电光系数很高,优于铌酸锂,使液晶成为最有效的光电材料。电控液晶光开关的交换速度可达亚微秒级,甚至达到纳秒级。液晶光开关没有移动部分,因此系统具有很高的稳定性。

158

目前国际上已有该类型的商用产品,如图6.4所示即为美国 Spectra Switch 公司的 2×2 WaveWalker,其插入损耗在 1dB 左右,极化损耗为 0.2dB,交换时间为 4ms,外形尺寸为 100mm×25mm×9mm,交换波长的范围为 C 波段。

图6.4　Spectra Switch 公司的 2×2 WaveWalker

4）喷墨气泡光交换

安捷伦公司采用热喷墨打印和硅平面光波电路两种技术,开发出一种二维光交叉连接系统,安捷伦把这种技术称为"光子交换平台",如图6.5所示。其光开关平台包括两部分:下半部是硅衬底的玻璃波导,上半部是硅片。上下之间抽真空密封,内充特定的折射率匹配液,每一个小沟道都对应一个微型电阻,通过电阻加热匹配液形成气泡,对通过的光产生全反射。电信号在下半部引入,在芯片与光纤的耦合采用带状光缆通过硅 V 形槽 BUTT END 接触解决。当有入射光需要交换时,一个热敏硅片会在液体中产生一个小泡,小泡将光从入射波导中的光信号全反射至输出波导。安捷伦称气泡由封闭的系统控制,因此不会溢出,通过控制蒸气压,保持液、气体能共存的温度和压力。喷墨气泡光开关交换速度为 10ms。由于没有可移动部分,可靠性较好。

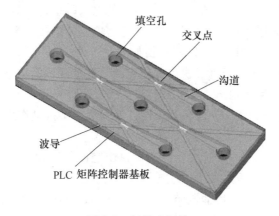

图6.5　气泡光开关
（PLC——可编程控制器）

5）全息光开关

全息光开关是利用激光的全息技术,将光纤光栅全息图写入 KLTN 晶体内部,利用光纤光栅选定波长的光开关。电激发的光纤布喇格光栅的全息图被写入到 KLTN 晶体内部后,当不加电压时,晶体是全透明的,此时光线直通晶体。当有电压时,光纤光栅的全息图产生,其对特定波长光反射,将光反射到输出端。晶体的行和列对光进行选路。KLTN 晶体尺寸大约为 $2mm \times 2mm \times 1.5mm$,组成一个矩阵,构成光开关的核心。行对应于不同的光纤,列同交换的波长有关。全息图对通信光波不敏感,所以通常不会擦除存储的全息图。但光全息图能被电信号擦除并重新写入,多个全息光栅能高效地存储到同一晶体内部。它具有低损耗特性,交换速度达到纳秒量级。全息光开关可以在线动态监测每一路波长,因为当全息光栅被激活时,大约有 95% 被反射,剩余 5% 直通,这 5% 的信号可以用来监测,这对于网络管理具有很重要的意义。

6）半导体光放大器开关

半导体光放大器开关利用 SOA 的放大特性,实现特定波长的交换。4 个 SOA 阵列通过波导互连构成的 2×2 光开关,在关断状态,SOA 是不透明的,即输入光被 SOA 吸收。在开启状态,光线允许通过 SOA,同时被放大。通过调节 SOA 放大波长,输入端信号能到达任意输出端,此种光开关具有广播功能,同时 SOA 提供的增益补偿了光开关的损耗。

当然,还有其他的开关种类,这里不再一一赘述。

6.2.2 光互连网络技术简介

1. 光互连网络的原理与优势

光互连是以光的波粒二象性与物质相互作用产生的各种现象实现数据和信号传输和交换的理论和技术。光互连的主要特色之一就是光学信息的并行传输。光互连可具体理解为用光技术实现两个以上通信单元的链接结构。通信单元包括系统、网络、设备、电路和器件等,以实现协同操作。光互连是可能解决巨型计算机(Super Computer)或称超级计算机内部互连网络性能瓶颈的关键技术。

从 20 世纪 80 年代到 90 年代,人们对全光数字计算机系统进行了一系列的研究,对光学互连网络系统和光逻辑开关器件的发展起了推动作用。从理论上讲,光互连具有如下优点:

(1)极高的空间和时间带宽积。由于自由空间具有无色散的性质,载波空间带宽大约为 100THz,空间和时间带宽积可以认为是无穷大,信息传输失真小。

(2)抗干扰。光波的传播遵循独立传播原理,多路光信息可以相互交叉而独立无干扰地传递信息,不受电磁场的干扰。

(3)互连数大,互连密度高。光互连系统通常可认为是物平面上的信息传递到像平面上相应部分的光学系统,其互连总数理论上可达 10^6。

160

（4）无触点互连。光互连在被互连的光逻辑开关器件上无物理接触点，可明显提高其可靠性、互连密度。

（5）等光程性。光互连通道路径的等光程性保证了各对应点之间的等光程互连。

（6）低功耗。光波传递信息的机理是光量子阻抗变换，功耗极低，且不随信号传输速率的增高而增加。

2. 光互连技术的实现方式

光互连技术是从光学数字计算机的研制过程中衍生出来的，现已初步发展成为一门独立的网络通信技术。当前大规模并行计算机和数字通信交换机对高速互连网络的迫切需要刺激了光互连网络技术的发展，使其成为建立信息高速公路的基础之一，故而成为各国高技术研究的热门课题。美国、日本、英国及加拿大等国皆投巨资进行光互连网络的研究与开发[1-6]。日本 NTT 公司相继报道了 COSINE - Ⅰ型、Ⅱ型和Ⅲ型高速光互连网络系列，美国 AT&T 贝尔实验室相继报告了第一代和第二代光学数字通信交换网络实验系统。当今的集成电路技术及光电混合集成技术为其实现提供了基础，使光互连技术逐步走向实用化。

光互连技术基本上可以分为自由空间光互连、光波导和光纤互连。自由空间光互连利用通过光学器件发生偏折和被控制的光束在空间进行互连；光波导互连是采用光纤和集成光学波导作光束传输介质，光束的传输方向有介质控制。自由空间光互连具有很强的网络拓扑结构灵活性，而光纤互连则具有高带宽远距离传输的优势。

6.3　全混洗变换的基本理论与分析

由于全混洗（Perfect Shuffle，PS）变换在光纤通信和光信息处理中具有重要的作用，已有不少文献对此进行了研究，形成了 PS 变换的基本理论。基于 PS 变换的基本理论，介绍左混洗／右混洗／逆混洗变换的数学定义和矩阵描述，对于全面认识和了解 PS 变换在光信号处理、光交换、光互连网络中的应用具有重要的作用。同时，为了充分发挥自由空间光互连的组网灵活性和空间带宽高的优势，本章将一维混洗（1D - PS）变换按照一定的映射规则转变成二维混洗（2D - PS）变换，重点说明了 2D - PS 变换的特点和优势。最后对 PS 变换的具体实现方式进行了全面的分析和比较，了解各种实现方式的特点和缺陷，为引出本文讨论的利用微光学元件实现 PS 变换奠定基础。

6.3.1　PS 变换的基本理论

PS 变换来源于扑克牌游戏，最原始的意义就是洗牌，即将一叠扑克牌分成两半，从每一半中依次各取一张叠加起来，相互交叉打乱顺序。显然，这是对这叠牌排列的一个置换。后来在信号处理中逐步引申为排序操作。

1. PS 变换的数学定义

PS 变换是一种排序操作,实际上是将一组输入信号(元素、数字)平分为两部分,通过交叉内插操作,使得在输出端得到所需要的排序。PS 变换包括左混洗(Left Perfect Shuffle,LPS)、右混洗(Right Perfect Shuffle,RPS)和逆混洗(Inverse Perfect Shuffle,IPS),对应有各自的数学定义。

1)左混洗 LPS 变换的数学定义

输入一组元素 $A_k(k = 0,1,\cdots,N-1)$,$N = 2^m$,其输出为 $A_k{}'(k' = 0,1,\cdots,N-1)$,$k$ 和 k' 满足

$$k' = \begin{cases} 2k, & 0 \leqslant 2k < \dfrac{N}{2} \\ 2k+1-N, & \dfrac{N}{2} \leqslant k \leqslant N \end{cases} \qquad (6-1)$$

k 和 k' 分别为输入输出端口序号。

例如,输入元素为 1,2,3,4,5,6,7,8 序列,则经过 LPS 变换后为 1,5,2,6,3,7,4,8 序列。根据 LPS 变换的特点我们可以得到:经过 $\log_2{}^N = m$ 次 LPS 变换可使输入元素的顺序还原,经过 $3\log_2{}^N = 3m$ 次 PS 变换,包括 LPS、RPS、IPS 和光开关的级联组合共同作用,可实现任意序列信号的输出。

2)右混洗 RPS 变换的数学定义

输入一组元素 $A_k(k = 0,1,\cdots,N-1)$,$N = 2^m$,其输出为 $A_k{}'(k' = 0,1,\cdots,N-1)$,$k$ 和 k' 满足

$$k' = \begin{cases} 2k+1, & 0 \leqslant k < \dfrac{N}{2} \\ 2k-N, & \dfrac{N}{2} \leqslant k < N \end{cases} \qquad (6-2)$$

即输入 1,2,3,4,5,6,7,8,对应的输出为 5,1,6,2,7,3,8,4。

对于 RPS 变换,根据其定义我们可知若对输入信号连续进行 $\log_2{}^N = m$ 次 RPS 变换,则可使输入元素以相反次序排列输出。

3)逆混洗 IPS 的数学定义

逆混洗分为左逆混洗和右逆混洗,左逆混洗的定义为:

输入一组元素 $A_k(k = 0,1,\cdots,N-1)$,$N = 2^m$,其输出 $A_k{}'(k' = 0,1,\cdots,N-1)$,$k$ 和 k' 满足

$$k' = \begin{cases} \dfrac{k}{2} & (k \text{ 为偶数,包括 } 0, k \leqslant N) \\ \dfrac{(k+N-1)}{2} & (k \text{ 取小于 } N \text{ 的奇数}) \end{cases} \qquad (6-3)$$

162

即输入1,2,3,4,5,6,7,8,对应的输出为1,3,5,7,2,4,6,8。

同样右逆混洗的 k 和 k' 满足:

$$k' = \begin{cases} \dfrac{N-(k+2)}{2} & (k \text{ 为偶数,包括} 0) \\ \dfrac{2N-(k+1)}{2} & (k \text{ 为奇数}) \end{cases} \qquad (6-4)$$

即输入1,2,3,4,5,6,7,8,对应的输出为7,5,3,1,8,6,4,2。

由 LPS 变换的特点我们可以看出 IPS 实际上是对输入元素连续作 $\log_2^N - 1$ 次 LPS 变换的结果。例如,对于 $N = 8$ 信号元素的输入,对其连续作 $\log_2^8 - 1 = 2$ 次 LPS 变换,其结果如下所示:

$$1,2,3,4,5,6,7,8$$

一次 LPS:1,5,2,6,3,7,4,8

二次 LPS:1,3,5,7,2,4,6,8

同样右逆混洗实际上是作 $\log_2^N - 1$ 次 RPS 变换,即

$$1,2,3,4,5,6,7,8$$

一次 RPS:5,1,6,2,7,3,8,4

二次 RPS:7,5,3,1,8,6,4,2

若对 PS 互连网络的节点和链路地址编号进行二进制编码,则 LPS、RPS 和 IPS 互连的二进制表述为

$$\text{LPS}: y_{n-1}y_{n-2}\cdots y_1 y_0 = f(x_{n-1}x_{n-2}\cdots x_1 x_0) = x_{n-2}\cdots x_1 x_0 x_{n-1} \qquad (6-5)$$

$$\text{RPS}: y_{n-1}y_{n-2}\cdots y_1 y_0 = g(x_{n-1}x_{n-2}\cdots x_1 x_0) = x_{n-2}\cdots x_1 x_0 \overline{x_{n-1}} \qquad (6-6)$$

$$\text{IPS}: y_{n-1}y_{n-2}\cdots y_1 y_0 = h(x_{n-1}x_{n-2}\cdots x_1 x_0) = x_0 x_{n-1}\cdots x_2 x_1 \qquad (6-7)$$

其中,$n = \log_2 N$;$x_{n-1}x_{n-2}\cdots x_1 x_0$ 和 $y_{n-1}y_{n-2}\cdots y_1 y_0$ 分别为输入端和输出端地址二进制编码;f、g、h 为 LPS、RPS 和 IPS 的互连函数关系,即相邻两级节点间链路的连接模式。从式(6-5)、式(6-6)和式(6-7)中可以看出,经过 LPS 变换后的输出端地址可由输入端的二进制编码向左循环移位一次得到;而 IPS 变换的输出端地址则是输入端的二进制编码向右循环移位一次得到,RPS 变换是在 LPS 的基础上将其最后一位取反得到。

RPS 以及 IPS 的光学实现可以借助传统的光学器械和计算全息元件等通过分束成像获得,也可以利用棱镜、偏振分光棱镜、液晶空间光调制器的组合实现。通过调节液晶像元上的电压大小从而改变或保持通过其上的偏振光的偏振状态,可以很方便地实现直通和交叉互连,在输出端完成所要的 PS 变换。

2. PS 变换的矩阵描述

通过上面的分析可知,PS 网络的互连与网络的输入/输出数据的具体形式有关,如果将 PS 光互连看作是一种向量变换,则我们可以引入矩阵概念描述 PS

变换[7,8]。

1）矩阵定义

定义 $Y(N) = M(N)X(N)$，其中 $X(N)$、$Y(N)$ 分别表示网络的输入输出，$M(N)$ 为互连矩阵，它描述了网络的互连函数。

根据 LPS、RPS 变换的数学定义，我们引入左、右全混洗矩阵 M_L、M_R 表示全混洗，其中

$$M_L(i,j) = \begin{cases} 1, & j = \left(2i + \left[\dfrac{2i}{N}\right]\right) \mathrm{Mod} N \quad i = 0,1,\cdots,N-1 \\ & \qquad\qquad\qquad\qquad\qquad j = 0,1,\cdots,N-1 \\ 0, & \text{其他} \end{cases} \quad (6-8)$$

$$M_R(i,j) = \begin{cases} 1, & j = \left(2i + 1 - \left[\dfrac{2i}{N}\right]\right) \mathrm{Mod} N \quad i = 0,1,\cdots,N-1 \\ & \qquad\qquad\qquad\qquad\qquad\qquad j = 0,1,\cdots,N-1 \\ 0, & \text{其他} \end{cases}$$
$$(6-9)$$

也可以定义：$M_L(N) = \begin{bmatrix} M_1(N) & M_2(N) \end{bmatrix}$，$M_R(N) = \begin{bmatrix} M_2(N) & M_1(N) \end{bmatrix}$

其中 $M_k = \begin{bmatrix} E_k & 0 \\ 0 & E_k \end{bmatrix}_{N/4}$，（$k = 1,2$）

$$E_1 = \begin{bmatrix} 1 & 0 \\ 0 & 0 \\ 0 & 1 \\ 0 & 0 \end{bmatrix}, \quad E_2 = \begin{bmatrix} 0 & 0 \\ 1 & 0 \\ 0 & 0 \\ 0 & 1 \end{bmatrix} \quad (6-10)$$

下标 $N/4$ 表示 $M_k(N)$ 是以分块矩阵 E_k 为基本矩阵单元的 $N/4 \times N/4$ 维方阵，例如：

$N = 4$ 时

$$M_L(4) = \begin{bmatrix} 1 & 0 & 0 & 0 \\ 0 & 0 & 1 & 0 \\ 0 & 1 & 0 & 0 \\ 0 & 0 & 0 & 1 \end{bmatrix}, \quad M_R(4) = \begin{bmatrix} 0 & 0 & 1 & 0 \\ 1 & 0 & 0 & 0 \\ 0 & 0 & 0 & 1 \\ 0 & 1 & 0 & 0 \end{bmatrix} \quad (6-11)$$

$N = 8$ 时

$$M_L(8) = \begin{bmatrix} E_1 & 0 & E_2 & 0 \\ 0 & E_1 & 0 & E_2 \end{bmatrix} = \begin{bmatrix} 1 & 0 & 0 & 0 & 0 & 0 & 0 & 0 \\ 0 & 0 & 0 & 0 & 1 & 0 & 0 & 0 \\ 0 & 1 & 0 & 0 & 0 & 0 & 0 & 0 \\ 0 & 0 & 0 & 0 & 0 & 1 & 0 & 0 \\ 0 & 0 & 1 & 0 & 0 & 0 & 0 & 0 \\ 0 & 0 & 0 & 0 & 0 & 0 & 1 & 0 \\ 0 & 0 & 0 & 1 & 0 & 0 & 0 & 0 \\ 0 & 0 & 0 & 0 & 0 & 0 & 0 & 1 \end{bmatrix} \quad (6-12)$$

164

$$\boldsymbol{M}_{R}(8) = \begin{bmatrix} \boldsymbol{E}_2 & 0 & \boldsymbol{E}_1 & 0 \\ 0 & \boldsymbol{E}_2 & 0 & \boldsymbol{E}_1 \end{bmatrix} = \begin{bmatrix} 0 & 0 & 0 & 0 & 1 & 0 & 0 & 0 \\ 1 & 0 & 0 & 0 & 0 & 0 & 0 & 0 \\ 0 & 0 & 0 & 0 & 0 & 1 & 0 & 0 \\ 0 & 1 & 0 & 0 & 0 & 0 & 0 & 0 \\ 0 & 0 & 0 & 0 & 0 & 0 & 1 & 0 \\ 0 & 0 & 1 & 0 & 0 & 0 & 0 & 0 \\ 0 & 0 & 0 & 0 & 0 & 0 & 0 & 1 \\ 0 & 0 & 0 & 1 & 0 & 0 & 0 & 0 \end{bmatrix} \quad (6-13)$$

对于逆混洗变换,可以同样讨论。

定义:左逆混洗 $\boldsymbol{M}_{L}^{-1}(N) = [\boldsymbol{M}_1(N)\boldsymbol{M}_2(N)]^{(\log_2^N - 1)}$　　　(6-14)

右逆混洗 $\boldsymbol{M}_{R}^{-1}(N) = [\boldsymbol{M}_2(N)\boldsymbol{M}_1(N)]^{(\log_2^N - 1)}$　　　(6-15)

即 $\boldsymbol{M}_{L}^{-1}(N) = \boldsymbol{M}_{L}(N)^{(\log_2^N - 1)}$, $\boldsymbol{M}_{R}^{-1}(N) = \boldsymbol{M}_{R}(N)^{(\log_2^N - 1)}$　　(6-16)

当 $N = 4$ 时, $\log_2^N - 1 = 1$

$$\boldsymbol{M}_{L}^{-1}(4) = \begin{bmatrix} 1 & 0 & 0 & 0 \\ 0 & 0 & 1 & 0 \\ 0 & 1 & 0 & 0 \\ 0 & 0 & 0 & 1 \end{bmatrix}, \quad \boldsymbol{M}_{R}^{-1}(4) = \begin{bmatrix} 0 & 0 & 1 & 0 \\ 1 & 0 & 0 & 0 \\ 0 & 0 & 0 & 1 \\ 0 & 1 & 0 & 0 \end{bmatrix} \quad (6-17)$$

此时左混洗等同于左逆混洗,而右混洗等同于右逆混洗。

当 $N = 8$ 时, $\log_2^N - 1 = 2$,此时

$$\boldsymbol{M}_{L}^{-1}(8) = \begin{bmatrix} 1 & 0 & 0 & 0 & 0 & 0 & 0 \\ 0 & 0 & 1 & 0 & 0 & 0 & 0 \\ 0 & 0 & 0 & 1 & 0 & 0 & 0 \\ 0 & 0 & 0 & 0 & 0 & 1 & 0 \\ 0 & 1 & 0 & 0 & 0 & 0 & 0 \\ 0 & 0 & 0 & 1 & 0 & 0 & 0 \\ 0 & 0 & 0 & 0 & 1 & 0 & 0 \\ 0 & 0 & 0 & 0 & 0 & 0 & 1 \end{bmatrix}, \quad \boldsymbol{M}_{R}^{-1}(8) = \begin{bmatrix} 0 & 0 & 0 & 0 & 0 & 1 & 0 \\ 0 & 0 & 0 & 0 & 1 & 0 & 0 \\ 0 & 0 & 1 & 0 & 0 & 0 & 0 \\ 1 & 0 & 0 & 0 & 0 & 0 & 0 \\ 0 & 0 & 0 & 0 & 0 & 0 & 1 \\ 0 & 0 & 0 & 0 & 0 & 1 & 0 \\ 0 & 0 & 0 & 1 & 0 & 0 & 0 \\ 0 & 1 & 0 & 0 & 0 & 0 & 0 \end{bmatrix}$$

$$(6-18)$$

根据上面分析可知全混洗变换的矩阵描述具有以下的特点:

(1)若对输入信号连续作 $\log_2^N$ 次左混洗变换,输入信号将以相同的序列输出,利用矩阵描述即为 $\boldsymbol{M}_{L}(N)^{\log_2^N} = \boldsymbol{I}$, $\boldsymbol{I}$ 表示单位矩阵。

(2)若对输入信号连续作 $\log_2^N$ 次右混洗变换,输入信号将以相反的序列输出,即 $\boldsymbol{M}_{R}(N)^{\log_2^N} = \boldsymbol{I}'$, $\boldsymbol{I}'$ 表示单位反对角矩阵。

(3) $\boldsymbol{M}_{L} = \boldsymbol{M}_{R}\boldsymbol{M}_{L}^{-1}\boldsymbol{M}_{R}$ 或 $\boldsymbol{M}_{R} = \boldsymbol{M}_{L}\boldsymbol{M}_{R}^{-1}\boldsymbol{M}_{L}$,即可通过左(右)混洗的逆变换与右

（左）混洗的交替二次变换实现右（左）混洗变换。

2）举例说明。

利用上面所述的全混洗变换的矩阵处理，分别对 1D 和 2D 的 PS 变换进行分析。

（1）1D – PS 变换。

x 方向：对于输入信号为 $X(N) = [1\ \ 2\ \ 3\ \ 4\ \ 5\ \ 6\ \ 7\ \ 8]^T$

由 $Y(N) = M(N)X(N)$ 可得输出信号：

$$Y(N) = [M(N)X(N)]^T = X(N)^T M(N)^T$$

$$= [1\ \ 2\ \ 3\ \ 4\ \ 5\ \ 6\ \ 7\ \ 8] \cdot \begin{bmatrix} 1 & 0 & 0 & 0 & 0 & 0 & 0 & 0 \\ 0 & 0 & 1 & 0 & 0 & 0 & 0 & 0 \\ 0 & 0 & 0 & 0 & 1 & 0 & 0 & 0 \\ 0 & 0 & 0 & 0 & 0 & 0 & 1 & 0 \\ 0 & 1 & 0 & 0 & 0 & 0 & 0 & 0 \\ 0 & 0 & 0 & 1 & 0 & 0 & 0 & 0 \\ 0 & 0 & 0 & 0 & 0 & 1 & 0 & 0 \\ 0 & 0 & 0 & 0 & 0 & 0 & 0 & 1 \end{bmatrix}$$

$$= [1\ \ 5\ \ 2\ \ 6\ \ 3\ \ 7\ \ 4\ \ 8] \tag{6－19}$$

y 方向：

$$Y(N) = M(N)X(N) = \begin{bmatrix} 1 & 0 & 0 & 0 & 0 & 0 & 0 & 0 \\ 0 & 0 & 0 & 0 & 1 & 0 & 0 & 0 \\ 0 & 1 & 0 & 0 & 0 & 0 & 0 & 0 \\ 0 & 0 & 0 & 0 & 0 & 1 & 0 & 0 \\ 0 & 0 & 1 & 0 & 0 & 0 & 0 & 0 \\ 0 & 0 & 0 & 0 & 0 & 0 & 1 & 0 \\ 0 & 0 & 0 & 1 & 0 & 0 & 0 & 0 \\ 0 & 0 & 0 & 0 & 0 & 0 & 0 & 1 \end{bmatrix} \begin{bmatrix} 1 \\ 2 \\ 3 \\ 4 \\ 5 \\ 6 \\ 7 \\ 8 \end{bmatrix} = \begin{bmatrix} 1 \\ 5 \\ 2 \\ 6 \\ 3 \\ 7 \\ 4 \\ 8 \end{bmatrix}$$

$$\tag{6－20}$$

（2）2D – PS 变换。

对于二维 PS 变换，必须对输入元素同时进行 x 和 y 方向的平分和交叉内插，即 x、y 方向均要进行 PS 变换。我们可以依次对输入的面信号进行 x、y 方向的 PS 变换，先对 x 方向或 y 方向进行变换，其输出结果应该一样，即

$$Y(N)_1 = [M(N)X(N)]M(N)^T = Y(N)_2 = M(N)[X(N)M(N)^T]$$

$$\tag{6－21}$$

166

例如,若输入面信号为 $X(4,4) = \begin{bmatrix} 01 & 02 & 03 & 04 \\ 05 & 06 & 07 & 08 \\ 09 & 10 & 11 & 12 \\ 13 & 14 & 15 & 16 \end{bmatrix}$

则输出信号为

$$X(4,4) = \begin{bmatrix} 1 & 0 & 0 & 0 \\ 0 & 0 & 1 & 0 \\ 0 & 1 & 0 & 0 \\ 0 & 0 & 0 & 1 \end{bmatrix}\begin{bmatrix} 01 & 02 & 03 & 04 \\ 05 & 06 & 07 & 08 \\ 09 & 10 & 11 & 12 \\ 13 & 14 & 15 & 16 \end{bmatrix}\begin{bmatrix} 1 & 0 & 0 & 0 \\ 0 & 0 & 1 & 0 \\ 0 & 1 & 0 & 0 \\ 0 & 0 & 0 & 1 \end{bmatrix} = \begin{bmatrix} 01 & 03 & 02 & 04 \\ 09 & 11 & 10 & 12 \\ 05 & 07 & 06 & 08 \\ 13 & 15 & 14 & 16 \end{bmatrix}$$

$$(6-22)$$

若输入面信号为 $X(8,8) = \begin{bmatrix} 01 & 02 & 03 & 04 & 05 & 06 & 07 & 08 \\ 09 & 10 & 11 & 12 & 13 & 14 & 15 & 16 \\ 17 & 18 & 19 & 20 & 21 & 22 & 23 & 24 \\ 25 & 26 & 27 & 28 & 29 & 30 & 31 & 32 \\ 33 & 34 & 35 & 36 & 37 & 38 & 39 & 40 \\ 41 & 42 & 43 & 44 & 45 & 46 & 47 & 48 \\ 49 & 50 & 51 & 52 & 53 & 54 & 55 & 56 \\ 57 & 58 & 59 & 60 & 61 & 62 & 63 & 64 \end{bmatrix}$

则输出信号为

$$X(8,8) = \begin{bmatrix} 1&0&0&0&0&0&0&0 \\ 0&0&0&0&1&0&0&0 \\ 0&1&0&0&0&0&0&0 \\ 0&0&0&0&0&1&0&0 \\ 0&0&1&0&0&0&0&0 \\ 0&0&0&0&0&0&1&0 \\ 0&0&0&1&0&0&0&0 \\ 0&0&0&0&0&0&0&1 \end{bmatrix}\begin{bmatrix} 01&02&03&04&05&06&07&08 \\ 09&10&11&12&13&14&15&16 \\ 17&18&19&20&21&22&23&24 \\ 25&26&27&28&29&30&31&32 \\ 33&34&35&36&37&38&39&40 \\ 41&42&43&44&45&46&47&48 \\ 49&50&51&52&53&54&55&56 \\ 57&58&59&60&61&62&63&64 \end{bmatrix}$$

$$\begin{bmatrix} 1&0&0&0&0&0&0&0 \\ 0&0&1&0&0&0&0&0 \\ 0&0&0&0&1&0&0&0 \\ 0&0&0&0&0&0&1&0 \\ 0&1&0&0&0&0&0&0 \\ 0&0&0&1&0&0&0&0 \\ 0&0&0&0&0&1&0&0 \\ 0&0&0&0&0&0&0&1 \end{bmatrix} = \begin{bmatrix} 01&05&02&06&03&07&04&08 \\ 33&37&34&38&35&39&36&40 \\ 09&13&10&14&11&15&12&16 \\ 41&45&42&46&43&47&44&48 \\ 17&21&18&22&19&23&20&24 \\ 49&53&50&54&51&55&52&56 \\ 25&29&26&30&27&31&28&32 \\ 57&61&58&62&59&63&60&64 \end{bmatrix}$$

$$(6-23)$$

对右混洗变换和逆混洗变换也有同样的结果。可见,在光互连网络中利用 PS

167

变换的矩阵处理,可以很方便地得到输入信号的任意信道的输出,特别是左混洗、右混洗以及逆混洗变换的级联,可以充分发挥光互连网络的高宽带并行处理、无串扰、无阻塞的特点,在未来并行光计算的信号处理中具有重要的作用。

在实际的由全混洗构成的光互连网络中,我们可以根据光电开关节点算法得到节点矩阵,它描述节点的开关特性,即直通、交互、上播和下播功能,再结合描述空间光互连的互连矩阵,也就是我们上面讨论的关于全混洗的矩阵描述,就可以实现输入信号的任意的 1×1 输出或 $1 \times N$ 的广播。由于全混洗各节点级之间的互连函数相同,即用同一个互连矩阵描述,可以很容易连结构成 Omega、Comega 等网络,并且如果将全混洗网络和逆全混洗串联在一起,还可以实现自由空间的无阻塞可重排光互连网络,对于输入通道数为 $N \times N (N = 2^m)$ 的网络,完全可实现 $2^{(N/2)(2\log_2^N - 1)}$ 种路径选通方式[9],而 $2^{(N/2)(2\log_2^N - 1)} > N!$,即路径选通方式数大于 $N!$ 输出排列数。这表明自由空间光互连具有很高的带宽,可以无冲突地实现任意通道的输出,并且同一信道的输出具有一定的解并度。根据逆混洗变换的特点,可以控制节点开关的状态,使其产生逆混洗变换输出,从而可以大大缩减连续进行 PS 变换的时间和传输链路,对于提高光互连网络的运行速度和处理能力、减小信道之间的串扰和充分利用 PS 变换的带宽实现无阻塞输出很有帮助。

3. PS 变换的特点

综合上面的分析可知 PS 变换具有三个特点:

(1) 连续进行 $m = \log_2^N$ 次 PS 变换则输出元素顺序还原。

(2) 连续进行 $3m$ 次 PS 变换,包括 LPS、RPS 以及节点光开关的级联组合,则可实现任意顺序元素排列的输出。

(3) 可以利用较小规模的 PS 变换实现高层次的 PS 变换。

对于前两点在上面的分析中已经讨论过,现在就第三个特点加以详细分析。

本文引入矩阵描述对 PS 变换规则展开研究,可得到互连矩阵的递推公式:

$$P_k = J_k \begin{pmatrix} P_{k/2} & 0 \\ 0 & P_{k/2} \end{pmatrix} \qquad (6-24)$$

其中,J_k 是变换矩阵,它表示将一行输入元素一分为二,将前后两部分的序号为奇次和偶次的元素互换的操作。根据这一递推公式,就可以将 PS 变换分解为越来越小的 PS 变换,很容易得到

$$P_k = J_k \begin{pmatrix} J_{k/2} & 0 \\ 0 & J_{k/2} \end{pmatrix} \begin{pmatrix} P_{k/4} & & & \\ & P_{k/4} & & \\ & & P_{k/4} & \\ & & & P_{k/4} \end{pmatrix} \qquad (6-25)$$

例如,输入元素 $A_k = (0, 1, 2, \cdots, 15)^T$

则

$$\boldsymbol{P}_{16} = \boldsymbol{J}_{16}\begin{pmatrix} \boldsymbol{J}_8 & 0 \\ 0 & \boldsymbol{J}_8 \end{pmatrix}\begin{pmatrix} \boldsymbol{J}_4 & & & \\ & \boldsymbol{J}_4 & & \\ & & \boldsymbol{J}_4 & \\ & & & \boldsymbol{J}_4 \end{pmatrix}\begin{pmatrix} \boldsymbol{J}_2 & & & & & & & \\ & \boldsymbol{J}_2 & & & & & & \\ & & \boldsymbol{J}_2 & & & & & \\ & & & \boldsymbol{J}_2 & & & & \\ & & & & \boldsymbol{J}_2 & & & \\ & & & & & \boldsymbol{J}_2 & & \\ & & & & & & \boldsymbol{J}_2 & \\ & & & & & & & \boldsymbol{J}_2 \end{pmatrix}$$

$$\begin{pmatrix} \boldsymbol{P}_1 & & & \\ & \boldsymbol{P}_1 & & \\ & & \ddots & \\ & & & \boldsymbol{P}_1 \end{pmatrix} \qquad\qquad (6-26)$$

其中各矩阵均为 16×16，$\boldsymbol{P}_1 = 1$，

$$\boldsymbol{J}_2 = \begin{pmatrix} 1 & 0 \\ 0 & 1 \end{pmatrix} \text{即} \begin{pmatrix} \boldsymbol{J}_2 & & & \\ & \boldsymbol{J}_2 & & \\ & & \ddots & \\ & & & \boldsymbol{J}_2 \end{pmatrix} \text{和} \begin{pmatrix} \boldsymbol{P}_1 & & & \\ & \boldsymbol{P}_1 & & \\ & & \ddots & \\ & & & \boldsymbol{P}_1 \end{pmatrix} \text{均为单位对角矩阵。}$$

$$\boldsymbol{J}_4 = \begin{pmatrix} 1 & 0 & 0 & 0 \\ 0 & 0 & 1 & 0 \\ 0 & 1 & 0 & 0 \\ 0 & 0 & 0 & 1 \end{pmatrix} \text{即} \begin{pmatrix} \boldsymbol{J}_4 & & \\ & \ddots & \\ & & \boldsymbol{J}_4 \end{pmatrix}$$

$$= \begin{pmatrix} 1 & 0 & 0 & 0 & & & & & & & & & & & & \\ 0 & 0 & 1 & 0 & & & & & & & & & & & & \\ 0 & 1 & 0 & 0 & & & & & & & & & & & & \\ 0 & 0 & 0 & 1 & & & & & & & & & & & & \\ & & & & 1 & 0 & 0 & 0 & & & & & & & & \\ & & & & 0 & 0 & 1 & 0 & & & & & & & & \\ & & & & 0 & 1 & 0 & 0 & & & & & & & & \\ & & & & 0 & 0 & 0 & 1 & & & & & & & & \\ & & & & & & & & 1 & 0 & 0 & 0 & & & & \\ & & & & & & & & 0 & 0 & 1 & 0 & & & & \\ & & & & & & & & 0 & 1 & 0 & 0 & & & & \\ & & & & & & & & 0 & 0 & 0 & 1 & & & & \\ & & & & & & & & & & & & 1 & 0 & 0 & 0 \\ & & & & & & & & & & & & 0 & 0 & 1 & 0 \\ & & & & & & & & & & & & 0 & 1 & 0 & 0 \\ & & & & & & & & & & & & 0 & 0 & 0 & 1 \end{pmatrix} \qquad (6-27)$$

169

$$J_{16} = \begin{pmatrix} 1 & 0 & 0 & 0 & 0 & 0 & 0 & 0 & 0 & 0 & 0 & 0 & 0 & 0 & 0 & 0 \\ 0 & & & & & & & & & 1 & & & & & & \\ 0 & & 1 & & & & & & & & & & & & & \\ 0 & & & & & & & & & & & 1 & & & & \\ 0 & & & & 1 & & & & & & & & & & & \\ 0 & & & & & & & & & & & & & 1 & & \\ 0 & & & & & & 1 & & & & & & & & & \\ 0 & & & & & & & & & & & & & & & 1 \\ 0 & 1 & & & & & & & & & & & & & & \\ 0 & & & & & & & & & & 1 & & & & & \\ 0 & & & 1 & & & & & & & & & & & & \\ 0 & & & & & & & & & & & & 1 & & & \\ 0 & & & & & 1 & & & & & & & & & & \\ 0 & & & & & & & & & & & & & & 1 & \\ 0 & & & & & & & 1 & & & & & & & & \\ 0 & & & & & & & & & & & & & & & 1 \end{pmatrix} \quad (6-28)$$

注意,矩阵中空白部分的矩阵元均为 0。

得到输出元素:

$$A'_k = P_k A_k = P_{16} \begin{pmatrix} 0 \\ 1 \\ \vdots \\ 15 \end{pmatrix}$$

$$= \begin{pmatrix} 0 & 8 & 1 & 9 & 2 & 10 & 3 & 11 & 4 & 12 & 5 & 13 & 6 & 14 & 7 & 15 \end{pmatrix}^{\mathrm{T}}$$
$$(6-29)$$

利用这样的性质可以构建 2^q 端口的网络来实现 2^k 输入元素的变换($q < k$,均为整数)。

6.3.2 二维全混洗变换的理论

1. 2D – PS 变换

由于 1D – PS 变换受空间带宽积和运算速度的限制,Stirk[10] 等提出了用二维方法实现一维的 PS 变换,这样可以充分利用二维空间的带宽积,在光互连网络中使其结构更加紧凑有利于实现集成。从 1D – PS 变到 2D – PS 就必须有一个相互映射的问题。2D – PS 变换包括二维折叠 PS 变换(2D – folded Prefect Shuffle,2D – FPS)和二维可分离 PS 变换(2D – Separable Perfect Shuffle,2D – SPS),两种操作都是将 $N = 2^m$(m 为偶数)个信道重新设置在 $2^{m/2} \times 2^{m/2}$ 阵列的 2D 平面上,这个阵列可以看作是一个矩阵。现在我们对这两种二维混洗变换分别讨论。

1) 2D – FPS 变换

通过对 1D 输入列阵的折叠操作得到 2D – FPS 的行和列,对 2D – FPS 按一定

170

的规则进行变换,其输出面展开后即得到 1D – PS 变换。由于 1D – PS 变换在 1D 列阵排序、分类、连接和信号处理(例如,一维的快速傅里叶变换 1D – FFT)中具有重要作用,所以对于 2D – FPS 操作在上述处理中同样有用。

2) 2D – SPS 变换

在一些信号处理过程中,像处理需要独立二维操作,在这种情况下,2D – SPS 变换是非常有用的。2D – SPS 操作实际上是依次对行和列进行 1D – PS,即周期性地向左循环移动行和列的二进制位。2D – SPS 可以用于 2D – 列阵的分类、排序、连接和信号处理过程中(例如,二维的快速傅里叶变换 2D – FFT)。

3) 映射规则

在多级光互连网络中,用二进制位表示信号所处端口序列,其位数 $m = \log_2^N$。例如,对于输入元素为 A、B、C、$\cdots$、P 共 16 个元素,其二进制位表示为 $abcd$(a、b、c、d 为 0 或 1),则其 PS 变换可用下式表示:

$$abcd \xrightarrow{PS} bcda$$

(1)第一种映射规则(图 6.6)。

1D 地址 $[abcd] \longrightarrow [ab,cd]$,表示 [行地址,列地址],则 1D – PS 变换 $[bcda]$ 对应 2D – PS $[bc,da]$,如图 6.6 所示。这种映射实际上是完成了 FPS 变换。

(2)第二种映射规则(图 6.7)。

也可以采用另一种映射规则:1D 地址 $[abcd] \xrightarrow{mapping\ 1D\ to\ 2D} [bd,ac]$ 其中 [列地址,行地址]

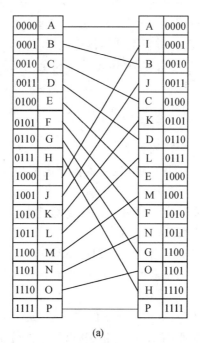

(a)

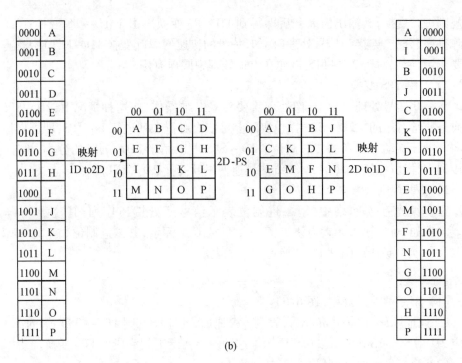

(b)

图 6.6　第二种映射规则

(a)1D – PS；(b) 2D – PS。

$$[bd,ac] \xrightarrow{2D-PS} [db,ca] \xrightarrow{mapping 2D to 1D} [cdab]$$

从最后的结果看$[abcd] \longrightarrow [bcda]$,可知实际上可以利用一级的 2D – PS 变换完成二级的 1D – PS 变换,并且互连结构更加紧凑。

同样对于一维逆 PS 变换、蝶型(Butterfly)和全文叉型(Crossover)等变换也可以利用类似的映射规则转变为二维变换,在实际的光互连网络中可以充分利用二维变换的空间带宽积,由于其结构非常紧凑,便于将该变换网络与相应的功能模块集成。

2. 2D – FPS 和 2D – SPS 的关系

2D – FPS 可以通过对 2D – SPS 的输入信道进行预处理和 2D – SPS 的输出信道进行后处理实现。

(1)方法一:输入面阵均分为四个象限,象限 1 和 3 相互交换,然后进行 2D – SPS 操作,即得到 2D – FPS,如图 6.8 所示。

(2)方法二:首先对输入面阵进行 2D – SPS 其输出平面均分为 2×2 的子矩阵,将每块子矩阵的右上角元素和左下角元素互相交换,最后得到 2D – FPS。如图 6.9 所示。

由上可知,将 2D – FPS 和 2D – SPS 结合 2×2 或 4×4 节点开关构成 3D – Omega 网络可以对光互连网络的拓扑等价进行讨论,并分析其阻塞特性和全排列的

172

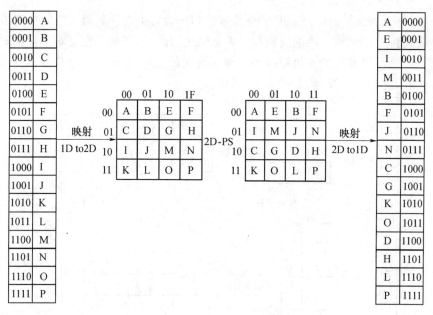

图 6.7 第二种映射规则

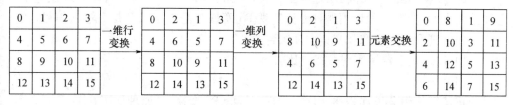

图 6.8 第一种交换方法

图 6.9 第二种交换方法

条件。这对于在自由空间实现光交换和排序具有重要作用,同时在光纤通信和光信号处理中可以将 1D 处理拓展为 2D 和 3D 空间处理,这样可以充分利用空间维度,便于大规模的集成和扩大信号处理的带宽与容量。

6.3.3 PS 及 FPS 变换的实现方法

1. FPS 变换

为了充分利用光学系统的空间带宽积,先将一维数据线阵折叠成 2D 数据阵列,然后像二维 PS 那样,将二维数据阵列依次按行和列(或列和行)方向平分为二,并进行交错内插操作,这就是 FPS 变换。FPS 是为了充分利用二维的空间带宽积,提高运行速度而将一维的通道在二维空间进行的 PS 变换。它是对串行数据进行并行处理,可以看成是一维系统和二维系统间的互连。例如,对于 1、2、3、…、16 元素的输入进行 FPS 变换,如图 6.10 所示。

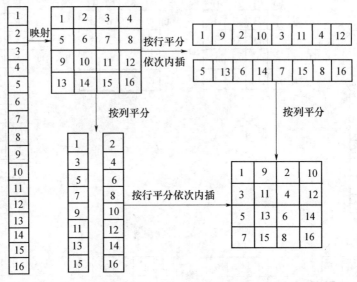

图 6.10　两步法实现 FPS 变换

2. PS 及 FPS 的实现方式

在光学上实现 PS 及 FPS 的方法可以分为以下四种:①利用传统的光学器械,如透镜、棱镜、光栅等;②利用计算全息元件;③利用光学器件阵列;④利用光电子器件实现 PS 变换。无论用哪种方法实现 PS 变换其基本思想都是对输入信号、图像或元素进行分束成像和交错内插组合。

1) 传统光学器械实现方式与比较

(1) 棱镜。

将棱镜作为分束和相移元件可实现二维的 PS 变换,其原理如图 6.11 所示。

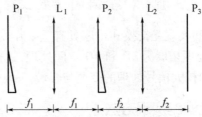

图 6.11　棱镜组合的 4 - f 系统实现 1D - PS 变换

二维的输入数据阵列放在物平面 P_1 上,同时在输入平面上放置顶角为 α 的两块棱边相互垂直的棱镜,使它分别覆盖数据阵列的第 2、3 和第 3、4 象限,通过 L_1

174

作傅里叶变换,在其频谱面 P_2 上用同样的两块棱镜正交并覆盖谱的第3、4 和第2、3 象限,再通过 L_2 的傅里叶变换后,在 P_3 面上就会出现输入数据阵列的 PS 排列。

实验中的棱镜可以采用菲涅耳双棱镜或四背棱镜或直接在谱面上适当位置放 4 只相同的光楔实现分束相移。实验中必须注意不同象限之间通过棱镜后的相对移动,否则由于象限的重叠不够或过分重叠都不会得到最后的 PS 排列。

(2) 利用菲涅耳双面镜[11](Fresnel mirrors)、迈克尔逊干涉仪(Michelson arrangement)、马赫·泽德干涉仪(Mach–Zehnder arrange)和萨格纳尔干涉仪(Sagnac arrangement)等。

它们实现 PS 变换的基本过程均是通过反射、折射在空间实现交错重叠,控制好实际的光路即可在观察屏上实现 PS 排列。如图6.12 所示为菲涅耳双面镜实现 PS 变换的示意图。

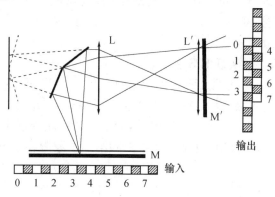

图 6.12　菲涅耳双面镜实现 PS 变换

M 和 M′ 均为掩膜,其作用是在信号输入和输出时遮掩住相邻的通道,通过双面镜反射以及成像透镜 L 和会聚透镜 L′ 后在输出面上实现 PS 排列。

(3) 利用棱镜实现 PS 变换。

该方法利用渥拉斯顿(Wollaston)棱镜的偏振分光特性,可以实现输入数据阵列在空间的重叠从而完成 PS 变换,其实验光路如图6.13 所示。

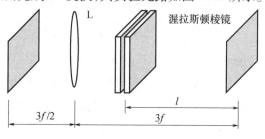

图 6.13　利用渥拉斯顿棱镜实现 2D–PS 变换

(4) 利用小孔成像法实现 PS 变换。

这种方法实验装置很简单,主要是通过在掩膜上适当位置开小孔,只允许特定的信号通过,从而在观察屏上成像最终出现 PS 排列,其实现光路如图 6.14 所示。

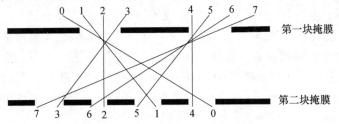

图 6.14　通过小孔成像实现 PS 变换

控制好输入面和输出面到两块掩膜的距离,以及开孔的宽度和位置,即可得到所要的 PS 变换。该方法也可用于实现蝶型变换(Butterfly)、全交叉变换和榕树(Banyan)变换等变换网络。

2)利用全息元件实现 PS 变换

(1)利用二维光栅实现 FPS 变换。

如图 6.15 所示,P_1 为输入面,P_2 为频谱面,P_3 为输出面,在 P_2 面上放置空间滤波器,阻挡光栅的零级,只让它的 ±1 级衍射通过,当二维数据阵列的空间大小和成像系统的参量一定时,在 P_3 面以光轴为中心的区域内便出现 FPS 的排列结果。同样,该方法要注意掌握好第 1、3 象限和第 2、4 象限在 y 方向和 z 方向的相对位移。

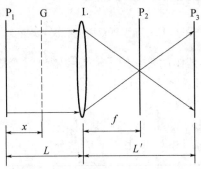

图 6.15　利用二维光栅实现 FPS 变换

(2)利用 2×2 达曼光栅实现 PS 变换。

其作用与四焦点透镜类似,与透镜组合在二维成像系统中可以实现全混洗变换,实验装置如图 6.16 所示。P_1 为输入面,P_2 为输出面,L 是成像透镜,D 为 2×2 的达曼(Dammann)光栅。

(3)利用空间滤波光栅。

输入面上两数据阵列 S_1 和 S_2 相隔排列,L_1 和 L_2 是透镜,在谱面 P 上放置一滤波光栅 H,则在输出面上可实现 PS 变换。如图 6.17 所示。

176

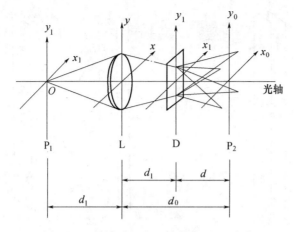

图 6.16 利用 Dammann 光栅实现 PS 变换

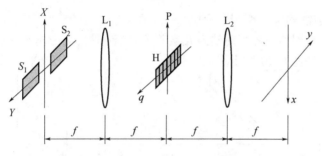

图 6.17 利用空间滤波光栅实现 PS 变换

（4）利用具有四个离轴菲涅耳透镜构成的全息光学元件（Holographic Optical Element，HOE）实现 PS 变换。

其原理和前面所述的分象限成像，在空间实现交错内插操作一样，最后在屏上出现二维的 PS 排列，如图 6.18 所示。

（5）利用偏振片和具有两个离轴菲涅耳透镜的 HOE 可以实现逆混洗 IPS 变换，如图 6.19 所示。

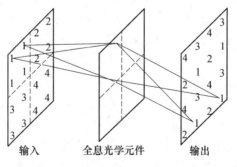

图 6.18 利用全息光学元件实现 PS 变换

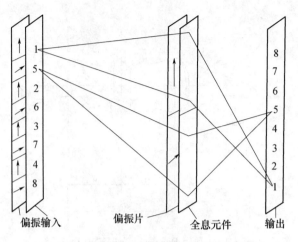

图 6.19 利用偏振片与 HOE 实现 IPS 变换

3）利用透镜列阵实现 FPS 变换

其特点是利用透镜阵列对输入元素阵列进行分割、交错成像、重叠操作,从而实现 PS 变换,如图 6.20 所示。

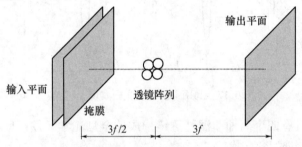

图 6.20 利用透镜阵列实现 FPS 变换

4）利用光电子器械的组合实现 PS 变换

该方法采用液晶空间光调制器作为光交换控制器件,用 Ar^+ 离子激光器提供光源,光互连系统由偏振分光棱镜、光束分束器和液晶空间光调制器组合,能够有效实现左和右全混洗。如图 6.21 所示,PB_1、PB_2 为偏振分光棱镜,BS_1、BS_2 是光束分束器,LCSLM 为液晶空间光调制器,TR 为半透半反镜、$\lambda/2$ 为半波片、R_1、R_2 为全反射镜、$C_0 \sim C_7$ 为液晶各开关像元、$S_0 \sim S_7$ 分别为各输入通道 S 偏振分量、$P_0 \sim P_7$ 分别为 P 偏振光分量。

偏振分光组合棱镜的作用是让通过它的光的 s 分量反射而 p 分量通过,液晶空间光调制器以通过改变其液晶开关像元的电压而使通过的偏振光的偏振态发生 90°的变化,当液晶光电压大于阈值电压时,通过液晶像元的光束其偏振态不发生改变,而当液晶像上的施加电压小于阈值电压时,通过的光束的偏振态发生 90°的变化。通过 PB_1、PB_2、LCSLM 的共同作用,可以实现所需的混洗变换。该方法还可

178

以实现数据的比较交换和排序操作。

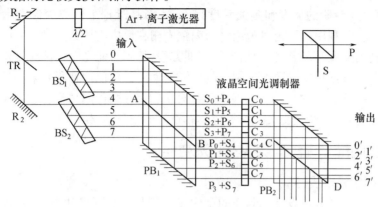

图 6.21   8×8 全混洗交换互连网络等效光路图

3. 各种 PS 实现方式的比较

利用传统光学实现 PS 变换从实验装置上来说操作简便易行,但是其光能量的利用率不高,并且其元件不利于光互连网络中的集成化。利用全息方法实现 PS 变换由于它是利用光栅以及波带片通过衍射成像在空间完成交叉内插或在频谱面插入滤波片取其所要的衍射级从而在观察屏上实现像的重叠,完成 PS 变换,其能量的利用率受限于全息元件的衍射效率,实验配置必须事先经过精确的计算控制像面的移动,这种方法操纵起来不方便,容易引起不必要的串扰和噪声。用 LCSLM 和偏振分光棱镜、光导列阵开关的组合,也能够自动完成全混洗交换光互连网络中数据通道的多位并行比较和交换,但是其控制和操作都很不方便,并且实现成本太高。

全混洗变换在信号处理和计算中具有重要的作用,它所完成的是一种最基本的排序操作,利用 PS 变换可以进行一系列的数学运算和矩阵处理。本章对全混洗变换的理论进行了全面的分析和研究,补充和完善了左逆混洗和右逆混洗的数学定义和矩阵描述。同时将一维的 PS 变换按照一定的影射规则转换为二维的 PS 变换,并对 2D – FPS 和 2D – SPS 进行了详细的讨论和比较。这个问题的解决有助于将一维的光信息处理拓展为三维立体空间的信息处理,能够充分利用自由空间的维度,更加有利于光学元件的微型化和集成化。通过对各种实现混洗变换的方法的讨论和比较可知,目前利用光学手段实现混洗变换还存在许多不足。因此,有必要提出和设计一种更好的方法,能够方便快捷地实现全混洗变换。

6.4   微光学元件实现全混洗变换

目前,二元光学元件的制作技术比较成熟,主要是通过掩膜的曝光转印、光刻、离子(反应性离子)刻蚀等操作,使微光学元件的表面呈现一定的位相分布和台阶形状。在制作过程中非常关键的一步是控制好掩膜的对位、曝光量以及微光学元件的特征尺寸(台阶的宽度和刻蚀深度)等。本章从理论上研究深浮雕微闪耀光栅实现 PS 变换,利用标量衍射理论对微闪耀光栅在反应离子刻蚀过程中的重要参数——光栅周期展开研究,推导出光栅周期方程,得到二元光学元件在制作过程中的技术参数。根据这些参数加工制作的二元光学元件可以达到所要求的精度与形状,从而实现 PS 变换的功能。该理论研究对于利用浮雕微闪耀光栅实现 Comega、Omega 网络、榕树网和全交叉变换等也具有重要的指导意义。

6.4.1 微闪耀光栅阵列实现左混洗变换

1. 微闪耀光栅透过率函数

利用二元光学方法设计和制作的微闪耀光栅具有特征尺寸小,衍射效率高的特点,利用其衍射特性可以得到所需的闪耀输出。对于台阶形的微闪耀光栅如图 6.22 所示,设其台阶数为 $L = 2^N$,周期为 T,入射光波长为 λ,所用的基底材料的折射率为 n,刻蚀深度为 d,由刻蚀的位相深度为 2π 可知:

$$(n - 1)d = \lambda , d = \frac{\lambda}{n - 1} \tag{6 - 30}$$

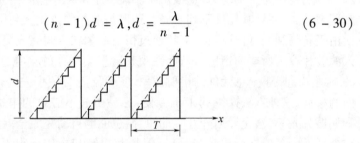

图 6.22　微闪耀光栅表面结构示意图

则光栅一个周期的透过率函数为[12]

$$\text{rect}\left(\frac{x_0}{T}\right) \sum_{k=0}^{L-1} \left(\frac{x_0 - kT/L}{T/L}\right) \exp\left(j\frac{2\pi}{L}k\right) \tag{6 - 31}$$

其中,$\exp\left(j\dfrac{2\pi}{L}k\right)$ 为相邻台阶相差的位相因子。由衍射光栅列阵定理[13]可得到宽为 D 的整块闪耀光栅的透过率函数为

$$t_s(x_0) = \sum_m \delta(x_0 - mT) * \left\{ \text{rect}\left(\frac{x_0}{T}\right) \cdot \sum_{k=0}^{L-1} \text{rect}\left(\frac{x_0 - kT/L}{T/L}\right) \exp\left(j\frac{2\pi}{L}k\right) \right\}$$

$$\tag{6 - 32}$$

其中 m 的取值范围是 $[0, D/T - 1]$,下面对整块微闪耀光栅的菲涅耳衍射光场分布情况进行分析。

2. 菲涅耳衍射分析

由菲涅耳衍射公式:

180

$$U(x,y) = \frac{1}{j\lambda z}\exp(jkz)\exp\Big[j\frac{k}{2z}(x^2+y^2)\Big]\iint U_0(x_0,y_0)\exp\Big[j\frac{k}{2z}(x_0^2+y_0^2)\Big]\cdot$$

$$\exp\Big[-j\frac{2\pi}{\lambda z}(x_0 x + y_0 y)\Big]\mathrm{d}x_0\mathrm{d}y_0 \qquad (6-33)$$

我们讨论一维的情况,将式(6-16)代入式(6-17)得到单位振幅的平面波通过光栅后衍射光场的复振幅

$$t_s(x) = \frac{1}{j\lambda z}\exp(jkz)\exp\Big(j\frac{k}{2z}x^2\Big)\cdot\int_{-\infty}^{\infty}t_s(x_0)\exp\Big(j\frac{k}{2z}x_0^2\Big)\exp\Big(-j\frac{2\pi}{\lambda z}x_0 x\Big)\mathrm{d}x_0$$

$$= \frac{1}{j\lambda z}\exp(jkz)\exp\Big(j\frac{k}{2z}x^2\Big)F\Big\{t_s(x_0)\exp\Big(j\frac{k}{2z}x_0^2\Big)\Big\} \qquad (6-34)$$

其中,F 表示作傅里叶变换。由傅里叶变换的卷积定理[14]可得

$$F\Big\{t_s(x_0)\exp\Big(j\frac{k}{2z}x_0^2\Big)\Big\} = F\{t_s(x_0)\} * F\Big\{\exp\Big(j\frac{k}{2z}x_0^2\Big)\Big\} \qquad (6-35)$$

$$F\{t_s(x_0)\} = \sum_m \delta\Big(f-\frac{m}{T}\Big)\exp(-j2\pi fT/L)\cdot$$

$$\Big(\frac{1}{L}\Big)\frac{\sin(\pi fT/L)}{\pi fT/L}\cdot\sum_{k=0}^{L-1}\exp\Big[j2\pi k\frac{T}{L}\Big(\frac{1}{T}-f\Big)\Big] \qquad (6-36)$$

$$F\Big\{\exp\Big(j\frac{k}{2z}x_0^2\Big)\Big\} = \int_{-\infty}^{\infty}\exp\Big(j\frac{\pi}{\lambda z}x_0^2\Big)\exp(-j2\pi fx_0)\mathrm{d}x_0$$

$$= \sqrt{\lambda z}\exp\Big(\frac{j\pi}{4}\Big)\exp(-j\pi z\lambda f^2) \qquad (6-37)$$

其中,$f=\frac{x}{\lambda z}$,则由式(6-35)、式(6-36)和式(6-37)可得

$$F\Big\{t_s(x_0)\exp\Big(j\frac{k}{2z}x_0^2\Big)\Big\} = \frac{\sqrt{\lambda z}}{L}\exp\Big(j\frac{\pi}{4}\Big)\exp\Big(-j2\pi f\frac{T}{L}\Big)\cdot$$

$$\exp\Big[-j\pi(L-1)\frac{T}{L}\Big(f-\frac{1}{T}\Big)\Big]\cdot$$

$$\frac{\sin\Big(\pi f\frac{T}{L}\Big)}{\pi f\frac{T}{L}}\cdot\frac{\sin\Big[\pi T\Big(f-\frac{1}{T}\Big)\Big]}{\sin\Big[\pi T\frac{1}{L}\Big(f-\frac{1}{T}\Big)\Big]}\cdot\sum_m\exp\Big[-j\pi\lambda z\Big(f-\frac{m}{T}\Big)^2\Big] \qquad (6-38)$$

则得到单位振幅的平面波通过整块光栅发生菲涅耳衍射的复振幅分布为

$$t_s(x) = \frac{1}{j\lambda z}\exp(jkz)\exp\Big(j\frac{k}{2z}x^2\Big)\frac{\sqrt{\lambda z}}{L}\exp\Big(j\frac{\pi}{4}\Big)\exp\Big(-j2\pi\frac{x}{\lambda z}\frac{T}{L}\Big)\cdot$$

$$\exp\Big[-j\pi(L-1)\frac{T}{L}\Big(\frac{x}{\lambda z}-\frac{1}{T}\Big)\Big]\cdot$$

$$\frac{\sin\left(\pi\frac{x}{\lambda z}\frac{T}{L}\right)}{\pi\frac{x}{\lambda z}\frac{T}{L}} \cdot \frac{\sin\left[\pi T\left(\frac{x}{\lambda z}-\frac{1}{T}\right)\right]}{\sin\left[\pi T\frac{1}{L}\left(\frac{x}{\lambda z}-\frac{1}{T}\right)\right]} \cdot \sum_m \exp\left[-j\pi\lambda z\left(\frac{x}{\lambda z}-\frac{m}{T}\right)^2\right]$$

$$(6-39)$$

由式(6-23)可求出其光强分布 $I_s(x) = t_s^*(x) \cdot t_s(x)$

$$I_s(x) = \frac{1}{L\lambda z} \cdot \frac{\sin^2\left(\pi\frac{x}{\lambda z}\frac{T}{L}\right)}{\left(\pi\frac{x}{\lambda z}\frac{T}{L}\right)^2} \cdot \frac{\sin^2\left[\pi T\left(\frac{x}{\lambda z}-\frac{1}{T}\right)\right]}{\sin^2\left[\pi T\frac{1}{L}\left(\frac{x}{\lambda z}-\frac{1}{T}\right)\right]} \cdot$$

$$\left|\sum_m \exp\left[-j\pi\lambda z\left(\frac{x}{\lambda z}-\frac{m}{T}\right)^2\right]\right|^2$$

$$(6-40)$$

3. 微闪耀光栅列阵实现 LPS 变换

将上面分析的微闪耀光栅组合成如图6.23所示的一维列阵,每块光栅宽度均为 D, 周期 T 各不相同,Z 表示衍射距离。由于第2、3、4块光栅分别和第7、6、5相对应,它们对应的周期值相同,而刻槽方向相反,所以只需讨论第2、3、4三块光栅的情况。建立如图所示的坐标系,坐标原点定在第4块光栅处,其中水平方向为 Z 方向,竖直方向为 X 方向。波长为 λ 的单位振幅的单色平面波垂直入射,在 PS 板前表面处位相均相等。

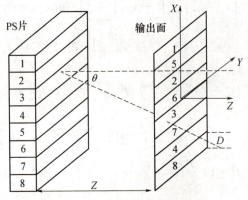

图 6.23 微闪耀光栅列阵

根据图中所示坐标,可得到进入光栅列阵中第2、3、4块光栅的入射光的信号函数为

$$U_s(x_0) = \sum_{n=0}^2 \delta(x_0 - nD) * \text{rect}\left(\frac{x_0 - \frac{D}{2}}{D}\right) \qquad (6-41)$$

$U_s(x_0)$ 其实是每块光栅在坐标系中的位置函数,其中 $n = 0$、1、2 分别表示第4、3、2块光栅,也可以表示进入不同位置的光栅的激光信号。

182

入射光通过光栅列阵后在其后表面附近的光场为 $U_s(x_0) \cdot t_s(x_0)$。由文献[14]中菲涅耳衍射条件和夫琅和费衍射条件可知信号光通过闪耀光栅后满足菲涅耳衍射条件,将其代入菲涅耳衍射公式(6-33),可得其菲涅耳衍射光场的复振幅分布:

$$t'_s(x) = \frac{1}{j\lambda z}\exp(jkz)\exp\left(j\frac{k}{2z}x^2\right) \cdot F\left\{U_s(x_0) \cdot t_s(x_0) \cdot \exp\left(j\frac{k}{2z}x^2\right)\right\}$$

(6-42)

同样,由傅里叶变换的卷积定理可得

$$F\left\{U_s(x_0) \cdot t_s(x_0) \cdot \exp\left(j\frac{k}{2z}x^2\right)\right\} = F\{U_s(x_0)\} * F\left\{t_s(x_0) \cdot \exp\left(j\frac{k}{2z}x^2\right)\right\}$$

(6-43)

由于

$$F\{U_s(x_0)\} = \sum_n \delta\left(f - \frac{n}{D}\right)\mathrm{sinc}(Df)\exp\left(-j2\pi f\frac{D}{2}\right)$$ (6-44)

则式(6-43)变为

$$F\left\{U_s(x_0) \cdot t_s(x_0) \cdot \exp\left(j\frac{k}{2z}x^2\right)\right\} = \frac{\sqrt{\lambda z}}{L}\exp\left(j\frac{\pi}{4}\right)\mathrm{sinc}(Df)\exp\left(-j2\pi f\frac{D}{2}\right) \cdot$$

$$\sum_n \exp\left[-j2\pi\left(f-\frac{n}{D}\right)\frac{T}{L}\right] \cdot \exp\left[-j\pi(L-1)\frac{T}{L}\left(f-\frac{n}{D}-\frac{1}{T}\right)\right] \cdot \frac{\sin\left[\pi\left(f-\frac{n}{D}\right)\frac{T}{L}\right]}{\pi\left(f-\frac{n}{D}\right)\frac{T}{L}} \cdot$$

$$\frac{\sin\left[\pi T\left(f-\frac{n}{D}-\frac{1}{T}\right)\right]}{\sin\left[\pi T\frac{1}{L}\left(f-\frac{n}{D}-\frac{1}{T}\right)\right]} \cdot \sum_m \exp\left[-j\pi\lambda z\left(f-\frac{n}{D}-\frac{m}{T}\right)^2\right] \quad (6-45)$$

整理式(6-42),即得信号函数通过微闪耀光栅列阵后由菲涅耳衍射得到的光场的复振幅分布:

$$t'_s(x) = \frac{1}{j\lambda z}\exp(jkz)\exp\left(j\frac{k}{2z}x^2\right)\frac{\sqrt{\lambda z}}{L}\exp\left(j\frac{\pi}{4}\right)\mathrm{sinc}\left(D\frac{x}{\lambda z}\right)\exp\left(-j2\pi\frac{x}{\lambda z}\frac{D}{2}\right)$$

$$\cdot \sum_n \left\{\exp\left[-j2\pi\left(\frac{x}{\lambda z}-\frac{n}{D}\right)\frac{T}{L}\right] \cdot \exp\left[-j\pi(L-1)\frac{T}{L}\left(\frac{x}{\lambda z}-\frac{n}{D}-\frac{1}{T}\right)\right] \cdot\right.$$

$$\frac{\sin\left[\pi\left(\frac{x}{\lambda z}-\frac{n}{D}\right)\frac{T}{L}\right]}{\pi\left(\frac{x}{\lambda z}-\frac{n}{D}\right)\frac{T}{L}} \cdot \frac{\sin\left[\pi T\left(\frac{x}{\lambda z}-\frac{n}{D}-\frac{1}{T}\right)\right]}{\sin\left[\pi T\frac{1}{L}\left(\frac{x}{\lambda z}-\frac{n}{D}-\frac{1}{T}\right)\right]}$$

$$\left.\cdot \sum_m \exp\left[-j\pi\lambda z\left(\frac{x}{\lambda z}-\frac{n}{D}-\frac{m}{T}\right)^2\right]\right\}$$

(6-46)

对应的光强为

$$I(x) = \frac{1}{L\lambda z}\mathrm{sinc}^2\left(D\frac{x}{\lambda z}\right)\cdot\left|\sum_n\left\{\exp\left[-\mathrm{j}2\pi\left(\frac{x}{\lambda z}-\frac{n}{D}\right)\frac{T}{L}\right]\right.\right.$$

$$\cdot\exp\left[-\mathrm{j}\pi(L-1)\frac{T}{L}\left(\frac{x}{\lambda z}-\frac{n}{D}-\frac{1}{T}\right)\right]\cdot$$

$$\frac{\sin\left[\pi\left(\frac{x}{\lambda z}-\frac{n}{D}\right)\frac{T}{L}\right]}{\pi\left(\frac{x}{\lambda z}-\frac{n}{D}\right)\frac{T}{L}}\cdot\frac{\sin\left[\pi T\left(\frac{x}{\lambda z}-\frac{n}{D}-\frac{1}{T}\right)\right]}{\sin\left[\pi T\frac{1}{L}\left(\frac{x}{\lambda z}-\frac{n}{D}-\frac{1}{T}\right)\right]}$$

$$\left.\left.\cdot\sum_m\exp\left[-\mathrm{j}\pi\lambda z\left(\frac{x}{\lambda z}-\frac{n}{D}-\frac{m}{T}\right)^2\right]\right\}\right|^2 \qquad (6-47)$$

如果将该式分别取 $n=0、1、2$,展开则得到三项,分别代表信号光通过第4、3、2块光栅后在观察屏上的复振幅分布。

由 $\frac{\mathrm{d}I}{\mathrm{d}x}=0$ 可得,当 $\frac{x}{\lambda z}-\frac{n}{D}-\frac{m}{T}=0$ 且 $m=1$ 时,光强取极大值。

得到

$$\frac{x}{\lambda z} = \frac{n}{D}+\frac{1}{T} \qquad (6-48)$$

其中,x 表示由于光栅对信号光的闪耀,其偏离原来传播方向的距离;λ 为入射信号光的波长;z 为衍射距离;n 为信号光入射的光栅的序号;D 为每块光栅的宽度或相邻信道的间隔;T 即为对应光栅的周期。根据 LPS 变换的特点,可以得到微闪耀光栅列阵实现 LPS 变换对应的第4、3、2块光栅的周期,如图6.23 所示。

(1)当 $n=0$ 时,对应于第4块光栅,进入第4块光栅的激光信号衍射后在距离 z 处的偏移量 $x=3D$,代入式(6-48)得

$$\frac{\lambda z}{T} = 3D \Rightarrow T_4 = \frac{\lambda z}{3D} \qquad (6-49)$$

(2)当 $n=1$ 时,对应于进入第3块光栅的激光信号在 z 处的偏移量满足 $x=2D$,代入式(6-48)得

$$\left(\frac{1}{D}+\frac{1}{T}\right)\lambda z = 2D \Rightarrow T_3 = \frac{\lambda zD}{2D^2-\lambda z}$$

(3)当 $n=2$ 时,对应于进入第2块光栅的激光信号在 z 处的偏移量应该满足 $x=D$,代入式(6-48)得

$$\left(\frac{2}{D}+\frac{1}{T}\right)\lambda z = D \Rightarrow T_2 = \frac{\lambda zD}{D^2-2\lambda z} \qquad (6-50)$$

式(6-48)即为微闪耀光栅列阵实现全混洗变换时对应的每块光栅的周期满足的方程。如果考虑 RPS、IPS、榕树以及全交叉等变换的特点,将其所需的偏离距

184

离 x 代入式(6-48),也可得到微闪耀光栅实现这些变换时对应的光栅的周期值。

6.4.2 微闪耀光栅实现 RPS 和 IPS 混洗变换

在6.3节中曾经讨论过可以采用传统的光学器械如透镜、棱镜、菲涅耳双面镜、渥拉斯顿棱镜等实现 PS 变换,也可以利用全息元件(如 Dammann 光栅、空间滤波光栅)以及光电子器件(如液晶空间光调制器等)实现 PS 变换。但是这些方法都不同程度存在着以下一些缺点:光能量的利用率不高,元件离散而且尺度大不利于光互连网络的集成,实验所需的元件多,各元件间的位置必须事先经过精确的计算,从而严格控制像面的移动,操纵起来很不方便,而且容易引起不必要的串扰和噪声。以下分析利用微小光学元件实现全混洗变换,只需一块元件不仅可以实现左混洗变换,而且还可以实现右混洗、左逆混洗和右逆混洗变换。与上面的各种方法相比,利用微光学元件实现全混洗变换具有明显的优势。

以上对右混洗和逆混洗的数学定义以及矩阵描述进行了讨论,图6.24、图6.25和图6.26分别对应左逆混洗 LIPS 变换、右混洗 RPS 变换和右逆混洗 RIPS 变换。

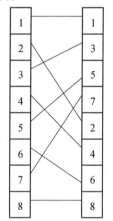 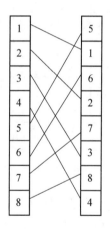 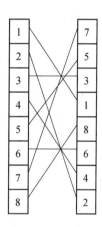

图6.24　$N=8$ 左逆混洗变换　　图6.25　$N=8$ 右混洗变换　　图6.26　$N=8$ 右逆混洗变换

由微闪耀光栅的衍射特性可知,通过控制微闪耀光栅的周期,可以获得入射光在所需方向上的闪耀输出,从而实现不同信道间光信号的交换,即可完成全混洗变换。图6.27、图6.28和图6.29分别为不同周期的 1×8 的微闪耀光栅阵列实现左逆混洗、右混洗和右逆混洗变换的示意图。

在上面各图中,均以第4块微闪耀光栅的中心为坐标原点建立直角坐标系。其中,第4块微闪耀光栅对应于 $n=0$,第3块微闪耀光栅对应于 $n=1$,第2块微闪耀光栅对应于 $n=2$,第1块微闪耀光栅对应于 $n=3$。

在图6.27的 LIPS 中,波长为 λ 的信号光进入第1和第8信道,将直接通过而输出,即第1和第8信道窗口的基底材料上无需刻蚀微台阶结构。第2和第7块微光栅对称分布,信号光通过它们后,由于光栅闪耀在 X 方向上的偏移量均为 $3D$,周期相同刻槽方向相反;第 3 和第 6 块微光栅对称分布,信号光通过这两块微光栅闪耀后,偏移量都等于 D,它们周期相同刻槽方向相反;同样,第 4 和第 5 块微光栅也相对坐标原点对称分布,信号光通过它们后,闪耀输出的偏移量均等于 $2D$,它们周期值相等而刻槽取向相反。将相关参数代入式(6-48),得

$$T_2 = T_7 = \frac{\lambda z D}{3D^2 - 2\lambda z}$$

$$T_3 = T_6 = \frac{\lambda z D}{D^2 - \lambda z}$$

$$T_4 = T_5 = \frac{\lambda z}{2D} \qquad\qquad (6-51)$$

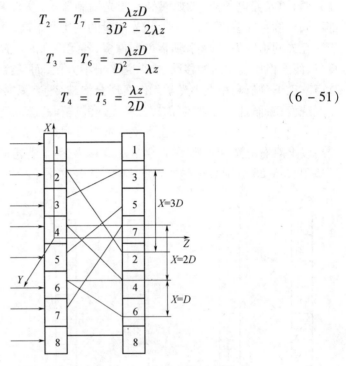

图 6.27　微闪耀光栅阵列实现左逆混洗变换示意图

在图 6.28 的 RPS 中,第 1 和第 8 块微光栅对称分布,信号光通过它们后,由于光栅闪耀其偏移量都是 D,周期值相等而刻槽取向相反;第 2 和第 7 块微光栅对称分布,信号光通过它们后,在 X 方向上的偏移量均为 $2D$,周期取值相同刻槽取向相反;第 3 和第 6 块微光栅也对称分布,信号光闪耀输出的偏移量均为 $3D$,具有相同的周期和相反的刻槽取向;同样,第 4 和第 5 块微光栅也对称分布,偏移量均为 $4D$,它们的周期值相等而刻槽方向相反。将相关参数代入式(6.48),得

$$T_1 = T_8 = \frac{\lambda z D}{D^2 - 3\lambda z}$$

$$T_2 = T_7 = \frac{\lambda z D}{2D^2 - 2\lambda z}$$

$$T_3 = T_6 = \frac{\lambda z D}{3D^2 - \lambda z}$$

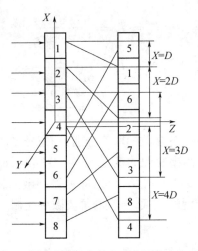

图 6.28 微闪耀光栅阵列实现右混洗变换示意图

$$T_4 = T_5 = \frac{\lambda z}{4D} \qquad (6-52)$$

在图 6.29 的 RIPS 中,波长为 λ 的信号光进入第 3 和第 6 信道,将直接通过而输出,即第 3 和第 6 信道窗口的基底材料上无需刻蚀微台阶结构。第 1 和第 8 块微光栅对称分布,信号光通过它们后,由于光栅闪耀其偏移量都是 3D,周期值相等

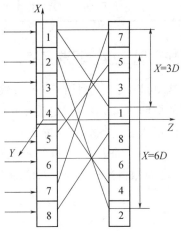

图 6.29 微闪耀光栅阵列实现右逆混洗变换示意图

而刻槽取向相反;第 2 和第 7 块微光栅对称分布,信号光通过它们后,在 X 方向上的偏移量均为 6D,周期取值相同刻槽取向相反;同样,第 4 和第 5 块微光栅也对称分布,偏移量均为 3D,它们的周期值相等而刻槽方向相反。将相关参数代入式 (6-48),得

$$T_1 = T_8 = \frac{\lambda z D}{3D^2 - 3\lambda z}$$

$$T_2 = T_7 = \frac{\lambda z D}{6D^2 - 2\lambda z}$$

$$T_4 = T_5 = \frac{\lambda z}{3D} \qquad (6-53)$$

在具体的实验过程中,各参数的取值分别为:信号光的波长取 He-Ne 激光波长 $\lambda = 0.6328\mu m$,每块微小光栅的宽度 $D = 2000\mu m$,而衍射距离 $z = 200mm$,将各参数分别代入式(6.34)~式(6.39),即可得到微闪耀光栅阵列实现左混洗、左逆混洗、右混洗和右逆混洗变换,对应的每块微小光栅的周期值,如表6.1所列,表中周期单位是 μm。

表 6.1　微闪耀光栅阵列实现全混洗变换对应各子光栅的周期

	T_1	T_2	T_3	T_4	T_5	T_6	T_7	T_8
LPS	无	67.56	32.15	21.09	21.09	32.15	67.56	无
LIPS	无	21.55	65.35	31.64	31.64	65.35	21.55	无
RPS	69.92	32.67	21.32	15.82	15.82	21.32	32.67	69.92
RIPS	21.78	10.66	无	21.09	21.09	无	10.66	21.78

6.4.3　微闪耀光栅面阵实现二维全混洗变换

利用相同的原理和方法,可以设计 8 台阶 4×4 的微闪耀光栅面阵,通过控制每块子光栅的周期和台阶的取向,可以很方便地控制信号光闪耀输出的方向和空间位置。输入的信号光矩阵依次通过各级微闪耀光栅面阵,由衍射效应分别完成各信号光单元在水平或竖直方向上的平移,平移量由其对应的子光栅的周期值决定,而移动方向则取决于子光栅微台阶的取向(刻槽的方向),最终可以实现二维的 SPS 和 FPS 变换。

1. 二维全混洗变换

由上面的讨论可知,2D-PS 变换包括 2D-FPS 和 2D-SPS,两种操作都是将 $N = 2^m$(m 为偶数)个信道重新设置在 $2^{m/2} \times 2^{m/2}$ 列阵的二维平面上,这个列阵可以看作是一个矩阵。现在再对这两种 2D-PS 变换分别讨论。

2D-FPS 变换的数学描述为:设输入面为 $N \times N$($N = 2^m$)个元素组成的方阵,每个元素的序号为 $a_i(i = 0,1,\cdots,N^2 -1)$,经过互连置换后,方阵中的元素序号变为 a_i',那么 a_i' 和 a_i 满足

$$X_m' X_{m-1}' \cdots X_1' = X_1 X_m X_{m-1} \cdots X_2 \qquad (6-54)$$

其中，$X'_m X'_{m-1} \cdots X'_1$ 和 $X_m X_{m-1} \cdots X_1$ 分别是 a'_i 和 a_i 的二进制表示。$N \times N = 16$ 的 FPS 变换如图 6.30 所示。FPS 实质上是叠放在一起的一维 PS 变换，它的意义在于：当一维 PS 的元素数目很多时，可以转化为二维 FPS 变换的形式，从而具有更加紧凑的结构。

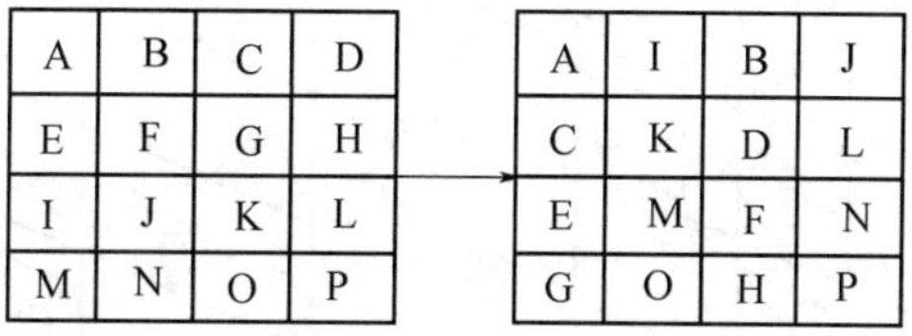

A	B	C	D
E	F	G	H
I	J	K	L
M	N	O	P

A	I	B	J
C	K	D	L
E	M	F	N
G	O	H	P

图 6.30　4×4 的 2D - FPS 变换

2D - SPS 变换表述如下：设输入面元素阵列为 $\boldsymbol{A}_{ij}[i, j = 0, 1, 2, \cdots, 2^m]$，输出面的元素阵列为 $\boldsymbol{B}_{pq}[p, q = 0, 1, 2, \cdots, 2^m]$，其中 $k' = p, q; k = i, j; N = 2^m$。$4 \times 4$ 的 2D - SPS 变换如图 6.31 所示。

A	B	C	D
E	F	G	H
I	J	K	L
M	N	O	P

A	C	B	D
I	K	J	L
E	G	F	H
M	O	N	P

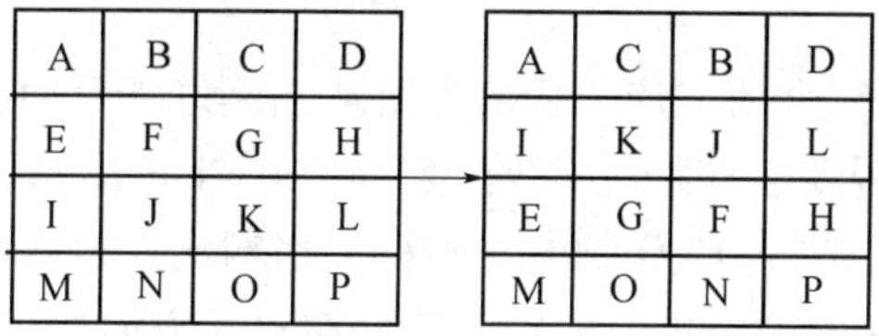

图 6.31　4×4 的 2D - SPS 变换

由 2D - SPS 变换的定义可知，其实它是在行和列方向上分别对各元素进行一维的全混洗变换。

2. 微闪耀光栅面阵实现二维全混洗变换

由上面的分析可知，通过控制各子闪耀光栅的周期和刻槽方向（台阶的取向），可以控制信号光在水平或竖直方向上输出的空间位置和闪耀角。为此，设计由不同周期和刻槽取向的子闪耀光栅构成的二维面阵，即在一方形的玻璃基底上刻蚀出 $4 \times 4 = 16$ 块不同周期和刻槽取向的子闪耀光栅构成的面阵。各子闪耀光栅的周期值由式(6-33)根据各通道信号光通过闪耀光栅面阵后由于衍射引起的偏移量 x 所确定。下面具体讨论微闪耀光栅面阵实现二维混洗变换的原理与过程。

1）2D - SPS 变换

如图 6.31 所示的 4×4 的 2D - SPS 变换，由于其变换操作实际上是对行和列方向上的元素分别进行一维的混洗变换，所以输入的信号矩阵的四个边上的数据（信号）都只在其所处的行或列上进行位置的平移，唯有信号矩阵中间的数据 F、G、J 和 K 发生了对角线方向的移动，也就是说它们在行和列方向上均发生了平移。根据这样的特点，设计出如图 6.32 所示的两块微闪耀光栅面阵。

在图 6.32(a)中，信号光 B、C、N 和 O 处对应的子闪耀光栅的刻槽方向沿着水

189

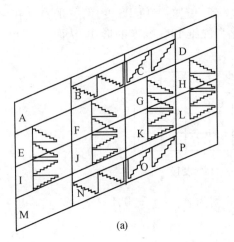 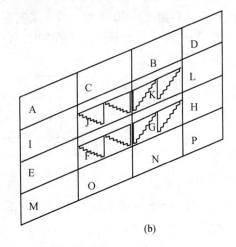

图 6.32　实现 2D – SPS 变换的微闪耀光栅面阵

平方向,其中 B、N 和 C、O 所对应光栅的台阶取向刚好相反而各子光栅的周期值相等,因此通过子光栅闪耀后在距离 Z 处,信号光 B、N 将沿水平方向向右平移一格(宽度为 D)输出,而信号光 C、O 则向左平移一格输出。也就是说通过该微闪耀光栅面阵后,信号光 B 和 C、N 和 O 在距离 Z 处在水平方向实现了空间位置的交换。同理分析,E、F、G、H 和 I、J、K、L 信号所处的子光栅的刻槽沿着竖直方向,它们将在竖直方向上完成信号间位置的交换。其中 E、F、G、H 和 I、J、K、L 所对应的子光栅的台阶方向相反,但它们的周期相等。因此,通过各子光栅的衍射后,在距离 Z 处在竖直方向上信号 E 和 I、F 和 J、G 和 K、H 和 L 将完成位置交换。由于信号 A、D、M 和 P 不发生位置的交换,因此它们对应位置的玻璃基底不具有空间周期结构,信号光将不发生衍射而直接通过。由此得到的输出信号光矩阵排列方式如图 6.32(b)所示。

注意,此时信号光 F、G 和 J、K 只完成了竖直方向上的移动,按照 2D – SPS 的要求,它们还必须完成水平方向上的平移。由于只需考虑水平方向上的移动,因此它的设计就显得相对简单,设计过程和上面一样,子光栅的周期值也相同,只不过要注意信号光 J、F 和 K、G 所对应的子光栅的台阶取向相反。其他位置处的信号光不发生衍射而直接通过其对应的玻璃基底。利用微闪耀光栅面阵实现 2D – SPS 的过程可以用图 6.33 简单描述,输入信号光矩阵通过两块微闪耀光栅面阵的衍射作用,最后在距离 Z' 处即得到所需要的 2D – SPS 变换。

2) 2D – FPS 变换

按照同样的方法,可以设计不同周期和刻槽取向的微闪耀光栅面阵,通过它们的组合可以实现图 6.34 所示的 2D – FPS 变换。由于微闪耀光栅的输出光位于水平或竖直方向,即信号光的交换或平移只能在水平或竖直方向上进行,因此要完成

190

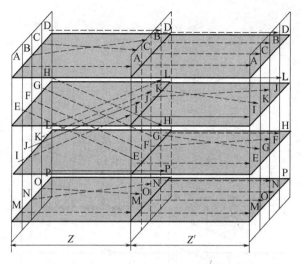

图 6.33　微闪耀光栅面阵实现 2D – SPS 变换示意图

2D – FPS 变换,必须分几步分别在水平和竖直方向上进行平移操作,对应的操作过程如图 6.35 所示。

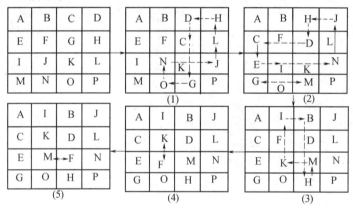

图 6.34　2D – FPS 变换的操作过程

　　图中经过 5 步的平移操作即可完成 2D – FPS 变换。注意,在每一步移动过程中信号光必须满足的原则是:该信号光在水平或竖直方向上移动后留下的位置,必须要由同行或同列中其他的信号填充,依此类推,直到最后一个位置由第一个移动的信号来填充,也就是说信号光的移动方向形成一个封闭的循环链。图 6.35 中带箭头的虚线表示信号的移动方向,它决定了该子光栅在制作时台阶的取向,而信号光移动的格数即代表通过其对应的子光栅衍射后在这方向上的偏移量 x,由此根据式(6 – 48)即可得到该子光栅的周期。根据图 6.34 中的 5 步平移操作,设计出实现每一步操作所对应的微闪耀光栅面阵,如图 6.35 所示。输入信号光矩阵依次通过这 5 块微闪耀光栅面阵后,最终将得到 2D – FPS 变换结果。

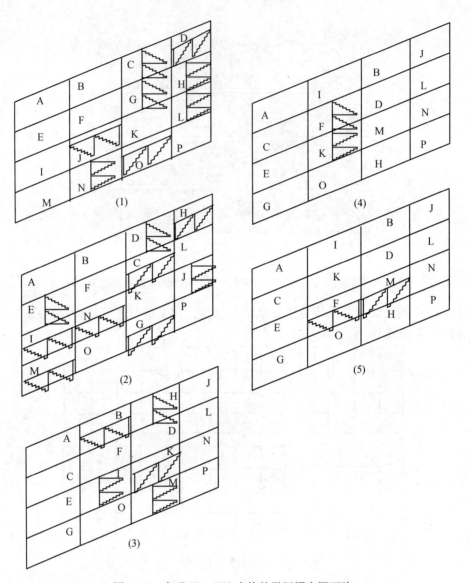

图 6.35 实现 2D – FPS 变换的微闪耀光栅面阵

表 6.1 中的周期数值将指导微闪耀光栅阵列元件的刻蚀和加工,得到 1×8 的实现左混洗变换的微闪耀光栅阵列元件,如图 6.36 所示,图 6.37 为对比的实验光路图。

信号源:实验所采用的是 He – Ne Laser,其最高输出功率为 20mW,该光源基本满足实验对稳定性和光强的要求。

空间滤波器:为了得到较高质量的光束,采用了 10/0.25、160/0.17 的扩束镜和 $25\mu m$ 的针孔。

正透镜:安放该透镜是为了准直并得到平行的输出光束。

192

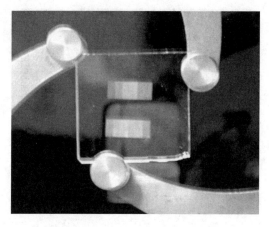

图 6.36　8 通道的微闪耀光栅列阵

　　光阑 1:该光阑大小规格与 PS 片的一个信道相等。考虑到实际操作中的问题,可将该光阑的尺寸适量缩小,以防止两个信道间相接处边缘的干扰误差,为保持相对较为稳定的输入信号,该光阑在整个测量过程中不能被移动。

　　光阑 2:原则上该光阑尺寸也应与单个信道相等,但实际操作时,为保证信号的通过已将其适量放大。

　　光束质量分析仪:该装置为一精密光束质量分析仪,其对光强的探测精度可达到 $0.001\mu W$。

　　接收处理终端:该终端上有整套软件用于对光束质量分析仪的接收信号进行处理。

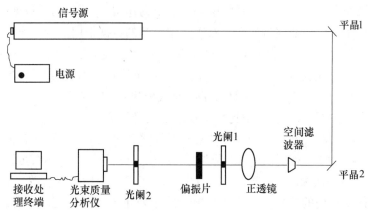

图 6.37　微闪耀光栅阵列元件实现混洗变换实验光路示意图

　　左混洗变换的结果如图 6.38 所示,其中上面为对比信号,下面为变换结果。从图 6.38 可知,该衍射图样的位序变化完全符合 PS 变换的规律。

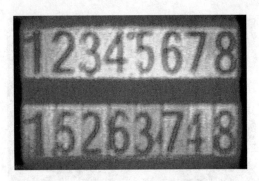

图 6.38　左混洗变换的结果

6.5　采用微光学元件的光互连模块

由 8 台阶微闪耀光栅的衍射特性可知,通过控制微闪耀光栅的周期,可以获得入射光在所需方向上的闪耀输出,从而实现不同信道间光信号空间位置的交换。由于其特征尺寸小,并且可以在不同基底材料上刻蚀和制作其微台阶结构,因此极易与其他光电子器件集成,实现元件的微型化和多级互连,在自由空间完成光信号的传输与交换。在这一节中,将讨论微闪耀光栅在 Omega、全交叉和榕树等光互连网络中的应用。

6.5.1　微光学元件在 Omega 光互连网络中的应用设计

排序操作在计算以及交换系统中具有重要的作用,广泛应用于数据库管理、通信信道的转换和信号处理过程中。对于多位字节的数据采用并行操作可实现快速的排序。而其中 Bitonic 排序网具有排序效率高、硬件复杂度低的特点被广泛的运用,目前出现的光电混合的 Bitonic 排序网,可以解决电子线路互连存在的信号畸变、时钟扭曲、功耗高等问题,并且易于制作成模块化的结构便于集成。其互连级一般采用全混洗互连,节点级由比较交换节点列阵组成。

有关文献对混洗网络的理论和特点进行了详细的讨论,以下对混洗网络的构建,特别是利用微光学元件构建全混洗网络进行分析,可以构建多级可重排无阻塞的 Omega 网络集成模块,该模块可在自由空间实现 8 个信道的全光交换和排序,可以完成任意序列的信号输入按任意规定的序列输出,而且不会出现信道的阻塞和冲突。

1. 全排列无阻塞 Omega 光互连网络

全混洗 Omega 互连网络具有简便、快速、灵活、互连函数相同的特点,广泛应用于光计算和排序的研究中。但是对于单个全混洗 Omega 互连网络不能完成输入通道与输出通道之间所有排列方式的光互连,即在互连网络中存在路径冲突,造

194

成阻塞,使有些输出排序得不到实现。通过在全混洗 Omega 互连网络的基础上加上一个反向 Omega 互连网络,构成了双 Omega 互连网络,可以有效消除路径冲突,并且每一种路径选通具有一定的简并度,从而给路径选择带来了灵活性。双 Omega 8 通道光互连网络如图 6.39 所示。

节点开关阵列

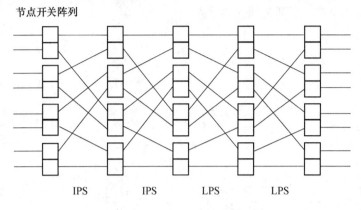

图 6.39　$N=8$ 多级混洗交换网络

在理论上,输入元素为 N,可以产生 $N!$ 种输出序列,对于单个 $N \times N$ Omega 互连网络,它的节点开关数为 $(N/2)\log_2^N$ 个,连接方式为 $2^{(N/2)\log_2 N}$ 种,但 $N! > 2^{(N/2)\log_2 N}$,所以单个 $N \times N$ Omega 互连网络不能完成所有全排列的互连方式,存在某些路径冲突。但对于双 Omega 互连网络,即将两级 IPS 变换和两级 LPS 变换串联起来,省掉连接处重复的 $N/2$ 个节点开关,该互连网络的节点开关数为 $(N/2)(2\log_2^N - 1)$,路径选通方式为 $2^{(N/2)(2\log_2 N - 1)} > N!$,因此可以消除路径冲突,并且每一种选通方式存在一定的简并度。

2. 多级混洗交换网络开关状态的选择

多级混洗 Omega 网络,要实现排序操作还必须确定各节点开关的状态。可以利用二分算法,对于 $N \times N$ 的多级互连网络能在较短的时间内确定各节点开关的连接状态(直通或交叉),以满足信号交换的要求。

该算法的操作过程为:

(1) 对于 2×2 节点开关,定义同一节点开关中,两输入互斥,两输出互斥,而任意属于不同开关的输入或输出不互斥。

(2) 根据实际的输入和输出互斥对得到一个二分图,确定两互斥对点集 X 和 Y。

(3) X 和 Y 可以表示成 4×4 的节点开关,它代表双 Omega 光互连网络中间三级节点开关的输入和输出信号序列。

(4) 用同样的方法可以依次确定各级节点开关的连接状态。

例如,输入信号序列为任意排列 7,3,5,8,1,4,6,2 ,要求经过双 Omega 互连网络后其输出序列为 3,8,6,4,1,5,2,7 ,则各级节点开关的状态判断如下:

先确定输入输出互斥对分别为(7,3)、(5,8)、(1,4)、(6,2)和(3,8)、(6,4)、(1,5)、(2,7),构造二分图,如图6.40所示,用实线连接的点为输入互斥对,虚线连接的点为输出互斥对,由二分图得到两互斥点集 $X(1,6,7,8)$ 和 $Y(2,3,4,5)$。在 X 框、Y 框中其排列方式由连接方式及输入输出信号序列确定,如图6.41所示,即可确定外层开关的连接状态。

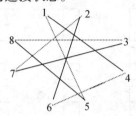

图6.40 二分图

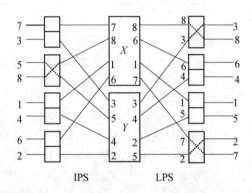

图6.41 用二分图法得到外层开关的连接状态

利用同样的方法,可以依次确定内层节点开关的连接状态,如图6.42所示。

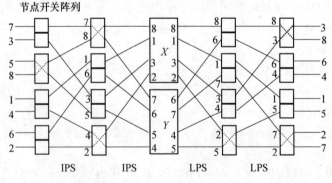

图6.42 用二分图得到内层开关状态

此时输入输出互斥对分别为(7,8)、(1,6)、(3,5)、(4,2)和(8,6)、(1,7)、(3,4)、(5,2),二分图如图6.43所示。

196

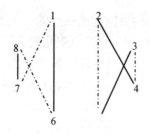

图 6.43　二分图

互斥点集 $X(1,2,3,8)$、$Y(4,5,6,7)$，最后便得到可重排无阻塞全混洗 Omega 网络各级节点开关状态如图 6.44 所示。

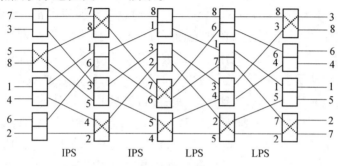

图 6.44　可重排无阻塞全混洗 Omega 网络

3. Omega 交换网络节点开关和互连级的实现

根据 Omega 互连网络的构造特点，它是由各级 2×2 节点开关通过级间互连：左混洗 LPS 和逆混洗 IPS 连接而成。由上面的讨论可知，左混洗和逆混洗互连可以通过二元光学方法刻蚀制成的 8 通道微闪耀光栅阵列实现。同理，2×2 节点开关的交叉或直通功能也可以利用制作的 2 通道微闪耀光栅阵列在自由空间实现。由各通道信号光在空间的偏离距离 x，根据式（6-48）即可确定各子光栅的周期。图 6.45 所示为双通道的微闪耀光栅实现直通和交叉功能的示意图。

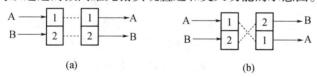

(a)　　　　　　　　　　　　(b)

图 6.45　双通道微闪耀光栅实现节点开关功能

(a) 直通；(b) 交叉。

4. 全排列无阻塞 Omega 网络光交换模块设计

对于图 6.44 所示的可重排无阻塞全混洗 Omega 网络，本文设计由偏振分光棱镜、半波片、1×8 和 1×2 的微闪耀光栅列阵等元件构建的集成模块实现其功能，如图 6.45 所示。其中，PBS_1 和 PBS_2 是两块偏振光分束器，LPS_1、LPS_2 是两块完全一样的实现左混洗变换的 1×8 的微闪耀光栅列阵，IPS_1、IPS_2 是两块完全相同的实现逆混洗变换的 1×8 的微闪耀光栅列阵。Node1～Node5 表示 5 级节点开关,每级节点开关都是由 4 块 1×2 的微闪耀光栅列阵构成。节点开关的状态(直通或交叉)由输入、输出信号光的的序列根据二分图算法事先确定。该集成模块可以实现 8 信道的信号光的交换和排序。现在讨论 8 通道的信号光序列 7,3,5,8,1,4,6,2 通过该集成模块后要实现 3,8,6,4,1,5,2,7 的重新排列。

He－Ne 激光通过偏振分光棱镜 PBS$_1$ 后获得 p 偏振态的输入光,输入光信号的序列为 7,3,5,8,1,4,6,2,通过 Node1 后得到 7,3,8,5,1,4,6,2 的序列。信号光通过 PBS$_2$ 后透过 IPS$_1$ 闪耀光栅列阵发生第 1 级逆混洗变换得到光信号序列 7,8,1,6,3,5,4,2,信号光通过光纤或波导耦合传输到节点开关 Node2 发生信号光的交换得到信号光序列 8,7,1,6,3,5,2,4,再通过 $\lambda/2$ 波片将 p 光转变为 s 光,被 PBS$_2$ 反射后到达第二块逆混洗闪耀光栅列阵 IPS$_2$,发生第二次逆混洗变换得到信号光序列 8,1,3,2,7,6,5,4,利用光纤或波导耦合到节点开关 Node3,发生第三次信号光的交换,从而得到信号光序列 8,1,3,2,6,7,4,5,再通过 $\lambda/2$ 波片将 s 光变为 p 光,信号光穿过 PBS$_2$ 后到达第一块左混洗闪耀光栅列阵 LPS$_1$ 实现第一次左混洗变换,得到信号光序列 8,6,1,7,3,4,2,5,同样将信号光耦合到节点开关 Node4 后得到信号光序列为 8,6,1,7,3,4,5,2,再通过一块 $\lambda/2$ 波片将 p 光转变为 s 光,信号光通过 PBS$_2$ 反射后到达第二块左混洗微闪耀光栅列阵 LPS$_2$,实现第二次左混洗变换得到信号光序列 8,3,6,4,1,5,7,2,最后再通过节点开关 Node5,则输出光信号的序列即为要求的 3,8,6,4,1,5,2,7。

可见,利用深浮雕微闪耀光栅列阵可以实现左混洗变换、逆混洗变换以及 2×2 光开关功能的特点,将两块逆混洗微闪耀光栅列阵、两块左混洗微闪耀光栅列阵、两块偏振光分束器和 3 块半波片以及一些节点开关集成,构成了可重排无阻塞的全混洗 Omega 光交换模块(图 6.46)。理论上该交换模块可以实现 8×8 的光信号的交换和排序,具有插入损耗小、操作简单、易于集成等特点,根据具体的应用,采用不同的材料制作微闪耀光栅,可以大大增加材质的透过率。理论上 8 台阶的微闪耀光栅的衍射效率可以到达 95% 左右,微光学元件的特征尺寸可以做到微米级,甚至更小(具体受限于光刻机、刻蚀机等加工精度和衍射极限),从而可以有效减少表面的菲涅耳反射及回波损耗。利用特殊的准直和封装技术可以进一步降低其插入损耗和能量耗散。将微光学元件做在玻璃、塑料、金属以及各种半导体材料上,可以实现光机电一体化。另外,通过二维、三维的集成容易从 8×8 升级到 16×16 或 32×32,可以做成大型的光开关矩阵,实现大规模的光交换和光信号处理。微闪耀光栅利用对波长和偏振敏感的特点,选择特定波长的光在空间闪耀输出,从而实现信号光的交换和排序,其实现原理和技术相对简单。而且通过优化的路由算法避免了路径冲突,每一种序列的输出都具有一定的解并度,使得该交换模块具有很强的重构性和升级能力。

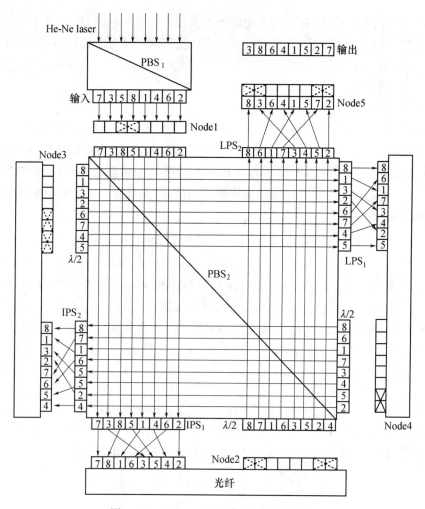

图 6.46   双 Omega 互连网络的光学实现

6.5.2   利用微光学元件设计全交叉光网络模块

光互连网络在全光通信和交换中具有重要的应用。它可以完成传统电子器件所实现的一些功能,而无需过分考虑电磁干扰、串扰(crosstalk)、时钟扭曲(clock skew)等问题。光互连网络的组成方式主要有三种:光纤互连、波导互连和自由空间光互连。光纤主要用于远距离高带宽信号的传输。波导互连利用半导体材料做成基底,借助电光、磁光和热光效应,实现信号的传输与交换。而自由空间光互连技术,具有灵活的自由度,高的时空带宽积等特点,适于处理近距离大容量光信号的交换问题。在自由空间光交换网络中,Omega 网络[15-17]、榕树网络[18,19]和全交叉网络[20-22]是三种最基本的互连网络。根据各自的特点和性能在不同的领域中发挥出各自的作用。其中,全交叉网络由于其结构简单、操作方便、互连级数较少、可以实现组播和广播等特点,在全光通信中表现出优越的性能,具有广泛的应用。

全交叉的理论和一维、二维全交叉网络的实现[23],对三维的 Comega 网络拓扑性质、互连函数以及光学实现方法[24],以及三维的全交叉光交换网络,都将是光计算系统中的重要备选方案之一。

1. 全交叉网络

通道数为 $2N$ 的全交叉网络由 $(n+1)$ 级节点和 n 级链路组成,其中 $n = \log_2^N$。每一节点级有 N 个节点,每一链路级有 $2N$ 条链路(通道)。如图 6.47 所示为 $2N = 16$ 全交叉网络,每一链路级均由直通和交叉两种互连函数将相邻两节点连接起来,若用二进制位表示出节点在各级中所处的位置,则直通和交叉互连变换可以用下列式子表示:

$$\alpha^{(i)}\left[(p_{n-1}p_{n-2}\cdots p_1p_0)_i\right] = (p_{n-1}p_{n-2}\cdots p_1p_0)_{i+1}\beta^{(i)}\left[(p_{n-1}p_{n-2}\cdots p_1p_0)_i\right]$$
$$= (p_{n-1}p_{n-2}\cdots p_{n-i}\bar{p}_{n-i-1}\bar{p}_{n-i-2}\cdots \bar{p}_1\bar{p}_0)_{i+1} \qquad (6-55)$$

式中,$\alpha^{(i)}$ 是直通互连函数,它表示在相邻的两互连级,第 i 级和第 $i+1$ 级间,第 i 级中二进制位置为 $(P_{n-1}P_{n-2}\cdots P_1P_0)$ 的节点与第 $i+1$ 级中二进制位置为 $(P_{n-1}P_{n-2}\cdots P_1P_0)$ 的节点连接;$\beta^{(i)}$ 是交叉互连函数,它表示第 i 级中二进制位置为 $(P_{n-1}P_{n-2}\cdots P_1P_0)$ 的节点与第 $i+1$ 级中二进制位置为 $(p_{n-1}p_{n-2}\cdots p_{n-i}\bar{p}_{n-i-1}\bar{p}_{n-i-2}\cdots \bar{p}_1\bar{p}_0)_{i+1}$ 的节点交叉连接。对于 $2N = 16$ 的全交叉网络,其互连级为 3,节点级为 4。根据全交叉网络的特点,可以定义伙伴节点对:同一节点级中两节点的输出均到达相邻级中两相同的节点。如图所示,0 节点级中的 $(0,7)$,$(1,6)$,$(2,5)$ 和 $(3,4)$ 都是伙伴节点对。第 1 节点级中的 $(0,3)$,$(1,2)$,$(4,7)$ 和 $(5,6)$ 为伙伴节点对。同样,第 2 节点级中的 $(0,1)$,$(2,3)$,$(4,5)$ 和 $(6,7)$ 也为伙伴节点对。

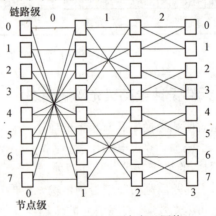

图 6.47 $2N = 16$ 全交叉网络

2. 三维全交叉网络的特点

为了充分利用自由空间的维度和灵活性,提高全交叉网络的时空带宽积,同时为了满足光电子器件微型化和集成化的要求,将二维的全交叉网络映射成三维的

200

空间结构,如图6.48所示。将每级节点分成上下两层,分别为(0,1,2,3)和(4,5,6,7)排列。其中,第0级链路交叉互连转化为竖直方向的连接,各伙伴节点对在空间位于相互平行的竖直面内,而直通却是在水平面内完成(图6.49);第1级链路交叉互连和直通分别在上下两个相互平行的水平面内进行(图6.50);同样,第2级链路交叉连接和直通互连也是在水平面内实现。根据三维全交叉网络的特点,可以利用微光学元件实现节点级间的交叉连接。

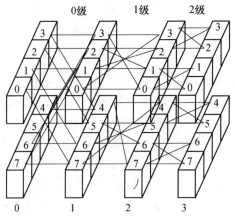

图6.48　三维全交叉网络

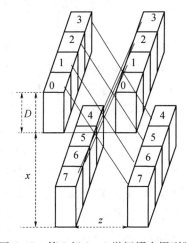

图6.49　第0级2×4微闪耀光栅列阵

3. 微闪耀光栅阵列实现交叉连接

对于三维全交叉光网络的链路连接关系,可以利用微闪耀光栅的衍射特性在自由空间实现信号光的传输和交换。由式(6-48)可知,选取合适的参数通过控制微闪耀光栅的周期,即可得到不同入射端口的光信号在空间上的不同位置输出。对于三维全交叉网络中第0级、第1级和第2级链路,分别设计不同周期值的2×4微闪耀光栅列阵,即可实现交叉功能。

201

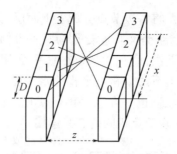

图 6.50 第 1 级微闪耀光栅列阵

第 0 级链路的全交叉连接在竖直面内完成，而且伙伴节点对 (0,7)，(1,6)，(2,5) 和 (3,4) 均位于相互平行的竖直平面内，即输入光信号从第 0 节点级的端口 0、1、2、3 分别交叉输出到第 1 节点级的 7、6、5、4 端口，光信号在空间完成的交换距离相等，对应的第 0、1、2、3 块微闪耀光栅的周期应该相同。同样，光信号从第 0 节点级的端口 4、5、6、7 分别交叉输出到第 1 节点级的 3、2、1、0 端口，通过闪耀光栅的闪耀输出在空间完成相同的交换距离，即第 4、5、6、7 块光栅也具有相同的周期，而且周期值应该和上一层微闪耀光栅的周期值相等。第 0 级对应的 2×4 微闪耀光栅列阵完成交叉连接功能如图 6.49 所示。将相关数据代入式 (6-48)，即可得到微闪耀光栅的周期。注意，第 0、1、2、3 块光栅的周期不仅相等，而且微台阶的刻蚀方向一致。第 4、5、6、7 块光栅虽然周期值和它们相等，但是刻槽的取向刚好相反。

第 1 级链路的全交叉变换是在上下两个相互平行的水平面内完成，同样可以利用微闪耀光栅实现光信号的连接，如图 6.50 所示。其中，第 1 节点级中的第 0 和第 7 块光栅，第 3 和第 4 块光栅在水平面内均完成两个信道间隔即 2D 宽度的闪耀，所以它们具有相同的周期值，但是第 0 和第 7 块光栅的刻槽方向与第 3 和第 4 块光栅的刻槽方向相反。同样，第 1、2 块光栅和第 5、6 块光栅在水平面内均完成 1D 宽度的闪耀，于是它们也具有相同的周期，不过第 1、6 块光栅和第 2、5 块光栅的台阶取向相反。将相关数据代入式 (6-48) 即可得到每块光栅的周期。

同样，对于第 2 级链路由于其全交叉变换也是在水平面内完成，并且每块光栅在水平面内均完成 1D 宽度的闪耀，所以第 2 节点级中的每一块光栅具有相同的周期值，根据光信号闪耀输出的方向，它们的刻槽方向有所不同。最后，根据得到的周期值通过反应性离子刻蚀技术，即可制得 3 块不同周期制的 2×4 微闪耀光栅列阵，从而在竖直和水平方向实现光信号的交叉连接。

4. 三维全交叉网络光学实现模块的设计

对于图 6.48 所示的三维全交叉网络，我们构建图 6.51 所示的光电集成模块，通过对空间光调制器每个窗口的液晶像元的控制，可以对通过它的偏振光的偏转态进行调整，从而实现全交叉网络的功能。

该模块由 7 块偏振分光棱镜、3 块不同周期值的 2×4 的微闪耀光栅列阵、3 块

202

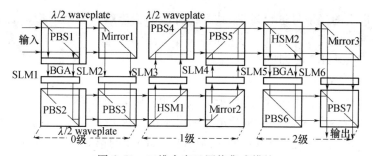

图 6.51 三维全交叉网络集成模块

(BGA—闪耀光栅阵列；PBS—偏振分光棱镜；λ/2wave plate—半波片；

Mirror—全反镜；HSM—半反半透镜；SLM—空间光调制器。)

半波片、3 块全反镜、2 块半反半透镜和 6 块 2×4 的液晶空间光调制器构成。偏振光分光棱镜的作用是使 p 光通过，而 s 光反射。微闪耀光栅列阵实现光信号的交叉连接，空间光调制器的作用是根据信号窗口的液晶像元所施加的电压值，改变通过它的偏振光的偏振态。当液晶像元上所加电压超过其阈值时，通过液晶像元的光束的偏振态不发生变化，设此时状态为"0"，而当液晶像元上不加电压时，通过它的偏振光的偏振态将发生 90°的变化，设此时状态为"1"。

2×4 的信号光进入 PBS1，分成 s 光和 p 光，其中 s 光向下通过第 1 块 2×4 微闪耀光栅列阵，实现第 0 级链路的全交叉连接，信号光进入第 1 块 2×4 的空间光调制器 SLM1，在这里通过液晶像元将 s 信号光转变成 p 偏振光透过 PBS2，从而不参与后面各级信号光的交换，同时保持需要参与以后各级信号光交换的 s 偏振光的状态，完成交叉变换的信号光通过半波片后变成 p 光，透过 PBS3 进入下一级。而从 PBS1 透过的 p 光通过上面一块半波片后变成 s 光，由全反镜反射，光信号进入第 2 块 2×4 空间光调制器 SLM2，在这里将需要的光信号的 p 偏振态转变为 s 偏振态被 PBS3 反射，从而完成第 0 级链路的直通连接进入下一级，而不需要直通连接的信号光则不改变其 p 偏振态，因此从 PBS3 透射出，不参与以后各级的交换。进入第 1 级链路和第 2 级链路的信号光都是通过半反半透镜 HSM 将信号光分成两组，一组执行直通功能，另一组通过 2×4 的微闪耀光栅列阵实现全交叉功能。同样，空间光调制器的作用是通过对不需要交换的信号光的偏振态的调整，让其透射过紧接着的偏振光分光棱镜，而让交换后的有用信号被偏振分光棱镜反射，从而进入下一级。最后，执行完第 2 级链路交叉连接的光信号通过 PBS6 和 PBS7 反射输出，而完成第 2 级直通的光信号则从上而下透过 PBS7 输出，这样便得到了输入信号光所需要的输出。

5. 讨论与分析

很显然，图 6.51 所示的全交叉网络模块通过对空间光调制器的控制，对于输入的 8 个信号，每个信号均可到达任意的输出端口，而且还可以同时从所有的输出端口输出，即该集成模块具备信号的组播和广播功能。下面对从第 0 级链路的 0

输入端口进入的光信号进行讨论,其各种可能的输出端口和所对应的各级空间光调制器的状态如表6.2所列。表中最后一栏表示从0输入端口进入的光信号实现广播(BroadCast,BC),即同时从所有的端口输出时,各级空间光调制器对应的状态。

对三维全交叉网络的广播功能进行分析,从0输入端进入的光信号,通过PBS1后被分成s偏振光和p偏振光分别沿不同的路径传输。P偏振光透过PBS1后被半波片转变成s光,经Mirror1反射,进入SLM2的第0窗口,此时该窗口的液晶像元的状态为"0",即不改变通过的s光的偏振态,信号光从第0窗口射出,被PBS3反射,这样便完成第0级链路第0端口入射的光信号的直通,直通信号进入第1级链路的第0入射端口。而被PBS1反射的s偏振光进入第一块2×4微闪耀光栅列阵的第0块光栅,在竖直面内闪耀输出完成信号的交叉连接,光信号进入SLM1的第7窗口,此时该窗口液晶像元的状态为"0",即不改变通过的s偏振光的状态,信号光再通过半波片,其偏振态转变为p偏振,这样从0端口入射的信号光通过交叉连接后输出到第1级链路的第7入射端口。这样便完成了全交叉网络的第0级链路的直通和交叉功能,光信号输出到第1级链路的第0和第7入射端口,即进入图6.51所示的第1节点级的第0和第7节点的信号均是由第0节点级的第0端口入射的信号。

表6.2 端口输入的信号光各种输出所对应的空间光调制器的状态

0 级			1 级		2 级		
端口	SLM1	SLM2	SLM3	SLM4	SLM5	SLM6	
输入	0 1 2 3 4 5 6 7	0 1 2 3 4 5 6 7	0 1 2 3 4 5 6 7	0 1 2 3 4 5 6 7	0 1 2 3 4 5 6 7	0 1 2 3 4 5 6 7	输出
0	1	0	0	1	0	0	0
0	1	0	0	1	1	1	1
0	1	0	1	0	0	0	2
0	1	0	1	0	1	1	3
0	0	1		0 1	1	1	4
0	0	1		0 1	0	0	5
0	0	1	1		1	1	6
0	0	1	1		0	0	7
0	0	0	0	1	1 0 0 1	0 1 1 0	BC

其中,由第0级链路的直通而进入第1节点级的第0端口的s偏振光在HSM1处被分成两路,一路向上反射进入SLM3的第0窗口,此时该窗口的液晶像元的状态为"0",即不改变进入的s偏振光的状态,由PBS4反射后再通过半波片,它变成p偏振光,通过PBS5射出第1级链路进入第2级链路的第0入射端口,即图6.51所示的第2节点级的第0端口。而另一路s偏振的信号光通过HSM1后被Mirror2

204

反射,向上传输通过第 2 块 2×4 微闪耀光栅列阵的第 0 块光栅,实现第 1 级链路在水平面方向的上层表面内的全交叉动作,这样 s 偏振光就进入 SLM4 的第 3 窗口,此时该窗口液晶像元状态为"0",保持进入的 s 偏振光偏振态不变,再被 PBS5 反射,进入第 2 级节点级的第 3 端口。这样的话,进入第 2 级链路的信号光,即进入第 2 节点级的第 0 和第 3 端口的信号均是由第 0 级链路的第 0 端口入射的信号光。进入第 2 节点级第 0 端口的 p 偏振光被 HSM2 分成两路,一路向下传输进入第 3 块 2×4 的微闪耀光栅列阵的第 0 块光栅,发生交叉动作,闪耀输出的 p 偏振光则进入 SLM5 的第 1 窗口,此时,该窗口液晶像元的状态为"1",p 偏振光变成 s 偏振光,被 PBS6 和 PBS7 相继反射,最后从输出端的第 1 端口输出。另一路通过 HSM2 后向右传输被 Mirror3 反射,进入 SLM6 的第 0 窗口,此时,该窗口液晶像元的状态为"0",p 偏振信号光的偏振态不会发生改变,直接通过 PBS7,从输出端的第 0 端口输出。同样,进入第 2 节点级的第 3 端口的 s 偏振光,被 HSM2 分成两路,一路向下传输进入第 3 块微闪耀光栅列阵的第 3 块光栅,发生交叉动作,输出的信号光进入 SLM5 的第 2 窗口,此时,该窗口的液晶像元的状态为"0",即不改变进入的 s 偏振光的偏振态,从而被 PBS6 和 PBS7 反射,从输出端的第 2 端口输出。另一路通过 HSM2 后被 Mirror3 反射,进入 SLM6 的第 3 窗口,该窗口液晶像元的状态是"1",即改变进入的 s 偏振光为 p 偏振光,从而透射过 PBS7,从输出端口的第 3 端口输出。这样便完成了第 2 级链路上层的交换功能,从第 0、1、2 和 3 端口输出的信号均是由第 0 级链路第 0 端口输入的信号。

下面讨论三维全交叉网络的下层交换功能。进入第 1 级链路的第 7 入射端口,即进入图 6.51 所示的第 1 节点级的第 7 节点窗口的 p 偏振光,被 HSM1 分成两路,一路执行直通,向上传输进入 SLM3 的第 7 窗口,该窗口液晶像元的状态是"1",即将入射的 p 偏振光变成 s 偏振光,被 PBS4 反射,再通过半波片又转变为 p 偏振光,透过 PBS5 完成直通功能,进入第 2 级链路的第 7 入射端口,即图 6.50 所示的第 2 节点级的第 7 节点窗口,该信号光被 HSM2 分成两路,一路向下传输进入第 3 块微闪耀光栅列阵的第 7 块光栅,执行交叉功能,闪耀输出的 p 偏振信号光进入 SLM5 的第 6 窗口,该窗口液晶像元的状态是"1",p 偏振光转变为 s 偏振光,相继被 PBS6 和 PBS7 反射,从输出端的第 6 端口输出。通过 HSM2 的另一路,则直接被 Mirror3 反射,进入 SLM6 的第 7 窗口,该窗口的液晶像元的状态为"0",不改变进入的 p 偏振光的状态,从而直接穿过 PBS7,从输出端的第 7 端口输出。最后讨论进入第 1 级链路的第 7 入射端口,而穿过 HSM1 的另外一路信号光的交换问题,该 p 偏振态的信号光被 Mirror2 反射,向上传输进入第 2 块 2×4 的微闪耀光栅列阵的第 7 块光栅,发生交叉动作,闪耀输出的信号光进入 SLM4 的第 4 窗口,此时,该窗口的液晶像元的状态是"1",即将 p 光转变为 s 光,被 PBS5 反射输出,进入第 2 级链路的第 4 端口,即第 2 节点级的第 4 节点的窗口。该信号光被 HSM2 分成两路,一路向下传输进入第 3 块微闪耀光栅列阵的第 4 块光栅,实现交叉动作,信号光闪耀输出到 SLM5 的第 5 窗口,该窗口液晶像元的状态是"0",不改变射入的 s 偏振光的偏振态,从而信号光被 PBS6 和 PBS7 反射,从输出端的第 5 端口输出。通过 HSM2 的另一路信号光被 Mirror3 反射后进入 SLM6 的第 4 窗口,该窗口的液晶像元的状态是"1",即改变入射的 s 偏振光为 p 偏振光,通过 PBS7,从输出端的第 4 端口输出。这样便完成了第 2 级链路的下层交换功能,从输出端第 4、5、6 和 7 端口输出的信号均是由第 0 级链路的第 0 端口入射的信号光。至此,该网络的所有输出端口均是由第 0 级链路的第 0 端口入射的信号光,完成广播功能。

6.5.3　利用微光学元件构建二维榕树网络

自由空间的光交换系统在光互连网络中具有重要的作用,一般可采用混洗交换 Omega 网络、全交叉网络和榕树网络等拓扑结构。互连网络的拓扑结构通常是采用在第三维自由空间传播的二维平面成像光学系统实现。与混洗交换网络、全交叉网络相比,榕树网络的结构更简单、实现成本更低、能量损失更小。因此采用自由空间的榕树交换网络在光子交换系统以及并行处理计算机系统中有着广泛的应用前景。很多文献对榕树网进行了讨论,但主要都限于对其数学理论和特性进行研究,很少有对其实现方式特别是二维的榕树网络的构建及其实现方法进行讨论。本节在理论上提出一种实现自由空间二维榕树交换网络的方法,通过构建微光学元件、空间光调制器、偏振光分光棱镜和半反半透镜的实验模块,实现了自由空间二维榕树网的交换功能,该工作对于将二维榕树网用于光通信和光交换中具有重要的意义。

1. 榕树网络的特点

通道数是 $2N$ 的榕树网由 $(n+1)$ 级节点和 n 级链路组成, $n = \log_2^N$ 。其中每一节点级有 N 个 2×2 的节点开关,每一链路级有 $2N$ 条链路。图 6.51 为 $2N = 16$ 的榕树网络的拓扑结构。

榕树网两相邻节点级间通过直通互连和交叉互连连接,若各节点级中每一节点的位置用二进制位表示,则直通互连和交叉互连用下列操作表示:

$$\alpha^{(i)}\left[(p_{n-1}p_{n-2}\cdots p_1p_0)_i\right] = (p_{n-1}p_{n-2}\cdots p_1p_0)_{i+1}$$

$$\beta^{(i)}\left[(p_{n-1}p_{n-2}\cdots p_1p_0)_i\right] = (p_{n-1}p_{n-2}\cdots p_{n-i}\bar{p}_{n-i-1}p_{n-i-2}\cdots p_1p_0)_{i+1} \quad (6-56)$$

其中 P 取 0 或 1,如图 6.52 所示从上到下各节点的二进制位置分别是:000,001,010,011,100,101,110 和 111。 $\alpha^{(i)}$ 是直通互连函数,它表示在相邻的两互连级第 i 级和第 $i+1$ 级间,第 i 级中二进制位置为 $(P_{n-1}P_{n-2}\cdots P_1P_0)$ 的节点与第 $i+1$ 级中二进制位置为 $(P_{n-1}P_{n-2}\cdots P_1P_0)$ 的节点连接。 $\beta^{(i)}$ 是交叉互连函数,它表示第 i 级中二进制位置为 $(P_{n-1}P_{n-2}\cdots P_1P_0)$ 的节点与第 $i+1$ 级中二进制位置为 $(p_{n-1}p_{n-2}\cdots p_{n-i}\bar{p}_{n-i-1}p_{n-i-2}\cdots p_1p_0)_{i+1}$ 的节点交叉连接。对于 $N=8$ 的榕树网,其节点级数和链路级数分别位 4 和 3。

206

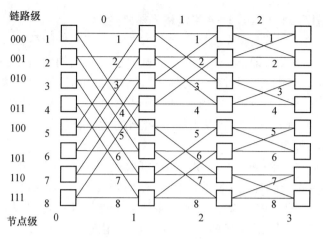

图 6.52　$N = 8$ 榕树网络

图 6.53 所示为 4×4 的节点开关平面组成的二维榕树网络,由 4 级链路级和 5 级节点平面构成。其中,第 1 和第 2 链路级为水平方向上的交叉互连,而第 3 和第 4 链路级为竖直方向上的交叉互连。第 1 和第 2 链路级的交叉互连在竖直方向上分成 4 层,各层的连接关系一样。同样,第 3 和第 4 链路级的交叉互连在水平方向上分成 4 层,各层的连接关系也一样。

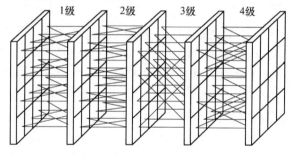

图 6.53　二维的榕树网络

2. 微光学元件实现自由空间的交叉互连

根据榕树网链路级间交叉连接关系的特点,可以采用微光学衍射元件—微闪耀光栅阵列,在自由空间实现级间交叉互连。由式(6 - 48)可知,选取合适的参数通过控制微闪耀光栅的周期,即可得到不同入射端口的光信号在空间上以满足榕树网链路级间交叉连接关系的位置闪耀输出,这样便实现了榕树网各级间的交叉连接。而且由于 8 台阶的微闪耀光栅的衍射效率非常高,所以当微闪耀光栅实现 1 级闪耀时,其光能量的利用率非常高,入射信号光的能量绝大部分都集中在第 1 衍射级,而进入其他衍射级的能量非常低。同时,相邻信道之间的串扰非常小。因此,利用 8 台阶微闪耀光栅阵列可以很好的实现榕树网各链路级间的交叉连接。

对于图 6.53 中二维榕树网第 1 链路级的交叉互连,4 层节点间的连接关系都相同,设计如图 6.54 所示的 1×4 微闪耀光栅阵列。

信号光通过每块微闪耀光栅后在水平方向上由于光栅闪耀,偏离原来传播方向的距离均为 $x = 2D$,即第 1、2、3 和 4 块微闪耀光栅的周期值相同,但第 1、2 块光栅和第 3、4 块光栅在制作过程中的刻槽取向相反。由这样的 4 块 1×4 的微闪耀光栅阵列构成了第 1 级 4×4 的微闪耀光栅阵列平面,由于每块微闪耀光栅的周期都相同,所以制作过程中的控制很简单,在普通的玻璃表面上就可以制得所需的微闪耀光栅阵列平面。

对于第 2 链路级的交叉互连,4 层节点间的连接关系都一样,可以设计如图 6.55 所示的 1×4 微闪耀光栅阵列。信号光通过每块微闪耀光栅后在水平方向上由于光栅闪耀,偏离距离都为 $x = D$,即每块光栅的周期值均相等,但第 1、3 块光栅的刻槽方向和第 2、4 块光栅的刻槽方向相反。由这样的 4 块 1×4 微闪耀光栅阵列,即可构成第 2 级 4×4 的微闪耀光栅阵列平面。

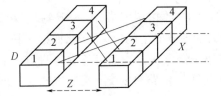 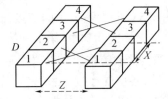

图 6.54　第一级链路对应的微闪耀光栅阵列　　图 6.55　第二级链路对应的微闪耀光栅阵列

对于第 3 和第 4 链路级的交叉互连,每级也分为相同的 4 层连接,同样可以利用我们制作的微闪耀光栅阵列实现,而且光信号通过光栅闪耀后,偏离距离分别为 $2D$ 和 $1D$,周期值的大小分别与第 1 和第 2 级链路对应的微闪耀光栅的周期相等。不过由于交叉互连在竖直平面内完成,所以需要将制得的图 6.54 和图 6.55 所示的水平的微闪耀光栅阵列,旋转到竖直方向即可,由得到的竖直方向的 1×4 微闪耀光栅阵列即可分别构成第 3 和第 4 级微闪耀光栅阵列平面。最后,由反应性离子刻蚀技术制得的这 4 块 4×4 的微闪耀光栅阵列平面,即可实现 4 级链路的交叉连接功能。而直通连接则通过平面镜反射完成。

3. 二维榕树网实验模块设计

对于图 6.53 所示的二维榕树网络,构建如图 6.56 所示的光电实验模块。该模块由 4 块 4×4 的微闪耀光栅阵列平面、8 块平面反射镜、8 块 4×4 的液晶空间光调制器、3 块半反半透镜和 5 块偏振分光棱镜构成。偏振光分光棱镜的作用是让 p 光通过,而 s 光反射;微闪耀光栅阵列实现光信号的交叉连接;空间光调制器的作用是根据信号窗口的液晶像元所施加的电压值,改变通过它的偏振光的偏振态。当液晶像元上所加电压超过其阈值时,通过液晶像元的光束的偏振态不发生变化,设此时状态为"0",而当液晶像元上不加电压时,通过它的偏振光的偏振态将发生 90°的变化,设此时状态为"1"。整个实验模块由 4 级构成,分别对应于 4 级链路,完成各级链路光信号的交叉或直通连接。

208

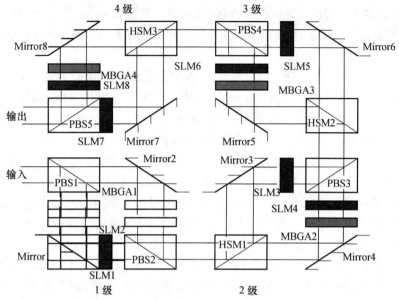

图 6.56 二维榕树网模块

MBGA—微闪耀光栅阵列；PBB—偏振分光棱镜；

HSM—半反半透镜；SLM—空间光调制器；Mirror—全反镜。

第 1 级模块:4×4 的信号光进入 PBS1,被分成 s 光和 p 光,其中 s 光被反射向下传输,接着被 Mirror1 反射,射向 4×4 的 SLM1,通过控制加在 SLM1 各窗口液晶像元上电压的大小,可以改变通过 SLM1 各窗口的 s 光的偏振态,需要直通连接的信号光,其对应窗口的液晶像元的状态是"1",s 光变为 p 光,通过 PBS2,完成第 1级链路的直通连接功能。不需要直通连接的信号光,其对应窗口的液晶像元的状态是"0",偏振态不发生改变,于是被 PBS2 反射,向下射出实验模块,不参与后面的交换。同时,p 光被 Mirror2 反射,射向 4×4 的 MBGA1,在自由空间实现水平方向上的交叉互连,完成交换后信号光进入 4×4 的 SLM2,需要的交换后的信号光对应窗口的液晶像元的状态是"1",于是 p 偏振态转变成 s 偏振态,被 PBS2 反射,完成第 1 级链路的交叉连接功能,进入第 2 级模块。而不需要的信号光对应窗口的液晶像元的状态是"0",p 偏振态保持不变,于是向下穿过 PBS2,射出实验模块。

第 2 级模块:从第 1 级模块出来的信号光包括,完成直通连接的 p 光和完成交叉连接功能的 s 光。它们被 HSM1 分成两部分。

对于 p 光,一路向上传输,被 Mirror3 反射,进入 4×4 的 SLM3,需要直通连接的信号光对应的窗口的液晶像元的状态是"1",p 光转变为 s 光,被 PBS3 反射,完成第 2 级链路 p 光的直通连接,进入第 3 级模块,否则,穿过 PBS3,射出实验模块;p 光的另一路水平传输,被 Mirror4 反射,进入 4×4 的 MBGA2,在自由空间实现水平方向上的交叉连接,完成交换后的信号光进入 4×4 的 SLM4,需要的完成交换后的信号光对应的窗口的液晶像元的状态是"0",保持 p 光的偏振态不变,通过

PBS3，完成第2级链路 p 光的交叉连接，进入第3级模块。不需要进入下级模块的信号光对应窗口的液晶像元的状态是"1"，p 光变成 s 光，被 PBS3 反射，射出实验模块。

对于 s 光，同样被 HSM1 分成两路，一路向上传输被 Mirror3 反射，进入 SLM3，需要直通连接的信号光对应的窗口的液晶像元的状态是"0"，s 光的偏振态保持不变，被 PBS3 反射，完成第2级链路 s 光的直通连接，进入第3级模块。而不需要直通连接的信号光对应的窗口的液晶像元的状态是"1"，s 光变成 p 光，穿过 PBS3，射出实验模块；另一路 s 光通过 HSM1 后，被 Mirror4 反射，进入 MBGA2，在自由空间实现水平方向上的交叉连接，完成交换后的信号光进入 SLM4，需要进入下一级模块的交换后的信号光对应的窗口的液晶像元的状态是"1"，s 光变成 p 光，通过 PBS3，完成第2级链路 s 光的交叉连接功能，进入第3级模块。否则，对应的液晶像元的状态是"0"，s 光偏振态不变，被 PBS3 反射，射出实验模块。

在第3和第4级模块中，微闪耀光栅阵列平面完成竖直方向的交叉互连。液晶空间光调制器的作用同样是：通过改变加在各窗口液晶像元上的电压大小，控制通过的信号光的偏振态，从而实现所需要的直通或交叉连接。最后，完成了4级链路交换的光信号从实验模块的输出端口输出，二维榕树网的整个交换过程结束。

4. 二维榕树网交换功能分析

图6.56所示的光电实验模块只需给出各块4×4液晶空间光调制器的相应窗口的控制指令，通过改变液晶像元上所加的电压值，控制通过该窗口的偏振光的偏振态，从而到达光信号选路的目的，实现所需的变换。该实验模块理论上可以完成4×4二维面阵内光信号（或数据）的排序、交换、组播、广播、矩阵变换等操作。为简单起见，我们仅讨论如图6.57所示的4×4的信号矩阵经过该实验模块后实现信号矩阵的转置变换。

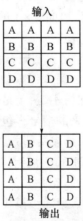

图6.57　信号矩阵转置变换

210

由于该实验模块由4级小模块组成,需要分别确定各级模块的液晶空间光调制器各窗口的状态。

第1级模块:保持4×4输入光信号矩阵的直通连接,而不考虑交叉互连。由于交叉连接是在水平面各层内进行,所以,对应的 SLM1(负责直通连接)和 SLM2(负责交叉连接)的各液晶窗口的状态和从第1级模块输出的信号光矩阵以及对应的偏振态如图6.58所示。其中,1、2、3、…、16是空间光调制器对应各窗口的编号。由于只考虑了直通连接,所以输出的信号光均为 p 偏振光。

SLM1状态

1(1)	2(1)	3(1)	4(1)
5(1)	6(1)	7(1)	8(1)
9(1)	10(1)	11(1)	12(1)
13(1)	14(1)	15(1)	16(1)

SLM2状态

1(0)	2(0)	3(0)	4(0)
5(0)	6(0)	7(0)	8(0)
9(0)	10(0)	11(0)	12(0)
13(0)	14(0)	15(0)	16(0)

第一模块输出

1A(p)	2A(p)	3A(p)	4A(p)
5B(p)	6B(p)	7B(p)	8B(p)
9C(p)	10C(p)	11C(p)	12C(p)
13D(p)	14D(p)	15D(p)	16D(p)

图6.58　第1级模块的状态

第2级模块:4×4的 p 偏振态的信号光进入第2级模块,保持输入矩阵信号光的直通连接,而不考虑交叉互连,由于交叉互连同样是在水平面各层内进行,相应的 SLM3(直通)和 SLM4(交叉)的各窗口的状态、输出的信号光矩阵、对应的偏振态如图6.59所示。由于只考虑了直通连接,所以输出的信号光都是 s 偏振光。

第3级模块:4×4的 s 偏振态的信号光进入第3级模块,保持信号光矩阵对角线上的数据1A、6B、11C、16D不变,需要直通连接,所以对应的 SLM5(直通)上的1、6、11、16窗口的状态都是"1",通过这些窗口的 s 光变成 p 光穿过 PBS4 进入第4级模块。阻止通过 SLM5(直通)其他窗口的信号光发生直通连接,这些液晶窗口对应的状态就必须是"0",s 光偏振态不发生改变,被 PBS4 反射出模块。同时,由于交叉互连发生在竖直平面的各层内,即第一层的1和9窗口、5和13窗口,第二层的 2 和 10 窗口、6 和 14 窗口,第三层的 3 和 11 窗口、7 和 15,第四层的 4 和 12、8 和 16 窗口的数据发生交换。需要将对角线上的数据 1A 交叉连接到 9 号窗口、6B 交叉连接到 14 号窗口、11C 交叉连接到 3 号窗口、16D 交叉连接到 8 号窗口,所以 SLM6(交叉)上对应的 9、14、3、8 号窗口的状态是"0",通过这些窗口的 s 信号光的偏振态不发生改变,被 PBS4 反射,进入下一级模块。要阻止通过 SLM6(交叉)其他窗口的信号光发生交叉连接,这些液晶窗口对应的状态必须是"1",s 光变成 p 光,穿过 PBS4 离开模块。相应的 SLM5(直通)、SLM6(交叉)各窗口的状态、输出的信号光矩阵、对应的偏振态如图 6.60 所示。其中,输出的信号光矩阵中,在第 5、13、2、10、7、15、4、12 窗口处没有信号(或数据)。

SLM3状态

1(1)	2(1)	3(1)	4(1)
5(1)	6(1)	7(1)	8(1)
9(1)	10(1)	11(1)	12(1)
13(1)	14(1)	15(1)	16(1)

SLM4状态

1(1)	2(1)	3(1)	4(1)
5(1)	6(1)	7(1)	8(1)
9(1)	10(1)	11(1)	12(1)
13(1)	14(1)	15(1)	16(1)

第 2 块模块输出

1A(s)	2A(s)	3A(s)	4A(s)
5B(s)	6B(s)	7B(s)	8B(s)
9C(s)	10C(s)	11C(s)	12C(s)
13D(s)	14D(s)	15D(s)	16D(s)

图 6.59 第 2 级模块的状态

第 4 级模块:由于从第 3 级模块输出的信号光矩阵中第 5、13、2、10、7、15、4、12 窗口处没有信号,其余各窗口的信号光均要完成直通和交叉互连。对于直通连接,p 偏振态的信号光对应的 SLM7(直通)相应窗口的状态必须是"0",p 偏振态不发生改变,信号光通过 PBS5 从输出端对应窗口输出,而 s 偏振态的信号光对应的 SLM7(直通)相应窗口的状态必须是"1",s 偏振态变为 p 偏振态,信号光从输出端对应窗口输出。SLM7 上没有信号光通过的那些窗口的液晶像元不参与工作。对于交叉互连,由于交叉互连发生在竖直平面的各层内,即第 1 层的 1、5 窗口和 9、13 窗口,第 2 层的 2、6 窗口和 10、14 窗口,第 3 层的 3、7 和 11、15,第 4 层的 4、8 窗口和 12、16 窗口。P 偏振态的信号光交叉连接后,SLM8(交叉)上对应窗口的状态是"1",p 光变成 s 光,被 PBS5 反射,由输出端对应窗口输出。s 偏振态的信号光交叉连接后,SLM8(交叉)上对应窗口的状态是"0",s 光偏振态不发生改变,被 PBS5 反射,从输出端相应窗口输出。SLM8 上没有信号光通过的那些窗口的液晶

SLM5状态

1(1)	2(0)	3(0)	4(0)
5(0)	6(1)	7(0)	8(0)
9(0)	10(0)	11(1)	12(0)
13(0)	14(0)	15(0)	16(1)

SLM6状态

1(1)	2(1)	3(0)	4(1)
5(1)	6(1)	7(1)	8(0)
9(1)	10(1)	11(1)	12(1)
13(1)	14(0)	15(1)	16(1)

第3块模块输出

1A(p)	2	3C(s)	4
5	6B(p)	7	8D(s)
9A(s)	10	11C(p)	12
13	14B(s)	15	16D(p)

图 6.60　第 3 级模块的状态

像元不参与工作。SLM7(直通)、SLM8(交叉)各窗口的状态、最后输出的信号光矩阵、对应的偏振态如图 6.61 所示。

SLM7状态

1(0)	2	3(1)	4
5	6(0)	7	8(1)
9(1)	10	11(0)	12
13	14(1)	15	16(0)

SLM8状态

1	2(1)	3	4(0)
5(1)	6	7(0)	8
9	10(0)	11	12(1)
13(0)	14	15(1)	16

第4块模块输出

A(p)	B(s)	C(p)	D(s)
A(s)	B(p)	C(s)	D(p)
A(p)	B(s)	C(p)	D(s)
A(s)	B(p)	C(s)	D(p)

图 6.61　第 4 级模块的状态

从图 6.61 可知,从第 4 级模块输出的 4×4 光信号矩阵,即为需要的输入光信号矩阵的转置矩阵。该二维榕树网实验模块实现了该操作,对于其他的变换操作也采用相同的分析方法,只需确定各液晶空间光调制器相应窗口的状态即可。

光信息在垂直于二维光电子器件的第三维自由空间交织传递,不仅避免了二维平面结构的限制,而且能够并行处理和传输光信号。该实验模块结构优化、互连级数少、规则性强、网络结构灵活、很容易扩容或升级为大端口高容量的交换网络。当然,在具体的实现过程中,还必须考虑模块内光线的准直、指令的控制、模块的封装等技术上的难点。同时,也必须解决好光能量利用率较低的问题,否则这将限制该模块在实际中的运用。

6.5.4 微闪耀光栅解复用器与分束器设计

计算机和通信技术的发展将人类带入了一个信息急剧膨胀的时代,社会和经济发展对现代通信的要求越来越高,随之而来的是新技术的革命和创新。光纤通信取代了传统电通信在信号长途传输中的地位,采用光孤子和波分复用等技术,又进一步提高了光信号的传输距离和带宽。波分复用(WDM)和密集波分复用(DWDM)技术是解决信息容量需求的有效手段。波分复用系统中最关键的元件是位于光纤链路两端的复用器和解复用器,其性能的优劣对系统传输质量有决定性的影响,它必须具备经济有效、性能稳定、插入损耗小、串扰小、易集成、能够大批量生产等特点。波分复用器件可以分为:由光滤波器组成的级联型波分复用器和同步输出的色散型波分复用器。其中,阵列波导光栅(AWG)[25-27]和刻蚀衍射光栅(EDG)[28,29]具有很强的发展潜力,随着深刻蚀技术的日益成熟,EDG 器件尺寸越来越小、结构更加紧凑、性能更加优越、应用领域更加广泛。本节设计一种深刻蚀的二元光学元件 – 深浮雕微闪耀光栅,通过分析其衍射特性以及衍射光场的复振幅分布情况,得到其对信号光闪耀输出的光栅方程,由于不同波长的信号光对应不同的闪耀角,因此可以实现不同波长信号光在空间上的分离,完成解复用的功能。该微光学元件具有结构简单紧凑、器件尺度小、衍射效率高、串扰小、制作容易等特点,相信在光纤通信中会有一定的应用。

1. 多台阶微闪耀光栅的衍射特性

二元光学是基于光波的衍射理论,利用计算机辅助设计和超大规模集成(VLSI)电路制作工艺,在片基(或传统的光学器件表面)刻蚀产生两个或多个台阶深度的浮雕结构,形成纯相位、同轴再现、具有极高衍射效率的一类衍射光学元件。对 8 台阶的微闪耀光栅的衍射特性进行分析,得到了其菲涅耳衍射的复振幅分布:

$$
\begin{aligned}
t_s(x) = {} & \frac{1}{\mathrm{j}\lambda z}\exp(\mathrm{j}kz)\exp\Big(\mathrm{j}\,\frac{k}{2z}x^2\Big)\frac{\sqrt{\lambda z}}{L}\exp\Big(\mathrm{j}\,\frac{\pi}{4}\Big) \\
& \exp\Big(-\mathrm{j}2\pi\,\frac{x}{\pi z}\,\frac{T}{L}\Big)\exp\Big[-\mathrm{j}\pi(L-1)\,\frac{T}{L}\Big(\frac{x}{\lambda z}-\frac{1}{T}\Big)\Big]\cdot \\
& \frac{\sin\Big(\pi\,\frac{x}{\lambda z}\,\frac{T}{L}\Big)}{\pi\,\frac{x}{\lambda z}\,\frac{T}{L}}\cdot\frac{\sin\Big[\pi T\Big(\frac{x}{\lambda z}-\frac{T}{L}\Big)\Big]}{\sin\Big[\pi T\,\frac{1}{L}\Big(\frac{x}{\lambda z}-\frac{T}{L}\Big)\Big]}\cdot\sum_m \exp\Big[-\mathrm{j}\pi\lambda z\Big(\frac{x}{\lambda z}-\frac{m}{T}\Big)^2\Big]
\end{aligned}
$$

$$(6-57)$$

214

则其对应的光场分布为

$$I(x) = \frac{1}{\lambda z L^2} \left| \frac{\sin(\pi x T/\lambda z L)}{\pi x T/\lambda z L} \frac{\sin\left[\pi T\left(\frac{x}{\lambda z} - \frac{1}{T}\right)\right]}{\sin\left[\pi T\left(\frac{x}{\lambda z} - \frac{1}{T}\right)/L\right]} \sum_m \exp\left[-j\pi\lambda z\left(\frac{x}{\lambda z} - \frac{m}{T}\right)^2\right] \right|^2$$

$$(6-58)$$

其中 $\dfrac{\sin\left(\pi \dfrac{x}{\lambda z}\dfrac{T}{L}\right)}{\pi \dfrac{x}{\lambda z}\dfrac{T}{L}}$ 为衍射项,它对干涉项进行调制,影响其幅值。

$\dfrac{\sin\left[\pi T\left(\dfrac{x}{\lambda z} - \dfrac{1}{T}\right)\right]}{\sin\left[\pi T\dfrac{1}{L}\left(\dfrac{x}{\lambda z} - \dfrac{1}{T}\right)\right]}$ 为干涉项,决定光强分布的位置。

由式(6-58)可知,当 $\dfrac{x}{\lambda z} = \dfrac{1}{T}$,即 $\dfrac{x}{z} = \dfrac{\lambda}{T}$ 时,光强取极大值。令 $\sin\theta \approx \dfrac{x}{z} = \dfrac{\lambda}{T}$,即 $T\sin\theta = \lambda$ 时,光强极大。所以当 $m = 1$ 时信号光闪耀输出,θ 为此时的衍射角(闪耀角)。

在式(6-58)中,$L = 2、4、8$ 分别对应于两台阶、四台阶和八台阶的微闪耀光栅。

由上面的讨论可知,只需一个掩膜即可制作双台阶的微闪耀光栅,其光场分布为

$$I(x) = \frac{1}{4\lambda z} \left| \frac{\sin(\pi x T/2\lambda z)}{\pi x T/2\lambda z} \frac{\sin\left[\pi T\left(\frac{x}{\lambda z} - \frac{1}{T}\right)\right]}{\sin\left[\pi T\left(\frac{x}{\lambda z} - \frac{1}{T}\right)/2\right]} \sum_m \exp\left[-j\pi\lambda z\left(\frac{x}{\lambda z} - \frac{m}{T}\right)^2\right] \right|^2$$

$$(6-59)$$

四台阶和八台阶的微闪耀光栅分别需要两个和三个掩膜,它们对应的光强分别为

$$I(x) = \frac{1}{16\lambda z} \left| \frac{\sin(\pi x T/4\lambda z)}{\pi x T/4\lambda z} \frac{\sin\left[\pi T\left(\frac{x}{\lambda z} - \frac{1}{T}\right)\right]}{\sin\left[\pi T\left(\frac{x}{\lambda z} - \frac{1}{T}\right)/4\right]} \sum_m \exp\left[-j\pi\lambda z\left(\frac{x}{\lambda z} - \frac{m}{T}\right)^2\right] \right|^2$$

$$(6-60)$$

$$I(x) = \frac{1}{64\lambda z} \left| \frac{\sin(\pi x T/8\lambda z)}{\pi x T/8\lambda z} \frac{\sin\left[\pi T\left(\frac{x}{\lambda z} - \frac{1}{T}\right)\right]}{\sin\left[\pi T\left(\frac{x}{\lambda z} - \frac{1}{T}\right)/8\right]} \sum_m \exp\left[-j\pi\lambda z\left(\frac{x}{\lambda z} - \frac{m}{T}\right)^2\right] \right|^2$$

$$(6-61)$$

当 $T = 30\mu m, z = 20cm$，入射光波长为 $0.6328\mu m$ 时，它们对应的光场分布如图 6.62 ~ 图 6.64 所示。

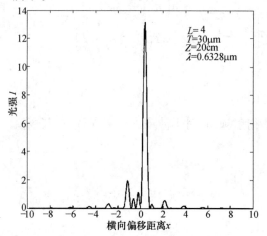

图 6.62　四台阶微闪耀光栅的光强分布

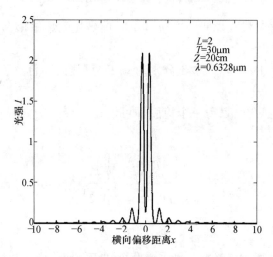

图 6.63　双台阶微闪耀光栅的光强分布

表 6.3 是不同台阶数的微闪耀光栅在 $T = 30\mu m$，$z = 20cm, \lambda = 0.6328\mu m$ 时，各衍射级对应的衍射角、横向偏离距离 x，各衍射级与第一衍射级（$m = 1$）的能量比、串扰及衍射效率。

由上面的分析可知，两台阶的闪耀光栅衍射光强分布具有对称性，能量主要对称分布在 $m = \pm 1$ 级，因此双台阶的微闪耀光栅可以作为光栅分束器；而对于八台阶微闪耀光栅，光强分布并不对称，其能量的绝大部分都集中在第一衍射级，而且其衍射效率非常高，理论上可以达到 95%，因此在光通信或光信息处理中，它可以作为光束偏折器或光分解复用器。

216

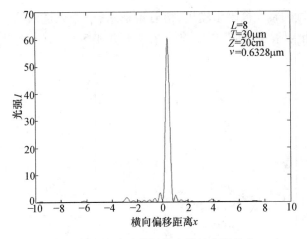

图 6.64　八台阶微闪耀光栅的光强分布

表 6.3　多台阶微闪耀光栅对应的参数($T = 30\mu m, z = 20cm, \lambda = 0.6328\mu m$)

	台阶数 L								
	$L = 2$			$L = 4$			$L = 8$		
衍射级	1	2	3	1	2	3	1	2	3
m	±1	±3	±5	1	−3	5	1	−7	9
偏折角	1.2°	3.6°	6°	1.2°	3.6°	6°	1.2°	8.4°	10.8°
偏离距离(cm)	±0.422	±1.266	±2.11	0.422	−1.266	2.11	0.422	−2.95	3.79
光强比		9	25		9	25		49	81
串扰（dB）		−9.5	−14		−9.5	−14		−16.9	−19.1
衍射效率	40.5%			81%			95%		

2. 示例

由方程 $T\sin\theta = \lambda$ 可知,多波长复合光信号聚焦在微闪耀光栅上,光栅对不同波长的光衍射角不一样,于是可以把复合信号在空间上分离为不同波长的分量,如图 6.66 所示,信号光为 $\lambda_1\lambda_2\cdots\lambda_n$ 的复合波长,通过微闪耀光栅衍射后,对应的衍射角分别是 $\theta_1\theta_2\cdots\theta_n$,复合信号光在空间完成分离。透镜将分离出的复合信号光汇聚耦合进入各光纤中输出。

由于微闪耀光栅解复用器是利用光的衍射效应进行波长分离的,相对于其他解复用器件来说,其串扰主要是由于微闪耀光栅对不同波长的信号光的衍射展宽引起的。多波长的复合信号经过衍射效应以后,各输入信号都将有不同程度的展宽,部分能量将进入邻近的信号通道,从而产生信号之间的串扰。为简单起见,只分析波长为 λ_1 的信号光由于微闪耀光栅的衍射展宽效应,其光能量在空间的分布情况。如图 6.65 所示,图中的小方块表示具体的空间位置,波长为 λ_1 的信号光通

过宽度为 D 的微闪耀光栅闪耀输出，衍射角是 θ_1，信号光进入第 7 号位置。由于微闪耀光栅的衍射展宽效应引起的能量在 1、2、3、4、5、6、7、8 号空间位置分布情况如表 6.4 所列。

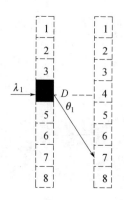

图 6.65　单波长信号光的衍射效应

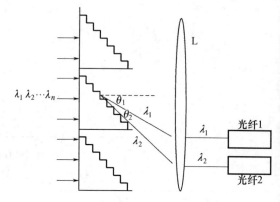

图 6.66　微闪耀光栅解复用器原理图

表 6.4　单波长信号光衍射场能量分布

空间位置	衍射效率/%	空间位置	衍射效率/%
1	3.21	5	0.68
2	0.44	6	2.38
3	0.65	7	88.95
4	0.90	8	1.09

从表 6.4 中可以看出，由于微闪耀光栅的闪耀，光能量主要都集中在第 7 号空间位置，而由于衍射展宽进入其他位置（包括进入第 4 号空间位置）的能量都非常少。因此微闪耀光栅解复用器引起的信号间的串扰非常小。

波分复用/解复用器件在光纤通信中具有重要的作用，本节设计一种微闪耀光栅解复用器，通过分析其衍射光场的复振幅分布，得到其实现 1 级闪耀输出的光栅方程，从理论上研究了微闪耀光栅解复用器的原理。对其衍射效率和串扰分析表明，微闪耀光栅解复用器具有很高的衍射效率，不同波长信号间的串扰非常小。由于深蚀刻二元光学元件还具有焦距缩短效应，可有效的提高元件的相对孔径和元件的色散率，能够降低对制作系统的精度要求，器件尺度小，集成度高。所以相信深浮雕微闪耀光栅解复用器在光通信和光信息处理中应该会有一定的应用。

6.6　总结及展望

基于光互连网络具有电子互连网络无可比拟的优势，可立即融入目前的电子计算机系统中，提高数据交换的容量和速度。事实上，光互连技术已经在超级巨型

218

计算机中得到广泛应用,使得超级计算机的计算能力轻松跨越一千万亿次高峰。

目前,对光互连技术的研究是光计算领域中最热门的方向之一,随着研究的深入,应用范围也逐渐扩大。同时,光互连的关键器件发展很快,已经获得了调制频率大于 25GHz 的 VCSELs,通信速度可达到 Tb/s 的传输水平。系统间的光互连(图 6.67)已经得到实现,处理板间的互连(图 6.68)也已经在部分高端超级计算机上得到应用,正探索芯片间和芯片内的光互连(图 6.69、图 6.70,71)。

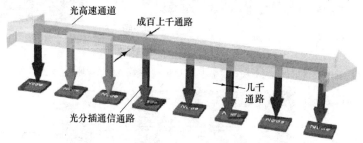

图 6.67　系统间光互连

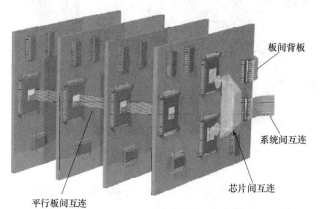

图 6.68　处理板间光互连

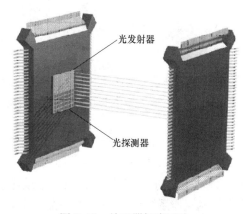

图 6.69　处理器间光互连

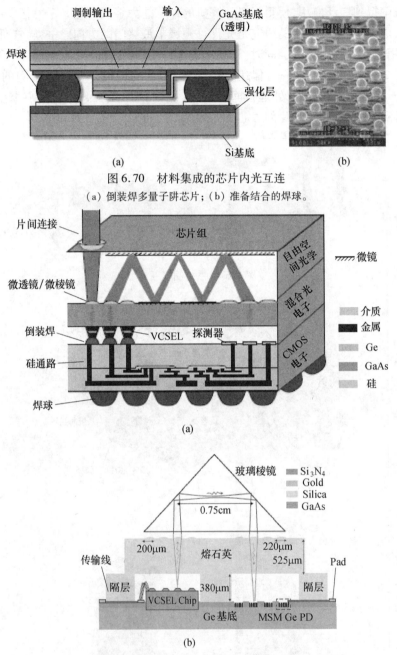

图 6.70 材料集成的芯片内光互连

(a) 倒装焊多量子阱芯片;(b) 准备结合的焊球。

图 6.71 利用 VCSEL 的多核芯片内的三维集成光互连[30]

(a) FSOI 多核芯片集成示意图;(b) FOSI 多核芯片集成结构图。

　　随着纳米光电子技术和激光技术的突破,可大规模集成化量子点发光与探测器件的研制成功,各种尺度的光互连系统将得到研制,逐渐在光电混合计算系统中得到大量应用,并有日成为光电混合计算系统的核心,为全光计算机的实现打下基础。

参 考 文 献

[1] Jeffery C C Lo, S W Ricky Lee, J S Wu, et al. Chip – on – Chip 3D optical interconnect with passive alignment. IEEE, 2004 Electronic Components and Technology Conference, 2004, 2015 – 2019.

[2] Han Seo Cho, Kun – Mo Chu, Saekyoung Kang, et al. packaging of optical and electronic components for on – board optical interconnects. IEEE Transaction on advanced packaging, 2005, 28(1): 114 – 120.

[3] M Forbes, J Gourlay, M Desmulliez. Optically interconnected electronic chip: A tutorial and review of the technology. Electron. Commun. Eng. J., 2001, 221 – 232.

[4] Levi A F J. Optical interconnections in systems. Proc. IEEE, 2000, 88(6): 750 – 757.

[5] Lytel R, Davidson H L, Nettleton N, et al. Optical interconnections within modern high – performance computing systems. Proc. IEEE, 2000, 88(6): 758 – 763.

[6] N Savage. Linking with light. IEEE Spectr., 2002, 39(8): 32 – 36.

[7] 艾军, 曹明翠, 等. 光学全混洗网络互连函数的矩阵描述及其应用. 光子学报, 1994, 23(4): 289 – 292.

[8] 李洪谱, 曹明翠, 等. 全混洗光互连的矩阵处理与研究. 华中理工大学学报, 1994, 22(3): 112 – 116.

[9] 罗凤光, 徐军, 曹明翠, 等. "光计算中全排列无阻塞双 Omega 光互连网络的光学实现方法. 中国激光, 1994, 21(3): 220 – 224.

[10] Stirk C W, Athale P A, Haney M W. Folded perfect shuffle optical processor. Appl. Opt., 1988, 27(2): 202 – 203.

[11] Yunlong Shang. Light effective 2 – D optical perfect shuffle using Fresnel mirrors. Applied Optics, 1989, 28 (15): 3290 – 3292.

[12] 金国藩, 严瑛白, 邬敏贤. 二元光学. 北京: 国防工业出版社, 1998.

[13] 吕乃光. 傅里叶光学. 北京: 机械工业出版社, 1998.

[14] 苏显渝, 李继陶. 信息光学. 北京: 科学出版社, 1999.

[15] Bataineh, S Qanzu'a, G E. Reliable omega interconnected network for large – scale multiprocessor systems. Computer Journal, 2003, 46(5): 467 – 75.

[16] Borella, A Cancellieri, G Prosperi P. A wavelength recognizing switching architecture for omega interconnection networks. Next Generation Optical Network Design and Modelling. IFI PTC6/WG6. 10 Sixth Working Conference on Optical Network Design and Modelling (ONDM 2002), 2003, 199 – 209.

[17] Yang Y Wang J. A class of multistage conference switching networks for group communication. IEEE Transactions on Parallel and Distributed Systems, 2004, 15(3): 228 – 43.

[18] Terai H Kameda Y. Yorozu, S. et al. High – speed testing of tandem – Banyan network switch component. Physica C, 2003, 392 – 396, pt. 2: 1485 – 9.

[19] Xiaohong Jiang, Pin – Han Ho, Horiguchi S. Performance modeling for all – optical photonic switches based on the vertical stacking of banyan network structures. IEEE Journal on Selected Areas in Communications, 2005, 23(8): 1620 – 31.

[20] Singh B K, Gupte N. Crossover behavior in a communication network. Physical Review E (Statistical, Nonlinear, and Soft Matter Physics), 2003, 68(6): 66121 – 1 – 9.

[21] Barthelemy M. Crossover from scale – free to spatial networks. Europhysics Letters, 2003, 63(6): 915 – 21.

[22] Xu L Kumar, Buldyrev P S V, et al. Relation between the Widom line and the dynamic crossover in systems with a liquid – liquid phase transition. Proceedings of the National Academy of Sciences of the United States of America, 2005, 102(46): 16558 – 62.

[23] 艾军, 曹明翠, 李一男, 等. 64×64 全交叉互连函数的光学实现. 光学学报, 1995, 15(5): 586 – 592.

[24] 李源, 曹明翠, 陈清明. 一种新型的三维光学交换网络研究. 通信学报, 1998, 19(6): 56 – 60.

[25] 李广波, 龙文华, 贾科淼, 等. SiO_2 8×8 阵列波段光栅的研制. 光电子. 激光, 2006, 17(3): 269 – 273.

[26] Dargone C. N×N optical multiplexer using a planar arrangement of two star couplers. IEEE Photon Technol Lett., 1991, 9: 896 – 899.

[27] Takaha shi H, Oda K, Toba H, et al. Transmission characteristics of arrayed waveguide N×N wavelength multiplexer. J Lightwave Technol, 1995, 13: 447 – 455.

[28] 庞冬青, 宋军, 何赛灵. 刻蚀衍射光栅解复用器的偏振色散分析. 半导体学报, 2005, 26(1): 133 – 137.

[29] 宋军, 何赛灵, 何建军. 刻蚀衍射光栅色散特性分析. 光子学报, 2003, 32(3): 318 – 322.

[30] Ciftcioglu, B, et al. 3 – D integrated heterogeneous intra – chip free – space optical interconnect. Optics Express, 2012. 20(4): p. 4331 – 4345.

第7章　光缓存与全光同步技术前沿

7.1　概　述

回顾计算技术发展历史可以发现,在现有的电子计算机系统中逐步融入先进的光学技术,并使得光学技术和器件在计算机系统中逐步占据主导地位,从而逐渐发展成为以光学技术为核心的计算机系统,甚至全光学计算机,将是未来高性能计算机的发展趋势。因此,没有理由不从现在开始就为全光计算机的实现做好技术和器件上的研究准备。

按照计算机功能实现的基本原理和方法,全光计算机的关键技术和器件将包括光学运算器、光学缓存器、光学存储器以及光学互连等,只有这几个关键部分的有机合成才能成为真正意义上的全光计算机。当然,其中的各部件划分可能在实际上不会有明显的界限,即有可能不会实际存在独立的光学运算器,就如目前电子计算机中的硅芯片,而是有可能会存在光学运算器和并行光互连的混合体,即光学运算器和并行光互连是一体化融合的,不可分离的一个系统。因为,按照目前光学通信网络的发展现状和趋势,复杂的光开关网络成为迫切需要,而这些融入的光开关网络所能够实现的功能绝不仅仅是简单的开关操作,阵列型和堆叠型的光开关网络能够实现更为复杂的计算能力,甚至包含和超过了一些主要光学运算结构(如光学相关器和光学乘法器)的单体计算功能。但是,无论如何,光学运算器、光学缓存器、光学存储器以及光学互连这些部件所实现的功能对于全光计算机来说,是非常必需的,即使他们最终可能都一体化融入到一个很小型的光学单元中,而不是像现在的电子计算机那样,各自独立成为一个庞大的、可分的系统。

在全光计算机的功能要素组成中,光学缓存器功能可能是最重要和最需要的。为什么呢?

全光计算技术的优越性在于运算的快速并行性,尤其是数据传输和交换的高速大容量特性,为了保证运算的有序进行,需要保证光信号的传输、同步、路由和交换都是有序的。尤其在全光计算机系统的数据通信网络中,要求片间及板间的数据通信具备更高的传输速度和更大的带宽(几十 Tb/s 量级或更高),此时将只能依赖于全光处理能力。如果继续采用目前光通信网络中所普遍采用的光→电→光模式下的路由转换方法,显然已经无法面对这样超高速大带宽的数据传输。这是因为,采用光→电→光模式下的路由转换方法时,每次将产生微妙至毫秒量级的时间延迟,这些还不包括需要较大路由计算量时的路由耗时。

因此,不仅仅是光计算机构建的需要,目前的光通信系统和高速雷达信号处理系统中,都需要具有很短时间延迟的路由机制,否则,即使拥有很好的光纤传输网络,路由部件可能会继续成为整个数据交换网络的最大瓶颈限制。这是因为以上的原因,高速电路系统已经无法提供更短延迟的路由了,必须寄希望于全光路由处理过程。而且,要求这样的全光路由处理过程能够实现数据缓存、逻辑开关和可调信号延迟的控制。这些操作绝不仅仅是提供一个固定的延迟,如目前的光纤环做的那样,而是具备对光脉冲,很多情况下是 ns 到 ps,甚至 fs 的光脉冲,进行存储、开关/交换和延迟。

这些,正是全光缓存和同步技术的发展方向和发展目标。概括起来全光缓存和同步技术所能提供的全光处理能力不仅包括光传输能力,还应该包括创建和控制数据缓存的能力、路由转换能力以及可调的信号延迟能力。从更具有基础物理的语言讲,就是能够实现对很多的光脉冲进行缓存和延迟、路由转换,也就是对光脉冲进行非常精确的延迟,在此基础上进行一些必要的操作。

从图 7.1 所示的信号延迟与传输带宽关系可见[1],为了能够获得 THz 以上的大带宽,势必需要能够提供 ns ~ ps 量级的时间延迟,这正是未来光通信网,和为光计算机作准备的光互连网络发展所需要的。

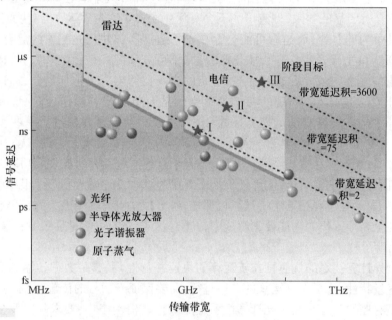

图 7.1 信号延迟与传输带宽关系

目前,能够实现全光缓存和同步操作的技术和器件正在起步发展阶段。其中,实现光脉冲的可控可调传输减速(即慢光,Slow Light)是一种被认为非常具有前景的手段。为了加速其发展进程,美国国防部高级研究规划局(Defense Advanced

224

Research Projects Agency，DARPA）在 2004 年发起了分为三个阶段的慢光技术研究项目，该项目旨在获得能够延迟、存储和处理光脉冲的技术和器件[1]。可见慢光技术研究的重要性。

日前，有研究学者设计建构了如图 7.2 所示的光子芯片（Photonic Chip），该芯片将成为未来全光网络的基础单元[2]。该芯片由光纤连接口、模式转换单元、光电探测单元、电子单元、隔离器、纳米激光器、慢光缓存单元、纳米谐振腔单元、多路信号分离单元等部分构成。其中，慢光缓存单元将能够实现对光脉冲的缓存、存储和放大，并与光子晶体缺陷结构相结合，从而实现更完整的信号传输、交换和计算功能。

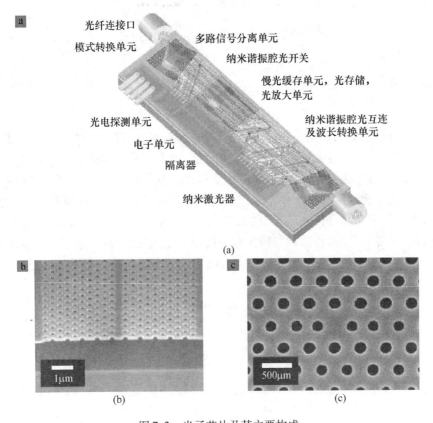

(a)

(b)　　　　　　　　　　　(c)

图 7.2　光子芯片及其主要构成

（a）光子芯片结构示意图；（b）线缺陷光子晶体波导；（c）点缺陷谐振腔。

以下是慢光原理介绍，并对各种能够实现慢光的技术方法进行简单陈述，对慢光技术前沿进行展望。

7.2 基于慢光原理的光学缓存与同步

7.2.1 慢光基本原理

光的传播速度可分为相速和群速,简而言之,相速是指单一频率的光波波前的传播速度,而群速则是指由许多频率成分组成的光波波包的传播速度。光的相速和群速在介质中传播时都将发生变化。

相速度即为等相位面前进的速度,有如式(7-1)的表达式:

$$v = \frac{c}{n}s \qquad (7-1)$$

群速度则是频率相近的单色平面波组成的波包的前进速度,有如式(7-2)的表达式:

$$v_g = \frac{c}{n + \tilde{\omega}\left(\frac{\mathrm{d}n}{\mathrm{d}\tilde{\omega}}\right)} \qquad (7-2)$$

因此,从理论上,无论是相速度还是群速度,都可以超真空中的光速。但是,对于光缓存来讲,群速度的延迟将会更具有价值,因为信号是加载于波包上的。

实际上,对于正常色散区,群速度小于相速度及真空中光速;对于反常色散区,群速度可大于相速度和真空中光速。从表达式中可见,当 $\mathrm{d}n/\mathrm{d}\tilde{\omega}$ 显著较大且为正值时,将可实现光脉冲传输的显著"减速",如果"减速"是由于光脉冲本身或其他光束直接引起的,那么将实现与慢光有关的很多全光处理操作。一般,光脉冲的显著"减速"可在光增益系数或吸收系数依赖于光频率的介质中获得,在这些介质中光的色散将较大,如图 7.3 所示。

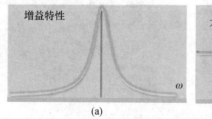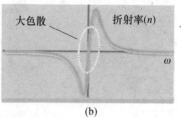

图 7.3　慢光实现原理

在实现慢光的条件下,就可以实现光信号同步、缓存、交换/路由以及光信号在传输上的时间复用,如图 7.4 所示。在光学密集波分复用已经发展到极致的今天,密集时分复用是能够大量提高光网络传输带宽的最好方法之一。在图 7.4 中,光信号将采取并行处理的方式,由此凸显慢光技术实现的重要性。

需要注意的是,慢光技术追求的不是像光纤环那样的固定延迟,而是可控可调

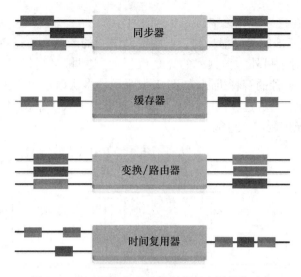

图7.4 基于慢光实现的数据处理光学操作功能

的延迟,尤其是能够实现"光-光"的延迟控制,即全光慢光技术。

以下介绍能够实现慢光的各种原理和方法。

7.2.2 慢光技术介绍

根据慢光的基本原理,实现慢光的基本途径主要包括以下:

(1)在介质中通过控制光的吸收、增益来改变光色散。具体方法如电磁感应透明(EIT)、相干布局数振荡(CPO)、受激布里渊散射(SBS)、受激拉曼散射(SRS),光学烧孔等。

(2)通过人造材料,改变介质宏观的光学性质。如光子晶体、微波导、微谐振腔等。

(3)利用掺杂的晶体或其他类型结构材料。

目前,各研究学者对电磁感应透明(Electromagnetically Induced Transparency,EIT)、相干粒子数振荡(Coherent Population Oscillations,CPO)、受激布里渊散射(Stimulated Brillouin Scattering,SBS)、受激拉曼散射(Stimulated Raman Scattering,SRS)等方法在超低温纳气、铷蒸气、低温固体、常温红宝石等原子系统中,以及光子晶体(Photonic Crystal)、半导体量子阱及量子点(Semiconductor Quantum Wells/Dots)、布喇格光栅(Bragg Gratings)结构等材料及结构中实现光脉冲的"减速"进行了研究,以下分类进行介绍。

1. EIT及原子蒸气系统

电磁感应透明(Electromagnetically Induced Transparency,EIT)最早于1967年由McCall和Hahn在红宝石棒中发现,同年,Patel和Slusher用SF6气态也观察到了EIT,1968年Bradley等用钾蒸气实现了EIT。1992年,Harris充实了EIT的理

论体系,目前还在进一步完善中[3,4]。

EIT 能够很好地解决光损耗与折射率提高之间的矛盾。通过特定频率光束的照射,使得介质对于另外一种频率的光是低损耗(透明)且高折射率的,从而实现光束的减慢。有多种的解释机制,如图 7.5 所示的多次跃迁等价是其中之一。通过这一机制,理论上,群速度的时间延迟可以通过以下式子来衡量,从而使得实现"光 – 光"的慢光控制成为可能。

$$t_g = \frac{L}{v_g} \approx \frac{\beta L}{2\gamma} = \frac{2\Gamma \alpha L}{\Omega_c^2} \qquad (7-3)$$

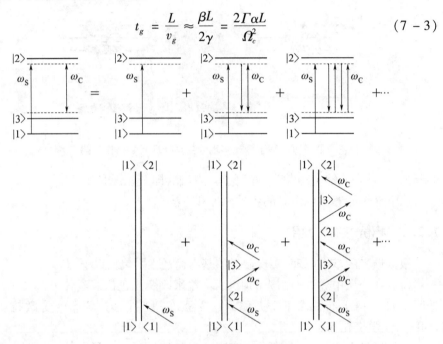

图 7.5　EIT 的能级跃迁等价示意图

事实上,直到 1997 年,才第一次在冷却铷原子气体中获得显著减速的光脉冲。

如图 7.6 为铷原子蒸气腔的 EIT 慢光实现,如今基于蒸气系统的慢光已可实现最大小于 100m/s 的慢光延迟。但是,这样的系统一般需要极低的温度(如液氮温度),系统也较为庞大和复杂,带宽小,因此主要是进行原子分子物理的研究使用较多,不太具有光计算应用价值。

2. 散射及光纤系统

在光纤中,通过光纤材料的受激布里渊散射和(或)受激拉曼散射,从而实现慢光延迟[6-8]。如图 7.7、图 7.8 所示为通过光纤系统的 SBS 实现慢光的系统及结果。

采用光纤系统的 SBS 和 SRS 实现慢光延迟,为光通信系统提供了比目前的光纤环更全面的光延迟解决方案,对于基于光纤系统的通信和互连网络的发展至关重要。尤其重要的一点,这样的慢光系统能够提供较大的带宽,而这正是光通信系

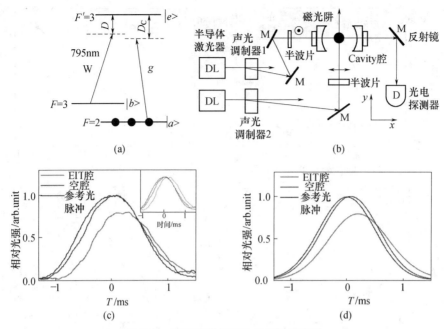

图 7.6　铷原子蒸气腔的 EIT 慢光实现

（a）能级跃迁；（b）实验系统；（c）实验结果；（d）理论结果。

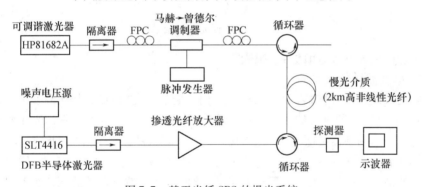

图 7.7　基于光纤 SBS 的慢光系统

统所需要的。但是,值得注意的一点,这种器件很难与半导体光电子器件进行集成,可能会影响其在光计算系统中的应用。

3. 粒子数振荡及半导体材料

基于半导体材料和结构,包括光子晶体、半导体量子阱及量子点、布喇格光栅等,可依据相干粒子数振荡等原理实现慢光。

采用基于半导体系统,尤其是量子点等纳米新技术的应用,使得这种慢光实现技术具有无限诱人的前景[10-12]。其基本原理机构如图 7.9 所示。按照发展趋势,这种慢光技术实现的全光缓存和同步将可以在未来的集成化光计算系统中得到应用,尤其可能基于此构建芯片级的全光路由与交换模块,或者植入电子处理芯片,

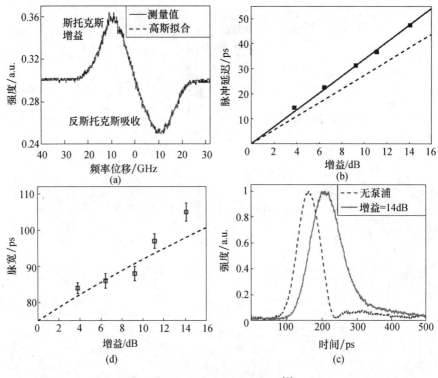

图 7.8　SBS 慢光延迟结果[9]

实现芯片内的光互连,因此目前很受重视。

4. 硅基波导慢光器件[13]

硅是成熟的半导体器件和集成电路材料,它在微电子工业中取得了极大的成功,同时他也是一种重要的光子材料。目前,采用标准硅制造工艺制作光子学器件(包括激光器、调制器和探测器)已经取得很大突破,特别是绝缘衬底上硅(Silicon-on-insulator,SOI)材料在光波导器件中的应用,有效实现了高折射率差、限制光场能力强的波导,从而大大缩小了器件尺寸,此外 SOI 光波导器件的制造工艺与标准 CMOS 工艺兼容,这为硅基慢光器件的研究提供了一个优异的平台。

IBM 公司的 Xia 等在 SOI 平台上制作了硅基微环波导结构的 APF 和 CROW 两种构型的多环级联慢光结构[14],其级联微环的个数多达 100 个,如图 7.10 所示。构成微环的条形波导界面尺寸为 510nm × 226nm,波导的传输损耗仅为 1.7dB/cm。测试表明,100 环的 CROW 和 56 环的 APF 结构的群延迟分别为 220ps 和 510ps。可见,级联微环可以增大延时量,且器件尺寸只有 0.03mm²,极大提高了器件的集成密度。此外,该器件的工艺与成熟硅工艺兼容,为实现与其他光电器件的集成及大规模生产提供了便利,这也是硅基慢光器件相对于其他慢光器件的最大优势之一。

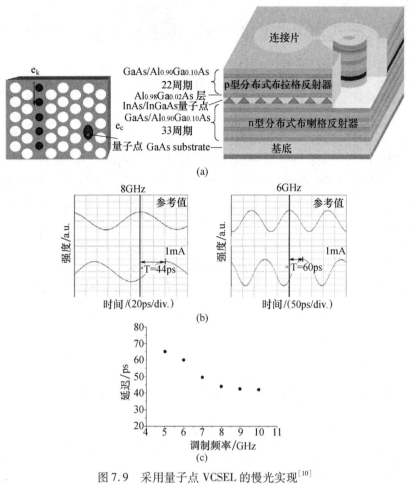

图 7.9 采用量子点 VCSEL 的慢光实现[10]

（a）量子点；（b）量子点 VCSEL；（c）脉冲延迟与调制频率。

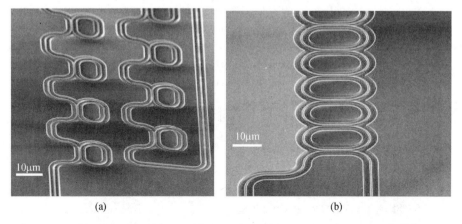

图 7.10 APF(a)和 CROW(b)构型的级联微环延时器件的 SEM 顶视图[14]

7.3 光缓存与同步技术展望

未来光计算机的实现,离不开光缓存与同步技术的发展。

寻找具有延迟可调,全光控制,更大的延迟时间(或能够将脉冲减慢至更低速度),更大的传输带宽,精度能够达到 ps 量级以下,具有体积小,可与硅基半导体材料进行集成的慢光技术,目前仍是各国科学家进行奋斗的目标。

随着纳米理论和技术的发展,以及超快光学原理和技术、器件的发展,满足光计算机构建需求的慢光技术将在不远的将来能够实现。慢光技术将首先支持实现全光路由交换机,并因此将超级巨型计算机的计算能力推上更高峰,还将逐渐融入光计算机的研究中,成为光计算机的关键构成之一。

可以肯定的是,这个领域目前是光计算和光信息处理,以及基本粒子物理研究最活跃的方向之一,各种新原理和新技术层出不穷,也许今天被认为最好的技术,在几年后将不再被看好。但是,无论如何,光缓存与全光同步技术对于整个光计算机体系的支撑是无可替代的,光计算机的实现需要该技术的发展。

参 考 文 献

[1] Enrique Parra, John R Lowell. Toward Applications of Slow Light Technology. Optics and Photonics News,2007 18(11): 40 –45.

[2] Toshihiko Baba. Photonic Crystals: Remember the light[J] Nature Photonics. 2007, 1(1): 11 –12.

[3] Hau L V, et al. Light speed reduction to 17 meters per second in an ultracold atomic gas. Nature, 1999,397, 594 –598.

[4] Kash M M, et al. Ultraslow group velocity and enhanced nonlinear optical effects in a coherently driven hot atomic gas. Phys Rev Lett, 1999, 82:5299 –5232.

[5] Zhang J, Hernandez G, Zhu Y. Slow light with cavity electromagnetically in duced transparency. Opt Lett,33 (1):46 –48(2008).

[6] Song K, Herraez M, Thevenaz L. Observation of pulse delaying and advancement in optical fibers using stimulated brillouin scattering. Opt Express, 2005, 13:82 –88.

[7] Okawachi Y, Bigelow M, Sharping J, et al. Tunabel all optical delays via Brillouin slow light in an optical fiber. Phys Rev Lett, 2005, 94:153902.

[8] Sharping J, Okawachi Y, Gaeta A. Wide bandwidth slow light using a Raman fiber amplifier. Opt Express, 2005, 13:6092 –6098.

[9] Zhu Z, Dawes AMC, Gauthier D J. Broadband SBS slow light in an optical fiber. Journal of lightwave technology.25(1):201 –206(2007).

[10] Peng P C,Lin C T, Kuo H C, et al. Tunable slow light device using quantum dot semiconductor laser. OPTICS EXPRESS, 14(26): 12880 –12886 (2006).

[11] Daryl M. Beggs, Thomas P. White, Liam O' Faolain, Thomas F. Krauss. Ultracompact and low –power optical switch based on silicon photonic crystals. OPTICS LETTERS, 33(2): 147 –149 (2008).

［12］ Nozaki K, Shinya A, Matsuo S, et al. Ultrolow – power all – optical RAM based on nanocavities. Nature Photonics. 2012, 6(4): 248 –252.

［13］ 余金中. 硅光子学. 北京:科学出版社, 2001.

［14］ Xia F, Sekaric L, Vlasov Y. Ultracompact optical buffers on a silicon chip［J］ Nature Photonics. 2007, 1 (1): 65 –71.

内 容 简 介

光计算技术是一种很有前途的新概念计算技术,部分技术已经在超级并行计算机上得到成功应用。本书对一些主要的光计算技术和器件的原理、实验技术、最新研究成果和应用进行了描述,内容涵盖了半导体多量子阱光电子器件、VCSELs光源、微光学和衍射光学元件、光学存储、并行光互连、光学缓存等主要的光计算技术和器件,并对未来光计算技术的发展作了展望。

本书可供计算机科学、物理学、材料科学、自动化等学科领域的研究人员和高等院校研究生、本科生进行研究和教学参考。

Optical computing is an upcoming novel computing technology, which has partly applied to super pareallel computer successfully. The priciple, the experimental technologies, the up – to – dete research results and applications of some optical computing technologies and devices are pictured here. Semiconductor MQWs photoelectronic devices, VCSELs laser, micro optical elements and diffractive optical elements, optical storage, optical parallel interconnections, and optical buffer technology are involved, so as to cover the main tachnologies for optical computing. Furthermore, the prospect of optical computing technology is proposed.

This book can serve for researchers, graduate and undergraduate students from computer science, physics, material science, automation and any other relative subjects.